"十三五"国家重点图书

湖北省学术著作出版专项资金资助项目

海洋测绘丛书

海洋遥感探测技术与应用

主编 张 杰 副主编 马 毅 孟俊敏

Oceanic

Surveying And Mapping

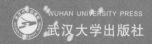

WUHAN UNIVERSITY PRESS

武汉大学出版社

图书在版编目(CIP)数据

海洋遥感探测技术与应用/张杰主编. —武汉:武汉大学出版社,2017.8
海洋测绘丛书
"十三五"国家重点图书　湖北省学术著作出版专项资金资助项目
ISBN 978-7-307-19294-2

Ⅰ.海…　Ⅱ.张…　Ⅲ.海洋遥感—遥感技术　Ⅳ.P715.7

中国版本图书馆 CIP 数据核字(2017)第 103864 号

责任编辑:鲍　玲　　责任校对:李孟潇　　版式设计:韩闻锦

出版发行:**武汉大学出版社**　　(430072　武昌　珞珈山)
　　　　　(电子邮件:cbs22@whu.edu.cn　网址:www.wdp.com.cn)
印刷:湖北民政印刷厂
开本:787×1092　1/16　印张:16.5　字数:400 千字　插页:7
版次:2017 年 8 月第 1 版　　2017 年 8 月第 1 次印刷
ISBN 978-7-307-19294-2　　定价:38.00 元

版权所有,不得翻印;凡购我社的图书,如有质量问题,请与当地图书销售部门联系调换

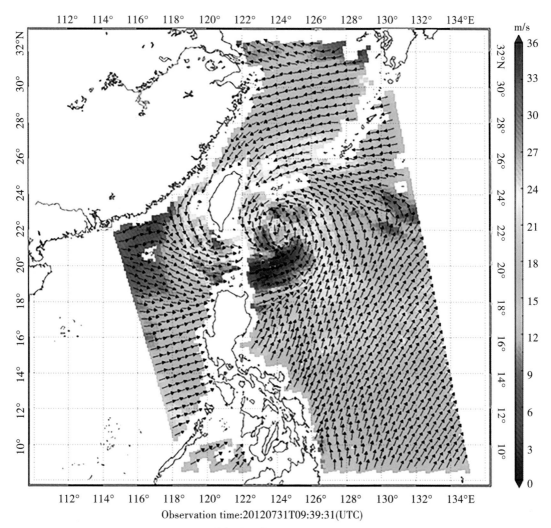

Observation time:20120731T09:39:31(UTC)

图 1.22 HY-2A 散射计对台风中心的监测 (林明森等, 2014)

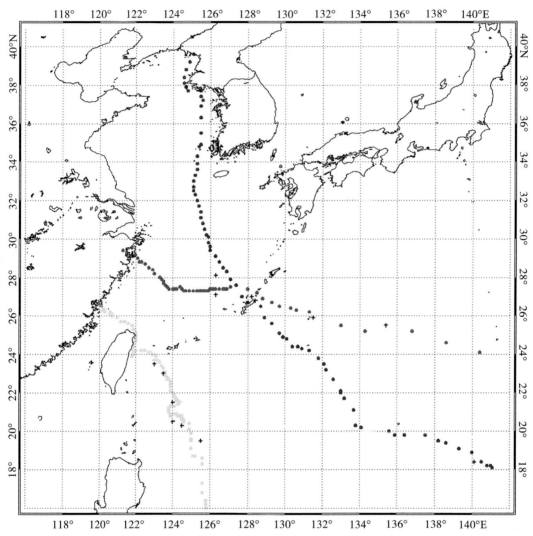

图 1.23　HY-2A 散射计观测和实测的台风路径图(林明森等,2014)

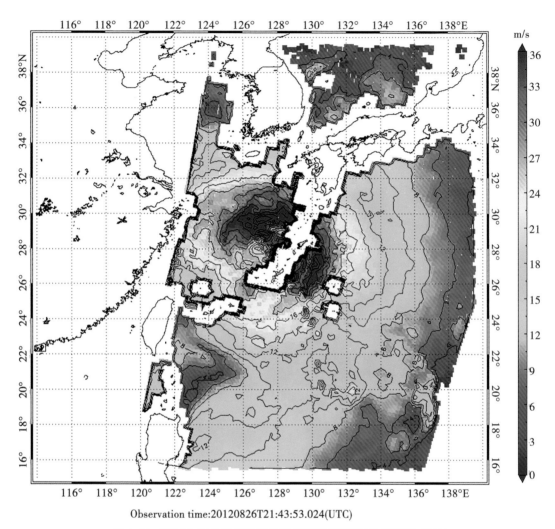

Observation time:20120826T21:43:53.024(UTC)

图 1.24　HY-2A 卫星散射计的台风风速等值线图(林明森等,2014)

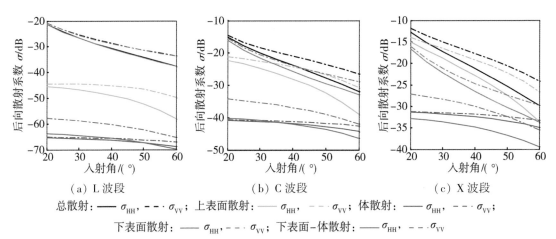

（a）L 波段   （b）C 波段   （c）X 波段

总散射：—— σ_{HH}，- - σ_{VV}；上表面散射：—— σ_{HH}，- - σ_{VV}；体散射：—— σ_{HH}，- · σ_{VV}；

下表面散射：—— σ_{HH}，- - σ_{VV}；下表面–体散射：—— σ_{HH}，- · σ_{VV}

图 2.7   L、C 和 X 波段下 HH 和 VV 极化的四个海冰电磁散射分量随入射角的变化关系（2012-1-17）

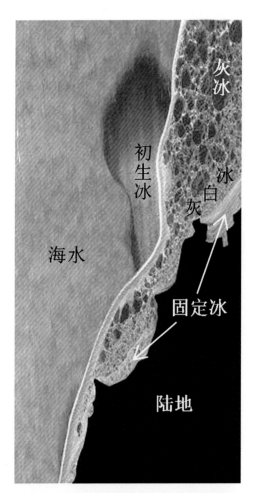

图 2.8   RADARSAT-2 伪彩色合成 SAR 影像及
其海冰类型识别（2009-1-14）ⓒ CSA 2009

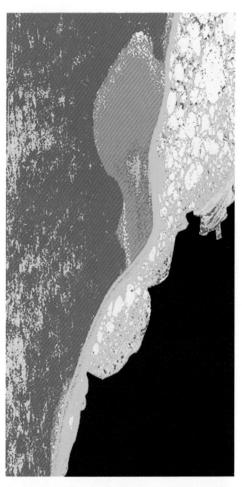

■海水 ■初生冰 □灰冰 □灰白冰 ■固定冰 ■陆地

图 2.9   SAR 海冰分类结果（2009-1-14）

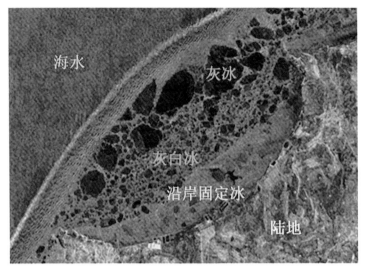

图 2.10　RADARSAT-2 伪彩色合成 SAR 影像及其海冰类型识别© CSA 2009

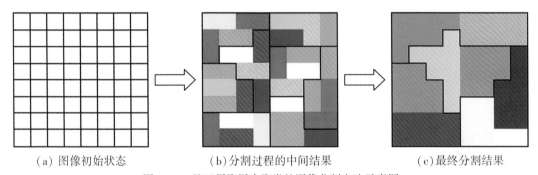

（a）图像初始状态　　　　（b）分割过程的中间结果　　　　（c）最终分割结果

图 2.12　基于凝聚层次聚类的图像分割方法示意图

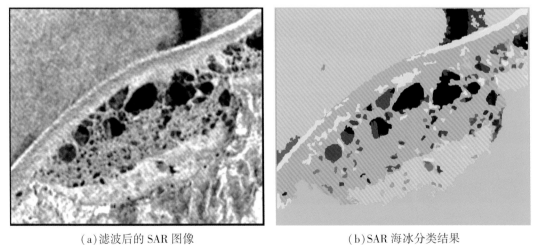

（a）滤波后的 SAR 图像　　　　　　　　（b）SAR 海冰分类结果

■ 海水区　■ 灰冰　■ 灰白冰　■ 白冰　■ 中一年冰　■ 沿岸固定冰　■ 陆地

图 2.13　覆盖整个小辽东湾 RADARSAT-2 SAR 影像的滤波和分类结果

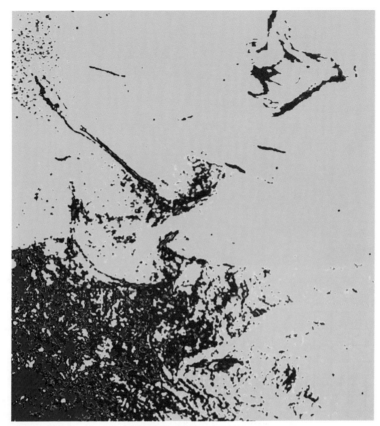

（红色为溢油，绿色为海水，蓝色为类油膜）

图 2.22　分类结果图

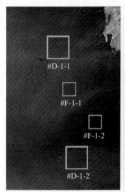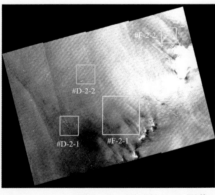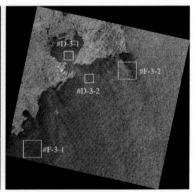

图 2.42　测试的 SAR 图像

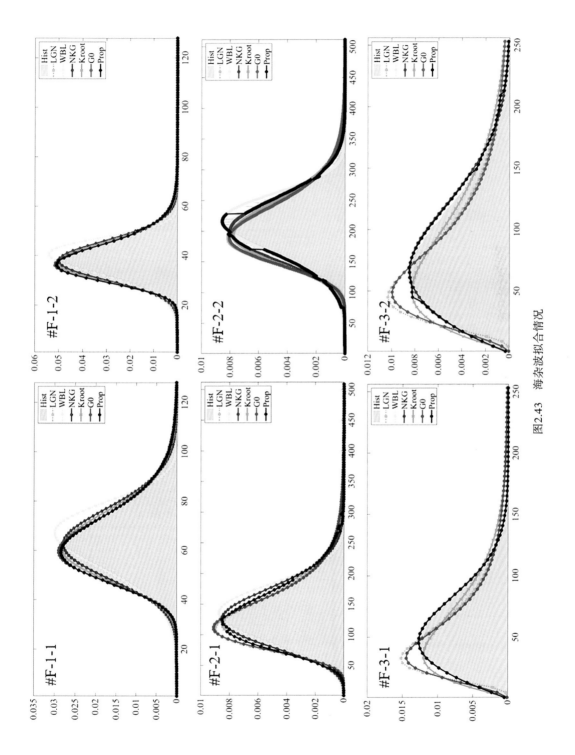

图2.43 海杂波拟合情况

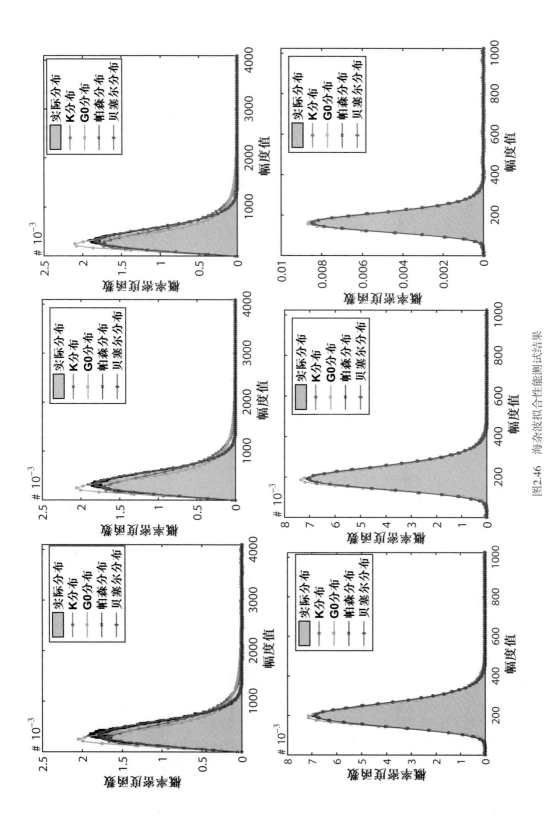

图2.46 海杂波拟合性能测试结果

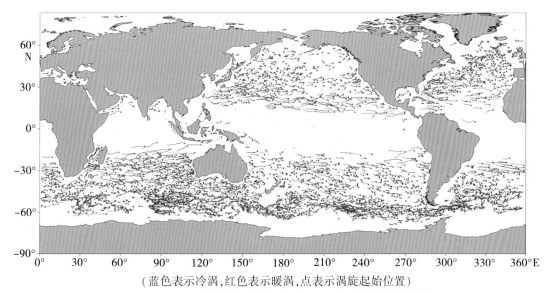

（蓝色表示冷涡,红色表示暖涡,点表示涡旋起始位置）

图 3.5　全球海洋涡旋生命周期超过 90 天的移动轨迹分布图

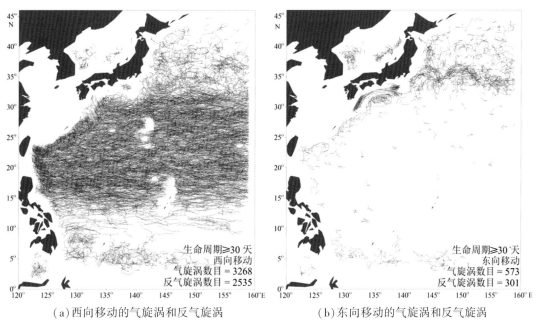

（a）西向移动的气旋涡和反气旋涡　　　　　　（b）东向移动的气旋涡和反气旋涡

图 3.6　西北太平洋生命周期超过 30 天的西向移动的气旋涡(蓝色线)和反气旋涡(红色线)移动轨迹与
　　　　生命周期超过 30 天的东向移动的气旋涡和反气旋涡移动轨迹

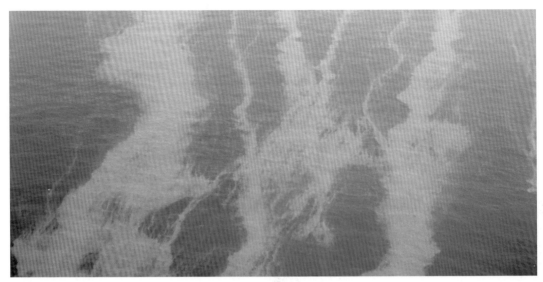

图 5.15　赤潮现场照片

（a）2013 年 7 月 2 日渤海 AQUA MODIS 真彩色合成图　　　（b）计算得到的 RI 指数

图 5.17　秦皇岛海域微微型赤潮检测示例

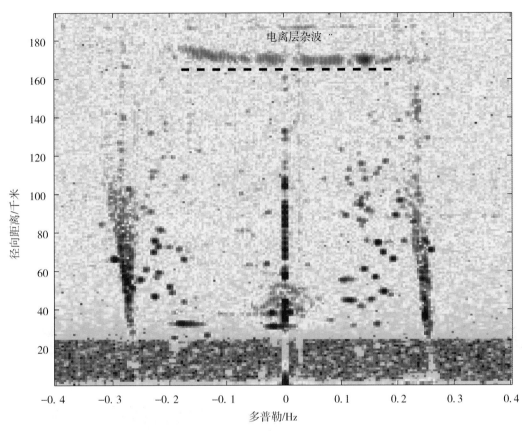

图 6.17　含有电离层杂波的高频地波雷达接收信号距离多普勒谱

学术委员会

主任委员 宁津生

委　　员（以姓氏笔画为序）

　　　　宁津生　任廷琦　李建成　李朋德　杨元喜　杨宏山

　　　　陈永奇　陈俊勇　周成虎　欧吉坤　金翔龙　翟国君

编委会

主　　任 任廷琦

副 主 任 李建成　卢秀山　翟国君

委　　员（以姓氏笔画为序）

　　　　于胜文　王瑞富　冯建国　卢秀山　田　淳　石　波

　　　　艾　波　任廷琦　刘焱雄　孙　林　许　军　阳凡林

　　　　吴永亭　张汉德　张立华　张安民　张志华　张　杰

　　　　李建成　李英成　杨　鲲　陈永奇　周丰年　周兴华

　　　　欧阳永忠　罗孝文　胡兴树　赵建虎　党亚民　桑　金

　　　　高宗军　曹丛华　章传银　翟国君　暴景阳　薛树强

本书编委会

主　　编　张　杰

副主编　马　毅　孟俊敏

编　　委　崔廷伟　范陈清　纪永刚　金久才　任广波　王　进
　　　　　杨俊钢　张　晰

秘　　书　李晓敏　张　婷

序

现代科技发展水平，已经具备了大规模开发利用海洋的基本条件；21 世纪，是人类开发和利用海洋的世纪。在《全国海洋经济发展规划》中，全国海洋经济增长目标是：到 2020 年海洋产业增加值占国内生产总值的 20% 以上，并逐步形成 6~8 个海洋主体功能区域板块；未来 10 年，我国将大力培育海洋新兴和高端产业。

我国海洋战略的进程持续深入。为进一步深化中国与东盟以及亚非各国的合作关系，优化外部环境，2013 年 10 月，习近平总书记提出建设"21 世纪海上丝绸之路"。李克强总理在 2014 年政府工作报告中指出，抓紧规划建设"丝绸之路经济带"和"21 世纪海上丝绸之路"；在 2015 年 3 月国务院常务会议上强调，要顺应"互联网+"的发展趋势，促进新一代信息技术与现代制造业、生产性服务业等的融合创新。海洋测绘地理信息技术，将培育海洋地理信息产业新的增长点，作为"互联网+"体系的重要组成部分，正在加速对接"一带一路"，为"一带一路"工程助力。

海洋测绘是提供海岸带、海底地形、海底底质、海面地形、海洋导航、海底地壳等海洋地理环境动态数据的主要手段，是研究、开发和利用海洋的基础性、过程性和保障性工作；是国家海洋经济发展的需要、海洋权益维护的需要、海洋环境保护的需要、海洋防灾减灾的需要、海洋科学研究的需要。

我国是海洋大国，海洋国土面积约 300 万平方千米，大陆海岸线 1.8 万千米，岛屿 1 万多个；海洋测绘历史欠账很多，未来海洋基础测绘工作任务繁重，对海洋测绘技术有巨大的需求。我国大陆水域辽阔，1 平方千米以上的湖泊 2700 多个，面积 9 万多平方千米；截至 2008 年年底，全国有 8.6 万个水库；流域面积大于 100 平方千米的河流 5 万余条，国内河航道通航里程达 12 万千米以上；随着我国地理国情监测工作的全面展开，对于海洋测绘科技的需求日趋显著。

与发达国家相比，我国海洋测绘技术存在一定的不足：(1)海洋测绘人才培养没有建制，科技研究机构稀少，各类研究人才匮乏；(2)海洋测绘基础设施比较薄弱，新型测绘技术广泛应用缓慢；(3)水下定位与导航精度不能满足深海资源开发的需要；(4)海洋专题制图技术落后；(5)海洋测绘软硬件装备依赖进口；(6)海洋测绘标准与检测体系不健全。

特别是海洋测绘科技著作严重缺乏，阻碍了我国海洋测绘科技水平的整体提升，加重了海洋测绘科学研究和工程技术人员在掌握专门系统知识方面的困难，从而延缓了海洋开发进程。海洋测绘科学著作的严重缺乏，对海洋测绘科学水平发展和高层次人才培养进程的影响已形成了恶性循环，改变这种不利现状已到了刻不容缓的地步。

与发达国家相比，我国海洋测绘方面的工作起步较晚；相对于陆地测绘来说，我国海洋测绘技术比较落后，缺少专业、系统的教育丛书，大多数相关书籍要么缺乏，要么已出版 20 年以上，远不能满足海洋测绘专门技术发展的需要。海洋测绘技术综合性强，它与陆地测绘学密切相关，还与水声学、物理海洋学、导航学、海洋制图、水文学、地质、地球物理、计算机、通信、电子等多学科交叉，学科内涵深厚、外延广阔，必须系统研究、阐述和总结，才能一窥全貌。

　　就海洋测绘著作的现状和社会需求，山东科技大学联合从事海洋测绘教育、科研和工程技术领域的专家学者，共同编著这套《海洋测绘丛书》。丛书定位为海洋测绘基础性和技术性专业著作，以期作为工程技术参考书、本科生和研究生教学参考书。丛书既有海洋测量基础理论与基础技术，又有海洋工程测量专门技术与方法；从实用性角度出发，丛书还涉及了海岸带测量、海岛礁测量等综合性技术。丛书的研究、编纂和出版，是国内外海洋测绘学科首创，深具学术价值和实用价值。丛书的出版，将提升我国海洋测绘发展水平，提高海洋测绘人才培养能力；为海洋资源利用、规划和监测提供强有力的基础性支撑，将有力促进国家海权掌控技术的发展；具有重大的社会效益和经济效益。

《海洋测绘丛书》学术委员会

2016 年 10 月 1 日

前　言

海洋遥感是海洋科学、信息科学与遥感技术交叉、融合发展形成的技术领域，它通过传感器对海洋进行远距离的非接触观测，实现海面风场、海浪、海面高度、海表温度和盐度、海洋水色、海冰等信息获取。根据所采用的电磁波波长（或频率）的不同，通常将海洋遥感技术分为海洋短波（高频）遥感、微波遥感、红外遥感、可见光遥感、紫外遥感等。可以说，没有海洋遥感技术，就无法对占地球表面积71%的全球海洋进行大尺度、准同步、实时动态监测。

国家海洋局第一海洋研究所的海洋遥感研究团队——IDM组（Information Dynamics Management）成立于1995年，组长为张杰研究员，副组长为马毅研究员、孟俊敏研究员，下设8个研究小组，分别为海洋微波雷达小组、海洋微波辐射小组、海洋动力应用小组、海洋光学探测小组、无人船系统小组、海岸带高分遥感小组、海上目标SAR探测小组、海洋地波雷达小组；联合了国内数十家业务单位和高校，形成了稳定运行的大团队，实现了海洋遥感技术研究领域的全覆盖。

本书以海洋遥感经典理论和方法的介绍为基础，充分吸纳本团队最新的研究成果，内容涵盖了当前国内外海洋遥感技术研究的主要方面。其中，第1章介绍了SAR发展历程以及内波、海浪、海面风场SAR遥感探测的机理、方法和应用；第2章介绍了海冰、溢油、船只目标SAR探测的机理与方法；第3章介绍了星载雷达高度计的发展历程、数据处理以及在海浪、潮汐、中尺度涡等方面的应用；第4章介绍了微波辐射计的发展历程以及海表温度和海面风场反演技术；第5章介绍了海洋水色卫星的发展历程、遥感机理、信息提取方法和应用案例；第6章介绍了高频地波雷达发展历程、海态遥感及应用、海上目标探测等内容。全书内容较为完整、全面，可供从事相关研究领域的人员和师生参考。

张杰研究员、马毅研究员、孟俊敏研究员负责本书的策划、架构设计、编写原则确定、内容组织与审查。第1～第6章分别由海洋微波雷达小组组长范陈清、海上目标SAR探测小组组长张晰、海洋动力应用小组组长杨俊钢、海洋微波辐射小组组长王进、海洋光学探测小组组长崔廷伟、海洋地波雷达小组组长纪永刚组织起草。

本书在编写过程中参考了相关著作，借鉴了国内外发表的研究成果及图表资料，在此向有关作者致以谢意。

由于时间仓促，加之作者水平有限，书中疏漏与不足之处在所难免，敬请有关专家和读者批评指正。

作　者

2017年1月8日于青岛

目　　录

第1章 海洋动力过程 SAR 遥感应用

1.1 SAR 发展历程

SAR(合成孔径雷达)是一种搭载在运动平台上的微波侧视成像雷达,其独特之处在于沿方位向采用了相干处理的合成孔径技术,获得了较高的方位向分辨率图像。经过几十年的发展,SAR 已成为最重要的微波遥感器之一,其发展历程可分为三个阶段:试验阶段(20 世纪 50 年代至 90 年代初),单波段、单极化业务运行阶段(20 世纪 90 年代),高分辨率、多极化、多工作模式业务运行阶段(21 世纪初至今)。

1.1.1 试验阶段

SAR 的发展始于 20 世纪 50 年代。1951 年,美国 Goodyear 公司的数学家 Carl Wiley 发明了合成孔径雷达,于 1952 年制造出了验证系统 DOUSER,并以此为基础研发了机载实验系统,开展了首次飞行试验,此后该公司陆续研发了首台业务运行的 SAR、第一套 5 英尺分辨率的 SAR、第一台 1 英尺分辨率的 SAR 和第一台大规模 SAR 数据处理系统,而且美国 SR-71 高空侦察机上所搭载的 SAR 系统也来自该公司。

20 世纪五六十年代,美国喷气动力实验室(JPL)、密歇根大学、密歇根环境研究所、桑迪亚国家实验室等都投入到 SAR 技术的研发中。1974 年,JPL 与 NOAA 开始合作探讨 SAR 搭载在卫星上进行海洋观测的可行性。1978 年 6 月,第一颗民用 SAR 卫星 Seasat 发射成功,揭开了星载 SAR 海洋探测的序幕。不幸的是,由于电源故障 Seasat 只工作了 105 天,但在这期间获取的 SAR 数据大大超出预期,除了原计划的观测海浪与极地海冰外,还观测到了内波、涡、锋面、水下地形、暴风、降雨、风条纹等众多海洋和大气现象,在海洋遥感发展历史上具有里程碑意义。但是当时的技术还存在诸多限制,例如,SAR 数据只能通过模拟信号下传,星上没有存储器,只有在过境地面站附近区域才能工作并下传数据,同时数据处理能力比较低,一景长宽 100km 的图像需要近 20 个小时才能处理完毕。

1981 年、1984 年美国分别开展了两次航天飞机 SAR 试验,分别搭载了航天飞机成像雷达 SIR-A,SIR-B,这两台 SAR 与 Seasat SAR 的工作波段基本相同,均在 L 波段,采用 HH 极化模式,不同的是 SIR-B 采用了数字下行方式,增加了多入射角观测能力。SIR-A 共获取了 7 个半小时的数据,对 1000 万平方千米的地球表面进行了测绘,获得了大量信息。其中，最著名的是发现了撒哈拉沙漠中的地下古河道，引起了国际学术界的震动。

与此同时，前苏联也开始了 SAR 卫星的研制，并于 1987 年 7 月 25 日发射了载有 S 波段 SAR 的 Kosmos 1870 卫星，该卫星工作了 2 年。

在 20 世纪 70 年代末至 80 年代，SAR 主要还是在试验阶段，只有美国和前苏联进行了几次 SAR 卫星发射。同时，SAR 工作模式单一，尚未形成大规模应用。

1.1.2　单波段、单极化业务运行阶段

1991 年 7 月 17 日，欧空局成功发射了 ERS-1 卫星，搭载了 C 波段 SAR，可以获取 VV 极化数据，而且还增加了一种波模式成像方式，可以每隔 200km 获取一幅 5km×10km 的图像，用于全球海浪观测。该卫星稳定工作了 10 年，获取了大量的 SAR 数据，极大地推动了 SAR 海洋遥感的应用研究。以此为标志，星载 SAR 开始了系统而广泛的应用。此后，欧空局于 1995 年 4 月 21 日发射了后继星 ERS-2，该星搭载有与 ERS-1 相同的 SAR，系统性能稳定，并一直工作到 2011 年，远超出了其 7 年的设计寿命。

1995 年 11 月 4 日，加拿大发射了首颗商业化 SAR 卫星 RADARSAT-1，SAR 是该星搭载的唯一遥感器。RADARSAT-1 SAR 同样工作在已被证明为最适用于海洋观测的 C 波段，但与 ERS 系列相比，其极化方式改为 HH，工作模式也有了较大的改进。该遥感器能提供 7 种不同入射角的波束模式，具有分辨率达 10m 的精细模式、30m 的标准模式、50~100m 的扫描模式。其中，标准模式类似于 ERS SAR，扫描模式则是第一次在卫星上实现，其可获取覆盖宽度达 500km 的 SAR 图像，非常适用于海洋的大范围观测。ERS-1/2 和 RADARSAT-1 的相继发射，为 SAR 数据的业务化应用提供了稳定的数据源，极大地推动了 SAR 海洋应用技术的发展。

此外，1992 年日本发射了陆地观测卫星 JERS-1，其上也搭载了 SAR，由于主要针对陆地观测，所以该传感器工作在 L 波段，HH 极化，可提供幅宽为 75km、分辨率为 18m 的图像。

1994 年 4 月和 10 月，美国"奋进"号航天飞机两次搭载 SIR-C/X SAR 进行了飞行试验，该项目由美国 NASA、德国宇航局、意大利航天局合作开展，美国提供了 C、L 两个波段的全极化 SAR，德国和意大利合作提供了单极化 X 波段 SAR。这两次飞行取得了巨大成功，首次在太空同时获取了多波段、多极化的 SAR 数据，推动了 SAR 技术的发展，奠定了未来多极化、高分辨率星载 SAR 的基础。在此基础上，2000 年 2 月，美国和德国合作开展了航天飞机地形测量任务（SRTM）。在 11 天的飞行时间内，利用两个频段的 SAR，采用双天线干涉的方式，测量了 60°N~56°S 之间 80% 的陆地高程，空间分辨率达到 30m，高程精度达到 16m。

1.1.3　高分辨率、多极化、多工作模式业务运行阶段

进入 21 世纪以来，SAR 卫星向着高分辨率、多极化、多工作模式方向发展。2002 年，欧空局在 ERS-1/2 成功运行的基础上发射了 Envisat 卫星，其上搭载的 SAR 改称为

ASAR，意为先进 SAR。该载荷同样选择 C 波段作为工作频率，工作方式有较大改进，增加了扫描模式，能获取幅宽达 400km、分辨率为 150m 的图像；增加了交替极化模式，可同时获取两种极化的 SAR 数据；增加了全球观测模式，分辨率为 500m，幅宽为 1000km；波束增加到 7 种，可以获取不同入射角的图像；此外，还保留了用于海浪观测的波模式。Envisat 多种模式的 SAR 数据在海洋应用中发挥了重要作用，也推动了极化 SAR 遥感应用的发展。2006 年 1 月 24 日，日本发射了先进陆地观测卫星 ALOS-1，其搭载的 PALSAR 可以获取全极化图像。

2007 年前后，国际上一系列具有高分辨率、全极化能力的 SAR 卫星相继发射，SAR 自此进入高分辨率时代。2007 年 6 月 8 日，意大利军民合用的 COSMO-SkyMed 星座的第 1 颗卫星发射成功，该星座由 4 颗卫星组成，每颗卫星都搭载了 X 波段 SAR，该传感器具有聚束、条带、扫描 3 种成像模式。其中，聚束模式可以获取分辨率达 1m 的图像，条带模式可获取 3~15m 分辨率的图像，扫描模式可获取幅宽 100~200km、分辨率 30~100m 的图像。该卫星星座的其他 3 颗星于 2007—2010 年发射成功，4 颗卫星处于 1 个轨道面上，相位间距 90°，因此具有较高的重访能力，近几年在突发事件和灾害监测中发挥了突出作用。

2007 年 6 月 15 日，德国的 TerraSAR-X 发射成功，这同样是一颗高分辨率 SAR 卫星，也工作在 X 波段，同样具有聚束、条带、扫描 3 种成像模式，最高分辨率也为 1m。2010 年 6 月 21 日其姊妹星 TanDEM-X 发射，两颗卫星搭载同样的 SAR，运行在同一轨道上，相距 300~500m，构成了干涉卫星星座，主要进行全球陆地高程高精度测量(WorldDEM)。2007 年 12 月 14 日，RADARSAT-1 的升级版 RADARSAT-2 成功发射，其增加了全极化模式和高分辨率模式，最高分辨率最初为 2m，2009 年加拿大国防部为了开展专属经济区的船舶监测，又投资对该星进行了升级，目前能提供 1m 分辨率的图像，而且幅宽更大。

2014 年 5 月 24 日，日本的 JAXA 宇宙航空研究开发机构成功发射了陆地观测技术卫星 ALOS-2。ALOS-2 卫星搭载了全球领先的 L 波段 SAR 传感器。相对于 ALOS-1 卫星，其观测范围提高了 3 倍，雷达传感器的观测模式也有显著增加，可以获取 1~100m 多种不同分辨率图像。

Sentinel-1 是欧洲委员会(EC) 和欧洲航天局(ESA)针对哥白尼全球对地观测项目研制的卫星，由两颗卫星组成，载有 C 波段 SAR。Sentinel-1A 和 Sentinel-1B 分别于 2014 年 4 月和 2016 年 4 月成功发射，两颗卫星组成观测卫星星座，向地面提供任何天气条件下、昼夜不间断的地面图像数据。

2016 年 8 月 10 日，中国成功发射了高分三号卫星。这是中国首颗分辨率达到 1m 的 C 波段多极化 SAR 成像卫星，也是目前世界上成像模式最多的 SAR 卫星，具有 12 种成像模式。其既可以探地，又可以观海，达到了"一星多用"的效果。可以预见，随着 SAR 数据源越来越丰富，SAR 海洋应用必将进入一个新的时代。表 1.1 为世界各国 SAR 卫星发展概况。

表 1.1　SAR 卫星概况

卫星	国家	运行时间	波段	频率（GHz）	波长（cm）	入射角（°）	极化方式	分辨率（m）	幅宽（km）
Seasat	美国	1978.6—1978.9	L	1.275	23.5	23	HH	25	100
SIR-A	美国	1981.4	L	1.275	23.5	50	HH	40	50
SIR-B	美国	1984.7	L	1.275	23.5	15~65	HH	25	10~60
Cosmos 1870	前苏联	1987—1989	S	3.0	10	30~60	HH	25~30	20
ERS-1/2	欧洲	1991—2000 1995—2001	C	5.25	5.7	23	VV	25	100
ALMAZ	俄罗斯	1991—1993	S	3.0	10	30~60	HH	10~15	30~45
JERS-1	日本	1992—1997	L	1.275	23.5	39	HH	18	75
SIR-C/X-SAR	美国 德国、意大利	1994.4 1994.10	L C X	1.25 5.3 9.6	23.5 5.7 3	15~55 54	HH, HV, VH, VV HH, HV, VH, VV VV	30 25	15~90 15~40
RADARSAT-1	加拿大	1995.11—2013.5	C	5.3	5.7	20~50	HH	8~100	50~500
SRTM	美国 德国	2000.2	C X	5.25 9.6	5.7 3	54 54	HH, VV VV	30	225 50
Envisat	欧洲	2002—2012	C	5.25	5.7	15~45	HH, HV, VH, VV	25~150	75~400
ALOS-1	日本	2006—2011	L	1.27	23.6	8~60	HH, HV, VH, VV	10~100	20~350
RADARSAT-2	加拿大	2007—	C	5.405	5.55	10~60	HH, HV, VH, VV	1~50	25~500
TerraSAR-X	德国	2007—	X	9.65	3.11	20~45	HH, HV, VH, VV	1~18	10~100
COSMO-SkyMed	意大利	2007— 2007— 2008— 2010—	X	9.65	3.11	25~51	HH, VV	1~100	10~200
TanDEM-X	德国	2010—	X	9.65	3.11	20~45	HH, HV, VH, VV	1~18	10~100
ALOS-2	日本	2014—	L	1.2	25	8~70	HH, HV, VH, VV	1~100	25~490
Sentinel-1A	欧洲	2014—	C	5.405	5.55	19~47	HH, HV, VH, VV	5~40	20~400
Sentinel-1B	欧洲	2016—	C	5.405	5.55	19~47	HH, HV, VH, VV	5~40	20~400
GF-3	中国	2016—	C	5.25	5.7		HH, HV, VH, VV	1~500	10~650

1.2 内波 SAR 遥感

1.2.1 引言

内波，顾名思义，是指在水体内部生成并传播的波动。内波存在的条件是水体密度分层以及对分层水体的扰动。在海洋中，从表层到底层海水温度逐渐降低，因此密度也有着明显的从低到高的变化趋势。尤其在春、夏季，上层水体受太阳辐射温度升高，形成了稳定的密度跃层。因此，任何对跃层的扰动将生成内波并传播出去。在连续分层的旋转流体中，具有特征频率 N 和 f，其中 N 是浮性频率或称为 Brunt-Väisäla 频率，f 是局地惯性频率，内波的频率限定于 f 和 N 之间。根据频率，内波可以分为三类：①亚惯性内波，频率接近局地惯性频率；②内潮，正压潮流经过变化地形形成的半日和全日频率的内潮；③自由内波，频率介于 N 和 f 之间的内波。

内波的恢复力为约化重力，即重力与浮力之差。因此，流体内部不大的扰动就能激起相当大的波动。与表面波相比，内波的振幅远大于表面波，但其波速要比表面波小，如图 1.1 所示。在海洋中，内波振幅从几米到百米左右，周期从几分钟到几小时，典型的水平尺度从几米到几十千米。

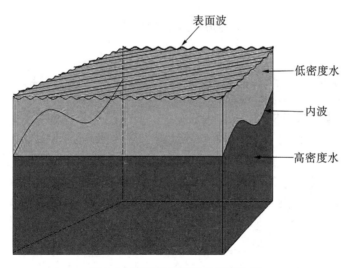

图 1.1　内波与表面波的特征比较

在实际研究中最为关注的是内孤立波，内孤立波是一类具有孤立子特性的内波，往往以波包的形式出现。内孤立波有可能从源地直接激发产生，也有可能在内潮行进途中演化产生。内波是海洋中常见的物理现象，不仅存在于大部分大陆架区，而且在深海也有发现，图 1.2 为利用 MODIS 数据提取的全球海洋内波分布图，由此可知，内波分布极为广泛。

内波通常在密度跃层产生并传播，而且在界面处具有较强的速度切变和较大的起伏。

因此，内波的存在威胁水下潜艇航行安全，对海上石油平台的作业也有较大影响。在声学方面，内波还对海洋中传播的声波造成起伏，影响了声速的大小与传播方向，从而降低了声呐的使用效能，这对潜艇的隐蔽与监测起着有利或有害的作用。内波的传播伴随着相当的速度切变，可以导致湍流和混合。在某些海域，内波是一个重要的混合和扩散源，它影响了局部海域的水交换、沉积和再悬浮，引起海水的涌升以及深海的混合。因此，海洋内波的研究有着重要意义。

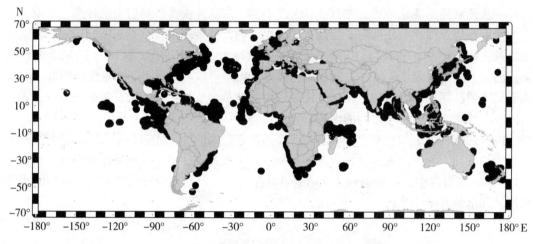

图 1.2　利用 MODIS 数据提取的全球内波分布图

1.2.2　内波遥感机理与成像特征

1. 内波 SAR 遥感成像机理及成像特征

（1）内波 SAR 成像机理

SAR 工作在微波频段，虽然不能穿透海水，但却能观测到水下几十米、甚至几百米深处的海洋内波。这是由于内波在传播过程中引起的海表面流场的变化调制了海表面微尺度波的分布，从而改变了海面的后向散射强度，在 SAR 图像表现为亮暗条纹。理论与实验研究表明，SAR 内波成像主要包括以下三个物理过程：

①内波在传播过程中引起海表面流场发生辐聚和辐散的变化。

图 1.3 展示了两层流体中界面波一个半周期的垂直分布及流线情况，同时也展示了内波引起的近表面流的特性，即沿内波传播方向交替出现近表面流相向和反向流动的区域，即为辐聚和辐散。

②变化的表层流场通过调制表面微尺度波，改变了海面粗糙度。

图 1.4 为装在南海石油平台上的 CCD 相机观测到的内波经过前后 6 分钟海面的变化情况。图 1.4（a）为内波正好经过时，海面遍布微尺度波，海面粗糙度增大；图 1.4（b）为内波经过后海面变得非常平滑的样子。

③雷达波与海面微尺度波相互作用产生 Bragg 散射。

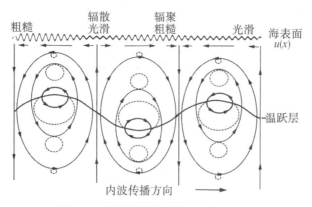

图 1.3　内波传播中对海面流场的调制

海洋 SAR 影像是海面微尺度波后向散射截面 σ_0 的平面分布，Valenzuela（1978）根据 Bragg 后向散射原理导出：

$$\sigma_0 = 4\pi\kappa^4 \cos^4\theta F_1(\theta)\psi(k,\ 0) \tag{1.1}$$

<table>
<tr><td>（a）</td><td>（b）</td></tr>
</table>

图 1.4　南海 PY30-1 平台上 CCD 相机拍摄的内波经过前后海面情况（2011 年 9 月 18 日）

式中，κ 为工作微波的波数，θ 为微波的入射角，$F_1(\theta)$ 为极化函数，$\psi(k,\ \varphi)$ 为海浪方向谱，φ 表示海波波数 k 的方向角，波数模 k 满足如下共振条件：

$$k = 2\kappa\sin\theta \tag{1.2}$$

根据公式（袁业立，1997）

$$\psi(k) = m_3^{-1}\left[m\left(\frac{u_*}{c}\right)^2 - 4\nu k^2\omega^{-1} - S_{\alpha\beta}\frac{\partial U_\beta}{\partial x_\alpha}\omega^{-1}\right]k^{-4} \tag{1.3}$$

可得：

$$\sigma_0 = \frac{\pi}{4}\cot^4\theta F_1(\theta)m_3^{-1}\left[m\left(\frac{u_*}{c}\right)^2 - 4\nu k^2\omega^{-1} - S_{\alpha\beta}\frac{\partial U_\beta}{\partial x_\alpha}\omega^{-1}\right] \tag{1.4}$$

总之，SAR 成像的原理主要包括以上三个基本物理过程。图 1.5 展示了内波的 SAR 成像过程，下降型内波的图像特征是亮暗相间条纹，上升型内波是暗亮相间条纹。

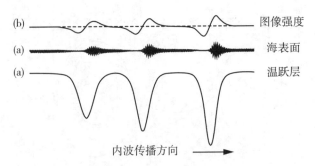

图 1.5　内波、表面波、SAR 图像关系示意图

（2）内波 SAR 成像特征

通过对大量内波 SAR 影像的分析，可以总结出内波在 SAR 图像中有以下基本特征：内波在 SAR 图像中表现为直线或曲线状的亮暗相间条纹；内波一般以波包形式传播，但也包括以单个孤子传播的形式。当以波包形式传播时，每个波包包含若干个孤立子，波包间有一定的间距；沿内波传播方向，波包中孤立波波峰线长度和孤立波间距呈现递减趋势。

此外，内波波锋线弯曲的程度还与地形有关；大气内波也容易与海洋内波发生混淆。SAR 图像上内波条纹亮暗的先后顺序还与内波的极性有关，对于凹陷型内波，图像上的条纹表现为先亮后暗；对于上凸型内波，图像上的条纹则表现为先暗后亮。因此，结合以上特征可以对 SAR 图像上的内波加以识别。

由图 1.6 可以看到，内波以波包形式传播，在图像上表现为明暗相间的条纹，每个波

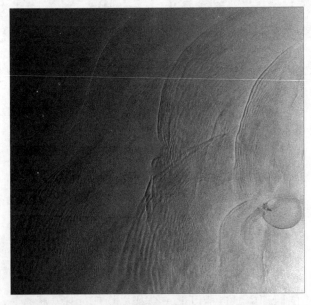

图 1.6　南海北部内波 SAR 影像 1（Envisat ASAR，2009/06/22 10：16）

包包含若干个孤立子，波包间有一定的间隔，波包中孤立波波峰线长度呈现递减趋势；图 1.7 展示了内波以两个单孤子的传播形式。对比图 1.6 和图 1.7 可知，水下地形的变化会影响内波波峰线的弯曲程度，水深较浅的图 1.6 的波峰线比图 1.7 的波峰线更弯曲一些。

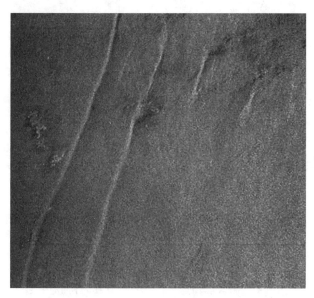

图 1.7　南海北部内波 SAR 影像 2(ERS-2 SAR，2002/05/17 10:39)

　　图 1.8 为 1993 年 9 月 3 日 22:39 直布罗陀海峡 ERS-1 SAR 图像(源自 http：//www. ifm. zmaw. de/~ers-sar)。直布罗陀海峡内波受射流的影响，内波的波峰线弯曲程度十分剧烈。同时该图也展示了大气内波和海洋内波共存一张图像的情形；对比可以看到，大气内波较海洋内波的尺度更大，图像上海洋内波的纹理特征较大气内波的更加明显和规则。因此，需要注意 SAR 图像上大气内波与海洋内波的区分。

2. 内波光学遥感成像机理及图像特征

(1)内波光学遥感成像机理

　　内波的光学遥感机理已有广泛共识，太阳光在海面的镜面元反射，因内波的出现引起海表面的小镜面倾斜，使镜面反射率的空间分布发生改变，进而在光学遥感图像中形成明暗相间的条纹，成像过程如图 1.9 所示。

　　此外，由于内波的垂向扰动，使得海洋次表面的温度、叶绿素浓度的分布产生变化。da Silva(2002)利用水色遥感器观测到了内波引起的叶绿素浓度的变化，在比斯开湾建立一个叶绿色浓度最大值模型(DCM)，可以得出叶绿素浓度的二维分布，由此看出叶绿素的带状分布与内波传播相关联。

(2)内波光学遥感图像特征

　　通过对大量内波遥感图像，特别是光学遥感图像的分析，可以总结出内波在光学遥感图像上和 SAR 有相同的以下特征：内波在图像中表现为直线或曲线状亮暗相间的条纹；内波一般以波包形式传播，每个波包包含若干个孤立子，波包间有一定间距，也包括单个

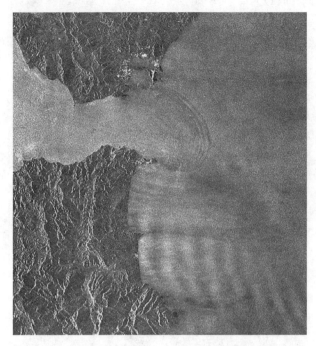

图 1.8　海洋内波与大气内波同时存在的 SAR 图像

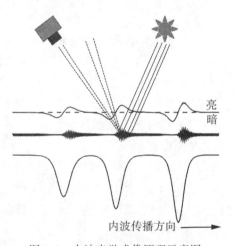

图 1.9　内波光学成像原理示意图

孤子形式传播；沿内波传播方向，波包中孤立波波峰线长度和孤立波间距呈现递减趋势。

　　此外，内波光学遥感图像还存在独有特征。内波的光学遥感图像有两种情况：先亮后暗和先暗后亮，下降型内波在接近耀斑区是先暗后亮，远离耀斑区是先亮后暗，如图 1.10 所示。

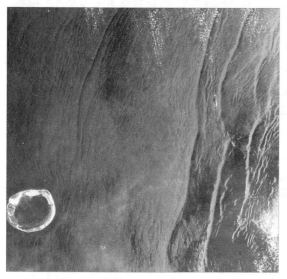 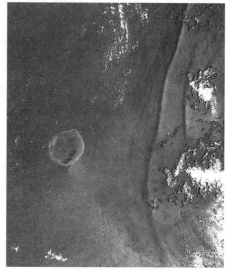

（a）GF-1 影像（2014/03/20 11：05）　　　　　　（b）GF-1 影像（2014/04/18 11:14）

图 1.10　东沙岛附近 GF-1 影像

1.2.3　海洋内波遥感探测方法

大振幅内波对海上石油工程、水下潜艇航行等影响巨大，获取内波的传播速度、传播方向以及混合层深度数据对海洋工程、海洋军事等意义重大。因此，海洋内波遥感探测主要就是对振幅、传播速度和方向、内波深度等参数进行反演研究。

1. 内波振幅

利用 SAR 图像可以进行内波振幅的反演，反演过程首先需提取 SAR 图像中内波条纹的亮暗间距，然后结合内波传播模型计算振幅。根据内波波长与水深的关系可选用不同的控制方程描述内波的水平传播。当波长远小于水深 H，可采用 Benjamin-Ono 方程；当波长与水深相当，Joseph-Kubota 方程适用；对于浅水波，Korteweg-de Vries 方程最合适。若不考虑海水的黏性作用和海底摩擦效应，通常用下面的方程来描述弱非线性波振幅的时空演变：

$$\frac{\partial \eta}{\partial t} + c_0 \frac{\partial \eta}{\partial x} + \alpha\eta \frac{\partial \eta}{\partial x} + \beta \frac{\partial^3 \eta}{\partial x^3} = 0 \tag{1.5}$$

式中，c_0 是线性相速度，α 和 β 分别是非线性项和频散项的常系数，主要取决于局地的密度分层。

$$\alpha = \frac{3}{2}c_0 \frac{\int_H^0 w_z^3 \mathrm{d}z}{\int_H^0 w_z^2 \mathrm{d}z}, \ \beta = \frac{1}{2}c_0 \frac{\int_H^0 w^2 \mathrm{d}z}{\int_H^0 w_z^2 \mathrm{d}z} \tag{1.6}$$

式中，w 是内波的线性模态函数。

对于上述 KdV 方程有解析解：

$$\eta(x, \ t, \ z) = \eta_0 w(z)\mathrm{sech}^2 \left(\frac{(x - x_c) - ct}{L} \right) + (O\varepsilon, \ \delta) \tag{1.7}$$

式中，x_c 是孤立子中心，η_0 是最大振幅，c 是非线性相速度，L 是孤立子半宽度。而对于孤立子 η，满足下列关系：

$$L^2 = \frac{12\beta}{\eta_0 \alpha} \tag{1.8}$$

并且有 $D = 1.32L$。这样，在连续分层的情况下，只要得到了模态函数，就可以用两层模式相同的方法反演内波的振幅了。下面的问题主要是求内波的模态函数。

内波的特征值和特征模态由水深 H、浮性频率 $N(z)$、惯性频率 f 决定。内波的模态函数 $W_j(z)$ 应当满足特征值问题

$$\frac{\mathrm{d}^2 W_j(z)}{\mathrm{d}z^2} + \{\gamma_j^2 [N^2(z) - f^2] - k^2\} W_j(z) = 0 \tag{1.9}$$

式中，$W_j(0) = W_j(H) = 0$，k 为已知的水平波数。γ_j^2，$j = 1$，J 是相对于特征频率 $\omega_j^2 = f^2 + k^2/\gamma_j^2$ 的特征值。

以南海北部海域的内波 SAR 图像为例进行内波振幅反演，如图 1.11 所示。

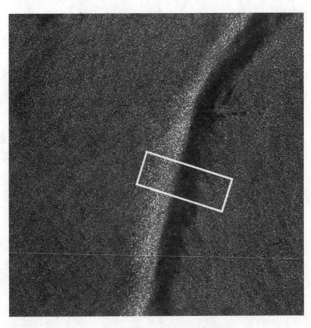

图 1.11　内波 ERS-2 SAR 影像

首先，在 SAR 影像中选取一个 200×60 的子图像，将子图像沿垂直于内波传播方向平均，得到一条曲线，将该曲线沿内波传播方向每 8 个点进行平滑，得到了所需要的图像平均剖面。由此可以得到距离 D，这里取图像剖面的峰谷距离，如图 1.12 所示。

然后，计算该点的浮性频率，由于没有同步的实测资料，这里选用了 Levitus94 的温盐月平均资料，选取离该点最近的网格点数据。浮性频率的计算使用以下公式：

$$\frac{1}{\rho} \cdot \frac{\partial \rho}{\partial z} = -a\frac{\mathrm{d}T}{\mathrm{d}z} + b\frac{\mathrm{d}S}{\mathrm{d}z} \tag{1.10}$$

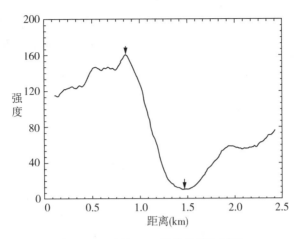

图 1.12　内波 SAR 影像的平均剖面

式中，T，S 分别表示温度和盐度；a，b 分别为温度膨胀系数和盐度压缩系数，其典型数值 $a=0.13\times10^{-3}$，$b=0.80\times10^{-3}$。

最后，利用数值方法计算得到了内波的特征值和特征模态。

由此，可以计算得到内波的振幅，见表 1.2。

表 1.2　　　　　　　　　　　　　　内波振幅反演结果

D	L	α	β	η
600m	455m	-0.013	12248	55m

光学遥感如 MODIS 影像的时间分辨率较高，可获得大量包含内波的遥感影像。但是内波对光学图像的成像机制、过程较为复杂，因此还没有光学遥感反演内波参数的精确表达关系式。目前，基于光学遥感反演内波参数通常近似采用 SAR 反演的方法。考虑两层分层海水情况下，根据 KdV 方程可以得到振幅反演的计算公式：

$$\eta_0 = \frac{4h^2 C_g^3}{3g'\left[\dfrac{D}{1.32}\right]^2 (g'^2 h^2 - 4g'hC_g^2)^{1/2}} \tag{1.11}$$

其中，

$$C_g = \sqrt{\frac{g\Delta\rho h_1 h_2}{\rho(h_1 + h_2)}} \tag{1.12}$$

由海图或者数字地形图得到水深 h，由实测或者历史观测资料得到约化重力加速度 $g'=g\Delta\rho/\rho$，通过公式或者遥感影像得到内波的传播速度 C_g，并由光学图像得到内波的亮暗间距 D 后，可由式(1.12)计算内波的振幅。

2. 内波传播速度和方向

内波的传播速度可通过遥感影像直接计算得到。具有大范围成像能力的星载 SAR 往往往能捕捉周期性潮汐激发的多个内波包。当一幅 SAR 图像包含两个或多个由同一激发源产生的内波波群时，可以通过测量内波群之间的间距来确定内波的波速。半日潮是陆架内波的主要驱动力，使得内波群具有相同的时间间隔。从 SAR 图像上测量得到内波群的间距 Λ 后，就可以计算内波的群速度：

$$C_g = \frac{\Lambda}{T} \tag{1.13}$$

其中，半日潮周期 $T = 12.42\text{h}$。

星载 SAR 和光学卫星的快速发展也为基于多星数据的内波传播速度测量提供了可能，利用不同卫星通过同一地区的时间差 Δt 和同一内波群在这段时间内传播的距离 Λ，可以更精确地计算内波群的传播速度。基于多星数据两个卫星的时间间隔不能太长，否则无法确定两个卫星拍摄到的内波群是否为同一个，所以时间以不超过 5 小时为宜；同时，若是间隔时间太短，内波在两幅影像的位置基本相同，此时测量误差会成为传播速度误差的主要来源，因此时间以不少于 15 分钟为宜。

内波波向信息提取过程是首先提取出内波前导波的波峰线，然后将波峰线两端点连成线段，取该线段的中点，过该线段的中点作垂线，计算其与正北向所成的交角，确定内波波向。以正北方向为 0°，顺时针旋转，波向的范围为 0° ~ 360°。图 1.13 为中国南海北部内波的 SAR 影像，弧线 ADB 代表内波波峰线，箭头 CD 指示内波的传播方向。

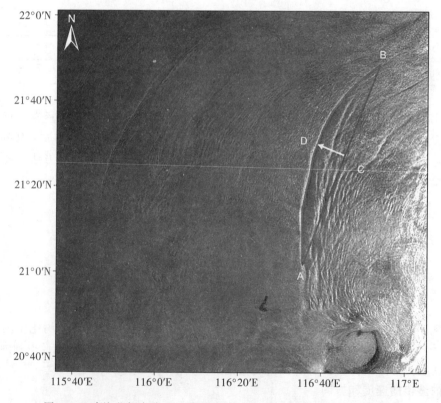

图 1.13　南海北部内波 SAR 影像(Envisat ASAR, 2011/05/12 02：19)

3. 内波深度

内波的相速度与波长无关，因而内波的相速度和内波的群速度相等，即 $C_g = C_p$。如果满足以下条件：

$$\frac{\eta_0}{2} \cdot \frac{|h_1 - h_2|}{h_1 h_2} \ll 1 \qquad (1.14)$$

则可以得到 $C_p = C_0$，因此内波深度的计算公式为：

$$h_1 = \frac{g'h \pm (g'^2 h^2 - 4g'hC_g^2)^{\frac{1}{2}}}{2g'} \qquad (1.15)$$

式中，正负号分别对应上升型内波和下降型内波。通过数值计算或遥感图像获得内波的群速度 C_g，进而求得内波深度。

在某些特殊情况下，当上升型内波和下降型内波同时发生在某一海区时，同一幅 SAR 图像上将出现上升型内波的暗-亮条纹和下降型内波的亮-暗条纹。此时，可依据两种内波在上下层水深相等处的相互转换特性，由 SAR 图像直接获得内波深度。

1.2.4　内波 SAR 遥感的应用

SAR 遥感技术的发展为海洋内波的研究提供了丰富的观测资料，是海洋内波探测的有效手段，它不仅为海洋内波的数值模拟提供支持，同时利用遥感数据可以提取内波参数特征、分析内波生成机理等，基于大量遥感数据统计的海洋内波时空分布特征更为海上工程作业、海上交通及水下航行的潜艇提供参考。

内波 SAR 遥感为内波的数值模拟提供对比分析和验证，内波遥感数据主要用来提供内波模拟的问题，以及模拟结果的检验。基于遥感图像，利用 MITgcm 模式可以模拟海南岛与越南附近水域的内波的生成与传播。研究发现，此处内波多数是由海潮与海底山脊相作用而形成（Li，2011）。同样，利用 MITgcm 模式进行了南海北部吕宋海峡处内波生成与传播的模拟，由于吕宋海峡较宽阔，公认的内波源区有多个，通过 SAR 的观测结果选择了中部区域进行模拟（Guo，2011）。Guo（2012）利用 MITgcm 和 Taylor-Goldstein 方程解数值模拟了南海北部骑浮在第二模态内孤立波上的短内波。通过筛选 ASAR 影像，发现很多 SAR 影像都存在第一模态强内孤立波后尾随着短内波这一海表特征。详细分析了 6 景 SAR 影像（4 景近场，2 景远场），并与数值模拟对比分析了内波场的分布特征。

龙目海峡周边海域主要有两种类型的内波：一种是向北传播的我们熟知的"圆弧型"内波，一种是向南传播的"非规则"内波。SAR 图像显示，向北传播的内波往往出现于冬季季风期，这时向南的贯穿流会被削弱。可能的原因是，在东南季风期强大的向南贯穿流会极大地限制向北的潮流流入，这样就会抑制内波生长，从而产生的内波比较弱。中国南海东北部向西传播的孤立内波是由吕宋海峡的潮汐产生的，在这些研究中，内波 SAR 与光学图像作为重要的观测证据服务于机理的分析。

海洋内波对海上工程作业、水下航行的潜艇具有巨大的影响和破坏力，因此对海洋内波分布的统计研究意义重大。SAR 遥感是大范围探测海洋内波的有效手段，就全球来看，海洋内波主要分布于印度洋的 Andaman 海及澳大利亚西北海域、大西洋东部海域的 Biscay

Bay 及西部海域的 Massachusetts Bay、靠近直布罗陀海峡的地中海海域、太平洋西部海域的 Sulu 海以及我国附近的黄海、东海及南海。根据内波的时空分布,我们可以分析寻找某海区受内波影响较小的海底安全通道,海上工程作业也可以有效避开内波的干扰。

1.3　海浪 SAR 遥感

1.3.1　引言

海洋中存在着各种形式的波动,海浪则是人们凭直觉就可以感知的一种海洋表面波动。海浪通常是指由风在海面上吹行而产生的风浪及其传播所导致的涌浪。风浪是当地风直接作用下形成的海浪。在当地风区内,风速骤降或风向骤变,可能使风浪变为涌浪。风浪的波长一般为几十米至几百米;涌浪的波长一般为几百米至几千米。系统研究海浪,不仅可以理解海浪的生成机制、内部结构和外在特征,而且对国防、航运、造船、港口和海上石油平台的建设和安全等都具有重要意义。半个多世纪以来,各国的海洋工作者对海浪进行了大量研究,采用理论分析、现场观测、实验室水槽模拟、卫星观测等各种方法来进行海浪要素的计算以及实施海浪预报。

实际海洋中的海浪是一种十分复杂的现象,人们通常近似地把实际的海洋波浪看作是简单波动(正弦波),一般从简单波动入手研究海洋波动,在简单波动理论的条件下用于描述海浪的主要特征量包括波型、波向、波高、周期、波速和波长等。实际上,由于海浪具有随机性,所以很难用流体动力学中的可确定的函数形式来描述海浪。自 20 世纪 50 年代初,人们开始将海浪视为随机过程,用概率论和随机过程理论研究其统计分布规律,海浪的统计特征量主要包括最大波高、有效波高、平均波周期、有效波周期等。以随机过程描述海浪必然要引出海浪方向谱的概念,因此,海浪方向谱构成了海浪研究的核心问题之一。海浪方向谱是描述海浪关于波数能量分布的一个重要的物理量。海浪在某个时空的所有统计性质,均可由海浪方向谱获得。因此,对海浪方向谱的研究尤为重要。

SAR 作为迄今为止公认的最有效的空间传感器,它对人类的贡献之一是可以连续对海面进行大面积的观测,从而可以获取大范围的海浪方向谱,解决常规观测无法解决的问题,为港口、航运、国防提供重要的海浪信息。但是 SAR 观测海浪时有两个主要的缺陷:一个缺陷是 SAR 图像上观察到的海洋表面的波动由于方位向上的多普勒偏移将会导致图像谱的失真以及严重的方位向截断;另一个缺陷是 SAR 只能提供长波海浪的观测信息,这种限制依赖于海浪传播与运行轨道的相对方向。当海浪沿卫星轨道方向传播时,只有波长大于 150~200m 的海浪才能够被 SAR 探测到。为了克服 SAR 观测海浪的缺陷,法国和美国等国家的研究人员开始探索新的用于海浪方向谱测量的传感器——波谱仪,搭载首颗星载波谱仪的中法海洋卫星计划于 2018 年发射。与 SAR 不同,波谱仪的最小可探测波长的特性与海浪传播方向无关。由于波谱仪目前尚处于研制阶段,SAR 仍然是目前唯一一种可以获得大范围海浪二维方向谱信息的星载传感器。

从 1983 年开始,世界各国的学者在 SAR 海浪观测领域做了大量的研究工作,发展了一系列从 SAR 图像中提取海浪方向谱的方法。然而,要从 SAR 图像中得到海浪方向谱并非是一项简单的任务，它的理论和方法虽经历了几十年的发展，但是直到现在仍然是一个重要的研究方向，还有待发展和完善。

SAR 海浪探测的最终目的是为了获得用于描述海浪特性的统计参数（包括有效波高、波周期、波长等），鉴于 SAR 海浪方向谱的提取有一定的难度，近几年国内外的学者开始研究直接利用 SAR 图像中提取的信息反演海浪参数的经验方法，建立了系列的经验反演方法，对于 SAR 海浪遥感探测的发展起到了重要的推动作用。

1.3.2　海浪遥感机理

SAR 海浪遥感基础是海浪改变了海面粗糙度，进而影响了后向散射信号的强弱（赵巍，2013）。描述海面后向散射一般采用双尺度模型，即将海面的波动按照其长短分解为作用不同的两部分，长波部分调制短波，使短波散射的电磁波信号的分布与长波发生关系（孙建，2005）。假设海面是由众多含有粗糙小波的散射面元组成，每一个散射面元的回波都是由这个散射面元内的与电磁波波长大小约为同一量级的 Bragg 波通过 Bragg 散射机制产生的。SAR 后向散射回波可表示为在 SAR 的不同位置所接收的来自某个海面散射面元的散射回波的叠加（孙建，2005）。Bragg 波又依次在方向、能量和运动上受到更大尺度波的调制，从而使海浪在 SAR 图像上成像。经过多年的研究，人们对 SAR 海浪成像的主要机制已经有了较为统一的认识。波长较长的海浪通过对海面微尺度波的调制作用而成像，这些调制作用包括倾斜调制、水动力调制和速度聚束调制等，下面分别予以论述。

1. 倾斜调制

倾斜调制是由于海浪中长涌浪的存在改变了雷达对 Bragg 共振的响应方式。长涌浪本身存在角度，使散射面元的法线方向产生变化，导致雷达入射角发生改变，从而引起后向散射信号强度的改变。倾斜调制作用最明显的应该是那些沿着距离向传播的波浪，当波面朝向雷达时后向散射最强，背离时最弱，如图 1.14 所示。随着海浪传播角度向方位向变化，倾斜调制作用的影响逐渐减小，当海浪沿方位向传播时，波峰波谷线与雷达距离方向平行，倾斜调制作用不会发生。如果仅存在倾斜机制，传感器接收返回的后向散射后，成像得到的就是一景具有明暗相间的 SAR 图像。倾斜调制的大小与短波能量的谱分布有关，也与雷达对平均海面的观测角和长波的传播方向有关。倾斜调制传递函数（T_t）可由 Bragg 散射理论以及双尺度模型给出：

$$T_t = i\,k_r\,\frac{4\cot\theta}{1\,\pm\sin^2\theta} \tag{1.16}$$

式中，正负号分别表示垂直极化和水平极化两种不同的极化方式，$k_r = \pm k\sin\varphi$ 为 k 在雷达视向上的分量，正号对应左视，负号对应右视，方位角 φ 是长波传播方向与卫星飞行方向的夹角。

倾斜调制是纯粹的几何效应，属线性调制。

2. 水动力调制

水动力调制是指海面 Bragg 波的振幅受长波相位调制的流体动力过程。海面并不是由幅度均匀的 Bragg 波叠加在长波上构成的，长波会调制 Bragg 波的幅度，导致后向散射截面在长波上分布不均（图 1.14）。长波改变海面，生成汇聚区和发散区，在长波波峰附近，

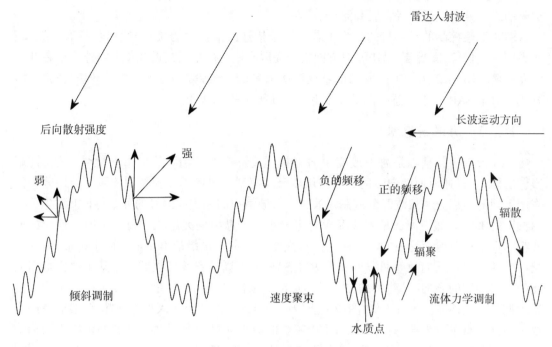

图 1.14　SAR 海浪成像机制

Bragg 波振幅会随着汇聚表面速度场在波浪上升边缘上的推移而增加，而波谷附近的 Bragg 波振幅相应地减小。正是这种长波与短波的流体力学相互作用，长波调制短 Bragg 散射波的能量和波数，其调制传递函数如下：

$$T_h = -4.5k\omega \frac{\omega - i\mu}{\omega^2 + \mu^2} \sin^2 \Phi \qquad (1.17)$$

式中，T_h 为水动力调制函数，k 为波数，ω 表示角频率，μ 是衰减因子，用来描述短波对长波调制的响应，Φ 为方位角，是方位方向与长波传播方向之间的夹角。

倾斜调制和水动力调制都是线性关系，只改变返回电磁波信号强度不会改变电磁波本身的频率，这两种调制作用不会造成海面目标点在 SAR 图像上位置的变化。

3. 速度聚束调制

速度聚束是由长波的轨道速度引起的。长波的轨道速度使叠加在上面的微尺度波散射面元产生上下的运动，这个上下的运动速度会改变目标的多普勒频移，从而改变目标在 SAR 图像中的位置，这种错位取决于长波轨道速度大小，而轨道速度大小又与它的平均频率和波高成比例。

合成孔径雷达是利用多次接收同一点反射回波信号来提高方位向的成像分辨率。由于雷达本身运动，多次接收同一点的回波信号会产生多普勒效应，可通过雷达集成算法消除。但是长波运动也会产生相应的多普勒效应。如图 1.14 所示，当长波沿方位向传播时，即波峰线垂直于雷达速度矢量时，波峰前方海域产生一个向上的附加速度，从而产生正的多普勒频移，使目标向 SAR 图像的正方位方向移动，而波峰后面海域向 SAR 图像的负方位方向移动。如果长波轨道速度导致散射目标在图像上的位移与波长之比不太大，即位移量是波长的几分之一，那么速度聚束效应是线性的。在 SAR 图像上，波浪在波峰附近黑暗，波谷附近明亮。但是如果错位的位移等于或大于一个波长，速度聚束作用则表现为高度的非线性，这种非线性会导致图像的模糊，并使在方位向传播的波浪产生方位截断，即 SAR 在方位向上无法分辨出高于某个波数(称为截断波数)的波浪。方位向上的截断波数依赖于海况是不同的，但从整体上来讲，SAR 一般难以分辨在方位向传播的波长短于 100~200m 的波浪。

海面散射面元的方位向位移 η 与长波轨道速度的斜距向量分量 v 的关系如下：

$$\eta = \frac{R}{V}v \tag{1.18}$$

式中，R 为斜距，v 为平台移动速度。由于 SAR 成像时间远小于海浪周期，因此，v 也可视为瞬时速度。其值由经典表面波理论得到，即

$$v = \sum_k T_k^v \eta_k \exp(ikr) + c.c. \tag{1.19}$$

式中，η_k 表示海面起伏，$c.c.$ 表示复共轭。距离向速度传递函数 T_k^v 由式(1.20)给出：

$$T_k^v = -\omega\left(\sin\theta\frac{k_t}{|k|} + i\cos\theta\right) \tag{1.20}$$

1.3.3 海浪遥感探测方法

海浪遥感探测的目的是要获取海浪的统计参数(海浪的有效波高、波周期、波长等)，目前的方法主要有两类：一是海浪谱反演方法，首先从 SAR 图像出发提取海浪二维方向谱，再由海浪二维方向谱的谱矩计算得到海浪的统计参数；二是海浪参数反演的经验方法，即直接由 SAR 图像提取的信息反演海浪的统计参数。下面详细介绍目前海浪遥感探测的方法。

1. 海浪谱反演方法

(1)MPI 反演方法

1991 年，K. Hasselmann 和 S. Hasselmann 在包含倾斜调制、流体动力学调制和速度聚束调制这三种机制在内的 SAR 海浪成像机制基础之上，得到了从 SAR 图像谱反演海浪方向谱的非线性变换。该算法被称为 MPI (Max Planck Institute)模式。

MPI 方法反演海浪谱需要输入 SAR 图像谱和第一猜测谱，然后利用前向映射从第一猜测谱计算得到仿真 SAR 图像谱，再利用仿真的 SAR 图像谱与观测的 SAR 图像谱来计算价值函数，接着用价值函数来判断迭代过程是否收敛。MPI 模式算法将第一猜测谱引入到价值函数中，在迭代计算中，当价值函数最小时反演得到的海浪谱和猜测谱最接近。

MPI 反演算法流程如图 1.15 所示。

反演算法主要步骤包括：

计算 SAR 成像调制传递函数：

$$T_k^S = T_k^R + T_k^{vb} \tag{1.21}$$

计算速度聚束调制传递函数：

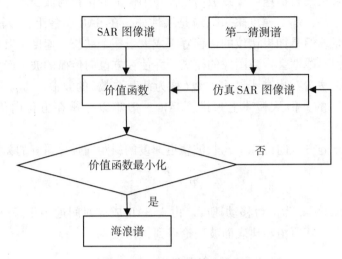

图 1.15　MPI 反演算法流程

$$T_k^{wb} = - i\beta\, k_x\, T_k^v = -\beta\, k_x \omega(\cos\theta - i\sin\theta\, k_l/k) \tag{1.22}$$

计算算子：

$$W_k = |T_k^s|^2 \exp(-k_x^2\, \xi'^2) \tag{1.23}$$

计算系数：

$$A_k = W_k^2 + 2\mu \tag{1.24}$$

$$B_k = W_k W_{-k} \tag{1.25}$$

计算变分方程的解：

$$\Delta F^n = \frac{[A_{-k}(W_k\delta P) + \mu\delta F_k - B_k(W_{-k}\delta P + \mu\delta F_{-k})]}{[A_k A_{-k} - B_k^2]} \tag{1.26}$$

其中，

$$\delta P = \hat{P}(k) - P^n(k) = \hat{P}(-k) - P^n(-k) \tag{1.27}$$

$$\delta F_k = \hat{F}(k) - F^n(k) \tag{1.28}$$

式(1.27)和式(1.28)分别表示观测 SAR 谱和每次迭代之后的 SAR 谱之差；初猜海浪谱和每次迭代之后的海浪谱之差。

构造改进的海浪谱

$$F^{n+1} = F^n + \Delta F^n \tag{1.29}$$

根据改进的海浪谱再次计算改进的仿真 SAR 谱。经过多次迭代得最适海浪谱和最适 SAR 谱。

(2)SPRA 反演方法

2000 年，Mastenbroek 和 deValk 提出了半参数反演方法，它不再需要模式来计算初猜谱，而是加入了与 SAR 共同配置的散射计所得到的风信息作为附加信息，SPRA 的思想就是用经验的含有参数的谱来代替模式计算，谱参数是从 SAR 图像的信息中提取。所以，SPRA 最大的优点在于它不再需要用模式来计算初猜谱，这样就节省了大量的计算时间，也避免了得到的结果依赖于初猜谱。

SPRA 反演海浪谱算法流程如图 1.16 所示。

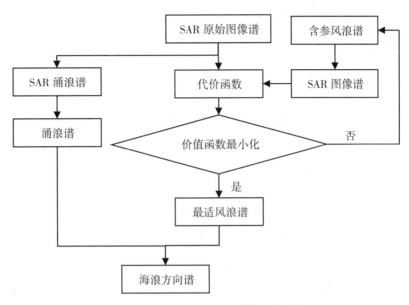

图 1.16 SPRA 反演海浪谱算法流程图

SPRA 可分为两步进行计算:

第一步:利用散射计所得到的风矢量来构造风浪谱,所含有的待定参数是风浪成长状态以及主波的传播方向,然后含有参数的风浪谱根据非线性的成像关系:

$$P_{ws}(k) = \Phi(F_{ws})(k) \qquad (1.30)$$

得到仿真 SAR 谱,然后用搜索法不断变换待定参数的值,直到仿真 SAR 谱与图像 SAR 谱的差别最小,那么,此时风浪谱的待定参数确定,从而风浪谱确定。

第二步:风浪谱确定之后,SAR 图像谱中除了风浪谱造成的那部分信号,剩余的信号认为是涌浪在 SAR 图像上的成像,涌浪的成像通常可认为是线性过程,于是 SAR 的成像关系可以在 $F = F_{ws}$ 展成泰勒级数,并忽略二次项和高阶项,得

$$P(k) \approx \Phi(F_{ws})(k) + \left. \frac{\partial \Phi(F)(k)}{\partial F(k')} \right|_{F=F_{ws}} F_{\text{swell}}(k') \qquad (1.31)$$

式中,F_{swell} 代表涌浪谱。这样,在 SAR 图像谱 $P_{obs}(k)$,杂乱回波的噪音水平 P_{cl},以及风浪 SAR 谱 $P_{ws}(k)$ 都确定的情况下,涌浪谱就可以求得:

$$F_{\text{swell}}(k) = \frac{P_{obs}(k) - P_{cl} - P_{ws}(k)}{\alpha(k)} \qquad (1.32)$$

式中,$\alpha(k) = \left. \dfrac{\partial \Phi(F)(k)}{\partial F(k')} \right|_{F=F_{ws}}$。

(3)参数化反演方法

1999 年,何宜军提出了利用 SAR 图像谱提取海浪方向谱的参数化方法,该方法克服

了由于方位方向的截止造成的信息损失和 SAR 图像谱 180°方向模糊的缺点。

假设参数化海浪方向谱为：

$$F(\omega, \ \theta) = \frac{1}{2} \Phi(\omega) \beta \ \mathrm{sech}^2 \beta \{ \theta - \bar{\theta}(\omega) \} \tag{1.33}$$

式中，$\bar{\theta}$ 为平均波向，

$$\beta = \begin{cases} 2.61 \left(\dfrac{\omega}{\omega_p} \right)^{1.3}, & 0.56 < \dfrac{\omega}{\omega_p} < 0.95, \\ 2.28 \left(\dfrac{\omega}{\omega_p} \right)^{-1.3}, & 0.95 < \dfrac{\omega}{\omega_p} < 1.6 \\ 1.24, & \text{其他} \end{cases} \tag{1.34}$$

$$\Phi(\omega) = \alpha \ g^2 \ \omega^{-5} \left(\frac{\omega}{\omega_p} \right) \exp \left\{ - \left(\frac{\omega_p}{\omega} \right)^4 \right\} \gamma^{\Gamma} \tag{1.35}$$

$$\alpha = 0.006 \left(\frac{U_c}{c_p} \right)^{0.55}, \quad 0.83 < \frac{U_c}{c_p} < 1 \tag{1.36}$$

$$\gamma = \begin{cases} 1.7, & 0.83 < \dfrac{U_c}{c_p} < 1 \\ 1.7 + 6.01g \left(\dfrac{U_c}{c_p} \right), & 1 \leqslant \dfrac{U_c}{c_p} < 5 \end{cases} \tag{1.37}$$

$$\Gamma = \exp \left\{ - \frac{(\omega - \omega_p)^2}{2 \ \sigma^2 \ \omega_p^2} \right\} \tag{1.38}$$

$$\sigma = 0.08 \left[1 + 4 \Big/ \left(\frac{U_c}{c_p} \right)^3 \right], \quad 0.83 < \frac{U_c}{c_p} < 5 \tag{1.39}$$

选 α，ω_p，$\bar{\theta}$ 为待求的参数。因为 SAR 图像谱是由 SAR 图像经过傅里叶变换产生的，具有 180°方向模糊。为了消除 180°方向模糊，就必须再提供一个条件。以往一直是利用猜测谱来消除它，但反演结果非常依赖于猜测谱。从一幅 SAR 图像中选取不同入射角的相邻两块，即在图像距离方向上选取 2 幅子图像，且假设这两幅子图像对应的海浪方向谱相同。这一假设是符合实际情况的，因此，假设价值函数为：

$$J = \sum \ (P_1(k) - \widehat{P}_1(k))^2 \ \widehat{P}_1(k) + \sum \ (P_2(k) - \widehat{P}_2(k))^2 \ \widehat{P}_2(k) \tag{1.40}$$

其中，$P_1(k)$，$\widehat{P}_1(k)$，$P_2(k)$，$\widehat{P}_2(k)$ 分别为在两不同入射角情况下数值模拟 SAR 图像谱和观测 SAR 图像谱。$J(\alpha, \ \omega_p, \ \bar{\theta})$ 是相当复杂的函数，利用网格化优化方法求代价函数 J 的最小值，得到最优参数 α，ω_p，$\bar{\theta}$，利用它们即可求得海浪方向谱。

（4）交叉谱反演方法

1995 年，Engen 和 Johnsen 提出了利用交叉谱反演海浪方向谱的方法，其实现流程如图 1.17 所示。

该算法对 SAR 单视复图像进行分视处理，得到子视图像 I^1、I^2，通过对子视图像的交叉相关 $\rho^{I^1, \ I^2}$ 做傅里叶变换，则得到两视之间的 SAR 图像交叉谱：

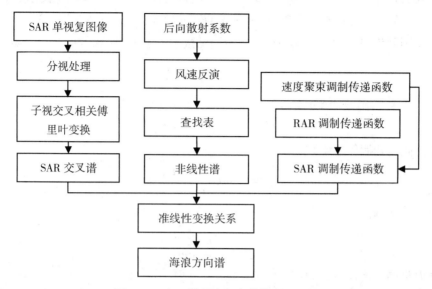

图 1.17　交叉谱反演海浪谱算法流程图

$$\varphi_{I1,\ I2}^{\Delta t} = F(\rho^{I1,\ I2}) \tag{1.41}$$

交叉谱和海浪谱之间的非线性变化如下：

$$\varphi_{I1,\ I2}^{\Delta t}(k) = \frac{1}{4\pi^2}\exp\left(-k_x^2\beta^2 f^v(0)\right) \cdot \int_{R^2}\exp(-ikx)\exp\left(-k_x^2\beta^2 f^v(x)\right) \cdot$$
$$\{1 + f^R(x) + i\,k_x\beta(f^{Rv}(x) - f^{Rv}(-x)) + \tag{1.42}$$
$$k_x^2\beta^2[f^{Rv}(x) - f^{Rv}(0)][f^{Rv}(-x) - f^{Rv}(0)]\}\mathrm{d}^2x$$

该变换与 SAR 图像谱到海浪方向谱的非线性变换关系完全相同，但是中间函数的定义不同，如下：

$$f^R(x) = 0.5\int_{R^2}\left(F(k)\ |T_k^R|^2\exp\left(i\omega\Delta t\right) + c.c.\right)\exp\left(ikx\right)\mathrm{d}^2k \tag{1.43}$$

$$f^{Rv}(x) = 0.5\int_{R^2}\left(F(k)\ T_k^R\ (T_k^v)^*\exp(i\omega\Delta t) + F(-k)\ T_{-k}^R\ (T_{-k}^v)^*\right.$$
$$\left.\exp(-i\omega\Delta t)\right)\exp(ikx)\ \mathrm{d}^2k \tag{1.44}$$

$$f^v(x) = 0.5\int_{R^2}\left(F(k)\ |T_k^v|^2\exp\left(i\omega\Delta t\right) + c.c.\right)\exp(ikx)\ \mathrm{d}^2k \tag{1.45}$$

可以看到，交叉谱的非线性变换中多了一个指数项 $\exp(i\omega\Delta t)$，此项正好体现了两子视图像之间的时间差 Δt。

多视处理时，子视之间的时间间隔的计算公式如下：

$$\Delta t = \frac{\lambda R}{2\,V^2}\Delta f \tag{1.46}$$

其中，λ 为雷达波长，R 为卫星与目标的距离(斜距)，V 为平台速度，Δf 为各分视的带宽。

式(1.42)的一阶展开则得到海浪谱与 SAR 图像交叉谱之间的线性变换，如下式：

$$\phi_{I^1,\,I^2}^{\Delta t}(k) \approx 0.5(|T_k^s|^2 \exp(i\omega\Delta t)F_k + |T_{-k}^s|^2\exp(-i\omega\Delta t)F_{-k}) \tag{1.47}$$

其中，SAR 调制传递函数 T_k^s 为 RAR 调制传递函数 T_k^R 与速度聚束效应之和，如下式：

$$T_k^s = T_k^R + i\,\frac{R}{V}\,k_x\,T_k^u \tag{1.48}$$

RAR 调制传递函数 T_k^R 可认为是三种调制过程的总和，即

$$T_k^R = T_k^{\text{titl}} + T_k^{\text{hydr}} + T_k^{\text{rb}} \tag{1.49}$$

其中，倾斜调制传递函数为：

$$T_k^{\text{titl}} = -4i\,k_y\,\frac{\cot\theta}{1+\sin^2\theta} \tag{1.50}$$

距离聚束调制传递函数为：

$$T_k^{\text{rb}} = -i\,k_y\,\frac{\cos\theta}{\sin\theta} \tag{1.51}$$

水动力学调制传递函数为：

$$T_k^{\text{hydr}} = 4.5\omega\,\frac{k_y^2(\omega-i\mu)}{|k|(\omega^2+\mu^2)} \tag{1.52}$$

式中，$\theta(\leqslant 60°)$ 为平均雷达入射角，衰减系数 μ 为松弛系数，取为 0.5s^{-1}，用来描述短波对长波调制的响应。

如果只把式(1.3)的积分项一阶展开而保留指数项，则得到 SAR 图像交叉谱与海浪谱之间的准线性变换：

$$\phi_{I^1,\,I^2}^{\Delta t}(k) \approx 0.5\exp(-k_x^2\beta^2 f^v(0))(|T_k^s|^2\exp(i\omega\Delta t)F_k + |T_{-k}^s|^2\exp(-i\omega\Delta t)F_{-k}) \tag{1.53}$$

利用上式可由 SAR 图像交叉谱反演得到海浪谱。

(5)PARSA 反演方法

2005 年，Stellenfleth-Schulz 等提出了一种结合利用 MPI 模式和交叉谱算法的 PARSA (Partition Rescaling and Shift Algorithm)算法，该算法是 MPI 模式的一个改进和扩展，该算法需要海浪数值模式提供第一猜测信息，通常由模式谱提供；另外，采用了谱分割的方法。

PARSA 反演海浪谱算法流程如图 1.18 所示。

反演算法的一个基本要求就是把 SAR 观测得到的图像谱和模式提供的猜测谱尽量一致地融合在一起，而不是像 MPI 方法那样强调调整或者修改其中的某一个。因此，基于这个思想，PARSA 反演算法的实施基于最大后验概率方法（Rodgers，2001）。反演的思路是在给定 SAR 图像谱和第一猜测谱的条件下，使得反演得到的海浪谱具有最大的条件概率分布，利用 Bayes 理论可以得到海浪谱的条件概率分布：

$$\text{pdf}(F_k,\,\alpha\,|\,\Phi_k) = \frac{\text{pdf}(\Phi_k\,|\,F_k,\,\alpha)\,\text{pdf}(\alpha)\,\text{pdf}(F_k)}{\text{pdf}(\Phi_k)} \tag{1.54}$$

其中，$\text{pdf}(\Phi_k\,|\,F_k,\,\alpha)$ 为观测的交叉谱的条件概率分布，$\text{pdf}(\alpha)$ 是 SAR 对海浪成像传输方

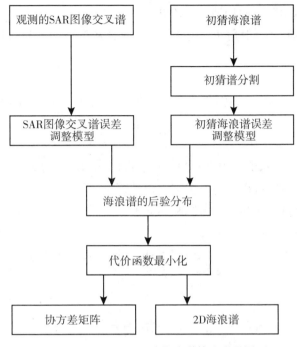

图 1.18　PARSA 反演海浪谱算法流程图

程中参数的先验概率分布，$\mathrm{pdf}(F_k)$ 为初猜谱的先验概率分布。

后验概率最大化的过程实际上就是代价函数最小化的过程。

(6) 极化 SAR 反演方法

随着极化 SAR 技术的发展，已有部分学者开展了基于极化数据的海浪信息提取研究。2004 年，Schuler 等首先给出了利用全极化 SAR 图像进行海浪谱提取的算法，利用极化方向角提取方位向海浪斜率，利用 H-Alpha 极化分解提取距离向海浪斜率。该方法可以直接测量海浪谱，不需要复杂的调制传递函数，在中低海况下精度较高。

具体的反演方法如下：由于极化 Alpha 角 α 仅与距离向局地入射角 θ_r 相关，因此可利用 SAR 数据提供的极化 Alpha 角 α 来反演局地入射角 θ_r，并进一步探测距离向倾斜角，从而实现距离向斜率的探测。

根据极化散射原理，极化 Alpha 角 α 的计算公式近似为：

$$\tan\alpha = \frac{\sigma_{\mathrm{vv}} - \sigma_{\mathrm{hh}}}{\sigma_{\mathrm{vv}} + \sigma_{\mathrm{hh}}} \tag{1.55}$$

根据 IEM 积分方程，在中高海况下，海表面散射系数 σ_{vv} 和 σ_{hh} 可表示为距离向局地入射角 θ_r、风速 U 和海表面介电常数 ε 的函数。将其代入式(1.55)则有：

$$\tan\alpha = \frac{\sigma_{\mathrm{vv}}(\theta_r,\ U,\ \varepsilon) - \sigma_{\mathrm{hh}}(\theta_r,\ U,\ \varepsilon)}{\sigma_{\mathrm{vv}}(\theta_r,\ U,\ \varepsilon) + \sigma_{\mathrm{hh}}(\theta_r,\ U,\ \varepsilon)} \tag{1.56}$$

上式中，风速 U 可由 SAR 数据反演得到；极化 Alpha 角 α 由极化 SAR 数据直接提取；

海表面介电常数 ε 可由实测数据求得。将风速 U、极化 Alpha 角 α 和海表面介电常数 ε 代入式(1.55)，即可求出距离向局地入射角 θ_r。

考虑到距离向的局地入射角 θ_r 是雷达视角 ϕ 和距离向倾斜角 γ 的差值，则倾斜角 γ 可表示为：

$$\gamma = |\theta_r - \phi| \tag{1.57}$$

距离向倾斜角 γ、方位向倾斜角 ω 以及极化方向角 θ 三者之间的关系可表示为：

$$\tan\theta = \frac{\tan\omega}{\sin\phi - \tan\gamma\cos\phi} \tag{1.58}$$

其中，ϕ 为雷达视角。上式中，距离向倾斜角 γ 可由式(1.57)得到，极化方向角 θ 可由圆极化变换得到。将它们代入式(1.58)中即可得到方位向倾斜角 ω。

在得到距离向倾斜角 γ 和方位向倾斜角 ω 以后，就可以得到距离向和方位向的海表面斜率：$S_r = \tan\gamma$，$S_r = \tan\omega$。

然后，利用小波变换的方法，从极化 SAR 数据中提取海浪的传播方向 φ。由此，海面斜率 S_{rms} 可表示为：

$$S_{rms} = \sqrt{(\langle S_r\cos\varphi \rangle)^2 + (\langle S_{az}\sin\varphi \rangle)^2} \tag{1.59}$$

最后，根据求出的海面斜率 S_{rms} 即可得到海浪方向谱。

2. 海浪参数反演的经验方法

SAR 反演海浪谱的过程相对比较复杂，同时需要模式提供初猜谱的信息，其应用受到了一定的限制。近几年，出现了多种海浪参数反演的经验方法，这些方法可以直接利用 SAR 图像中提取的信息反演海浪参数，不需要反演海浪谱的中间环节，简化了反演的过程，同时也可以获得较高的反演精度。德国宇航中心在此领域开展了大量的研究工作，发展了海浪参数反演的系列参数化方法，目前该方法已被欧空局(ESA)采纳为业务化的算法。

(1)德国宇航中心系列方法

2007 年，Sehulz-Stellenfleth 等给出了一种海浪参数的经验算法 CWAVE，该方法直接从 ERS-2 SAR 波模式数据中提取海浪参数，不需要计算海浪谱。该算法在中低海况条件下反演结果比较理想，但是在高海况条件下反演得到的有效波高具有比较大的负偏差。2010 年，李晓明扩展并改进了该经验算法，提出应用于 Envisat ASAR 波模式数据的 CWAVE_ENV 经验模型，并对 CWAVE_ENV 经验模型反演得到的海浪参数进行了详细的比较和印证，并且对于高海况条件下反演结果进行了评估，反演的精度均比较理想。2012 年，Bruck 和 Susanne 针对高分辨率 TerraSAR-X 和 Tandem-X 数据发展了反演海浪参数的经验算法 XWAVE，该算法同样不需要先验信息提供，XWAVE 经验模式使用 TS-X HH 和 VV 极化的聚束模式和条带模式数据和相应的 DWD 海浪模式波高的结果拟合得到。海况参数使用同一位置获得的浮标数据进行了验证，波向使用海浪模式的结果进行验证，二维海浪谱与海洋雷达 Wamos 的结果进行了比较，均具有较好的一致性。

CWAVE 是由 SAR 数据计算海浪参数的一种经验方法，不需要引进任何外部信息就可以直接得到海浪参数，该经验函数的输入参数主要有：波模式图像的雷达后向散射系数、图像方差以及 SAR 图像方差谱中用一系列正交函数计算得到的 20 个参数。这些参数的选择是通过逐步回归方法进行筛选的。

SAR 图像参数表示为：

$$s = (s_1, \cdots, s_{n_s}) \tag{1.60}$$

一般情况下上式中的 $n_s \leqslant 22$，则海浪参数可以由上述 22 个参数的二次多项式表示：

$$w = a_0 + \sum_{1 \leqslant i \leqslant n_s} a_i s_i + \sum_{1 \leqslant i \leqslant j \leqslant n_s} a_{ij} s_i s_j \tag{1.61}$$

其中，$a_0, \cdots, a_{n_s n_s}$ 为多项式系数，可以表示为向量形式：

$$\boldsymbol{A} = (a_0, a_1, \cdots, a_{n_s}, a_{11}, \cdots, a_{n_s n_s}) = (A_0, \cdots, A_{n_f-1}) \tag{1.62}$$

相应地，SAR 图像参数也表示为向量形式：

$$\boldsymbol{S} = (1, s_1, \cdots, s_{n_s}, s_1^2, \cdots, s_{n_s}^2) = (S_0, \cdots, S_{n_f-1}) \tag{1.63}$$

其中，$n_f = 0.5(n_s^2 + 3n_s + 2)$。下面构造代价函数为：

$$J(A) = \sum_{j=1}^{N} \left(w^{(j)} - \sum_{i=0}^{n_f-1} A_i S_i^{(j)} \right) \tag{1.64}$$

其中，$(w^{(j)}, S^{(j)})$ 表示海浪参数的模式结果或实测数据与对应的 SAR 参数组成的向量对，N 表示向量对可以收集到的最大数目。采用逐步回归最小二乘法可以算得多项式系数 A，这样海浪参数就可以表示为：

$$w \approx \sum_{i=0}^{n_f-1} A_i S_i \tag{1.65}$$

（2）半经验方法

2012 年，王贺等提出了一种半经验的算法，该算法可以在没有先验信息的前提下从 SAR 图像中估计波高。该算法是基于理论的 SAR 海浪成像机制以及两种周期之间的经验关系建立的。本书分析了提出的模型对雷达入射角及波向的依赖性，对于 Envisat ASAR 波模式数据而言，该模型可以简化成包含两个输入参数的简化形式，例如，输入参数可以是海浪的截断波长和峰值波长，这些参数可以在没有风浪先验知识的前提下从 SAR 图像中提取。使用 Envisat ASAR 波模式数据以及匹配的 NDBC 浮标测量的结果，对开发的经验算法进行了验证并与 Envisat ASAR 的二级产品进行了比较。均方根误差和散射指数分别是 0.52m 和 19%。验证的结果表明，对于 Envisat ASAR 波模式数据而言，建立的算法反演效果较好。

1.3.4 海浪遥感应用

1. 海浪遥感在海冰边缘地区的应用

在海冰覆盖地区，海浪的运动能够改变海冰的形态和位置分布，运动的海浪能够将连续的冰盖打碎，持续的海浪运动可以生成一个海冰与海洋之间变化的浮冰地区。我们可以依靠 SAR 监测海浪在海冰缓冲区域的传播来了解两个问题：一是了解海浪在浮冰区的传播，二是了解 SAR 在浮冰区的成像机理。在浮冰区，浮冰就像是一个低通滤波器，基本上消除高频海浪，使得 SAR 不再依赖布拉格散射，方位向截止程度也降低。这使得 SAR 图像上速度聚束更明显。相比进入浮冰海域之前的海浪 SAR 图像，浮冰地区的海浪 SAR 图像成像更清晰，因此通过 SAR 图像对海浪进行反演能够有效地监测到海面浮冰信息。

2. 海浪遥感在海洋风暴监测领域的应用

发生在大西洋和北太平洋地区强（最大风速达 32.7 米/秒，风力为 12 级以上）热带气旋称为飓风，也泛指狂风和任何热带气旋以及风力达 12 级的任何大风。飓风中心有一个风眼，风眼愈小，破坏力愈大，其意义和台风类似，只是产生的地点不同。

飓风产生于热带海洋的一个原因是因为温暖的海水是它的动力"燃料"，它一般伴随着强风、暴雨，严重威胁人们的生命财产，对于民生、农业、经济等造成极大的冲击，是一种影响较大、危害严重的自然灾害。在北半球，台风呈逆时针方向旋转，而在南半球则呈顺时针方向旋转。

SAR 能够检测海洋飓风产生的波浪，预测海浪的变化，监测海浪能量的传播。研究表明飓风区域的扇形波浪是由旋风引起的。遥感手段通过反演海浪能对飓风进行预测，警报通常在其可能到来前 24 小时发布，对提前进行防风准备，海上航行般只避风或躲开飓风即将经过的路线具有重要意义。

3. 海浪遥感在波群监测中的应用

在实际的海洋中，经常可以观察到这样一种现象，其主要特征是在固定地点，有时出现振幅大的波动，有时出现振幅很小的波动，两者相继交错发生。看起来大波是一群一群出现的，所以这种现象叫做波群。当许多周期和波长不同但很相近的简单波动沿着同一方向传播时，就会形成波群。它是伴随着海浪经常出现的一种自然现象，且经常伴随大浪的出现而出现。实践证明，波群具有极大的破坏力，其破坏性远比单个波大得多，它是海浪破坏海洋工程建筑物的重要因子，许多防波堤被破坏并非是由单个波的作用，而是由相继出现的几个大波（波群）作用的结果。早先，人们对波群这种常见的现象研究甚少。自 1974 年葡萄牙锡尼斯港深水防波堤被破坏之后，对波群的研究才日益受到重视。

传统的波群测量都是用固定的浮标进行测量，它受到空间限制，因此不能对波群进行有效的监测。目前，SAR 卫星能够提供单个波浪或者波群的信息，过去的二十年间 ERS Envisat-1/2 卫星持续地观测了海面波浪的信息，这些数据可以用来对全球范围内的波群进行研究。

利用一个基于小波的边缘检测方法和包含边缘自由区域的区域增长算法，能够估计波群的大小和波数。小波系数可以测量与波高和波陡有关的边缘强度，因此比周围海域高或者陡的波群能够被监测并分离出来。

过去几十年间，在船只航行过程中，很多船只在波浪高的危险水域发生航行事故，通过卫星遥感手段，将全球的高波浪危险地区检测出来，能够有效地避免船只进入这些危险地带。

4. Envisat 波模式 SAR 数据反演全球海浪的应用

高质量的海浪参数对于全球海浪数值预报、海洋灾害预报、海-气相互作用研究和全球气候变化研究无疑是十分重要的。欧洲中期天气预报中心（ECMWF）已经把 SAR 波模式数据同化入海浪数值预报业务化运行。

欧空局卫星计划中设置的 SAR 波模式属于一种低数据率工作模式，每隔 100km 左右对 5×10km 小区域成像，可以获取全球范围的海浪观测数据。利用波模式 SAR 得到的海表二维图像，可以反演得到海浪二维方向谱，进而可以获得海浪频谱，并且还可以计算出有效波高、平均波周期、海浪传播方向等重要海浪参数。

SAR 波模式数据为海浪全球观测提供了丰富的数据来源，从 2002 年 Envisat 阶段开始，SAR 波模式数据本身，及通过该数据得到的图像交叉谱以及利用准线性反演算法得到的海浪谱都作为标准产品提供给用户。时至今日，已经积累了近 20 年 SAR 波模式数据，而且欧空局的后续遥感环境卫星 Sentinel-1 仍继续提供波模式数据。SAR 波模式数据资料的时间积累正在经历着一个由量变到质变的过程，使得 SAR 对海浪的观测从年际尺度扩展到了年代际尺度。联合利用 SAR 波模式数据以及高度计和散射计数据可以研究全球风候和波候，以便更好地理解海浪对全球气候变化的影响。

1.4 海面风场 SAR 遥感

1.4.1 引言

海面风场是海洋学中的重要物理参数，在海洋表面调制中起到了重要的作用。它是驱动区域和全球海洋环流的主要动力，也是海面波浪形成的最大动力源；调制着海洋-大气之间的热通量、水汽通量以及气溶胶粒子通量，影响区域和全球气候；对海上航行、海洋工程和海上作业等有着直接的影响。因此，海面风场的监测对于理解海洋-大气之间的相互作用以及开展海洋、大气领域的相关研究、进行海上活动保障等至关重要。

海面风场的常规观测资料主要通过船舶、浮标以及沿岸台站等获取。这些海面风场资料对于覆盖全球约 70% 的海洋来说相当匮乏，且时空分布不均匀，难以满足各方面的需求。卫星遥感提供了一种崭新的观测全球海面风场的有效技术。目前，用于海面风场观测的主要遥感手段是微波散射计，其作为一种主动、非成像雷达传感器，一般工作在 C 波段（如 5.3GHz）或 Ku 波段（如 13.5GHz），分为扇形波束散射计和笔形波束散射计。微波散射计主要利用不同风速下海面粗糙度对雷达后向散射系数的不同响应以及多角度观测间接地反演海表风场信息，可提供全球、全天候、高精度、高分辨率和短周期的海面风矢量数据，被认为是迅速获取大面积海面风场的最理想仪器（张毅等，2009）。自 1966 年散射计测量海面风场概念被提出以来，微波散射计的发展已有近 50 年的历史，先后成功发射了 Seasat-A SASS、ERS-1/2 AMI、ADEOS-1 NSCAT、QuikSCAT/ADEOS-2 SeaWinds、Metop-A/B ASCAT 和 Oceansat-2 OSCAT 等多个星载微波散射计，其功能和精度不断改善（冯倩，2004）。另外，中国还成功发射了神舟 4 号（SZ-4）散射计（CN/SCAT）和海洋卫星 2 号 A（HY-2A）散射计。虽然微波散射计可以在全天候条件下获取全球海面风场，但其空间分辨率仅为 25~50km。这对于部分海洋应用，该分辨率仍难以满足需求，尤其是沿海近岸海域，微波散射计数据由于大的照射足印，易受陆地污染而导致数据无法有效使用。

合成孔径雷达(SAR)的出现正好弥补了这一缺陷，SAR 具有高空间分辨率、全天时、全天候的观测能力，其可应用于海面风场、海浪、海冰、内波等方面的遥感探测。SAR 的空间分辨率一般高达百米，部分甚至可达米级，且在近岸海域仍能有效应用。

总而言之，作为大范围海面风场观测的两种主要遥感手段，微波散射计和 SAR 在全球海面风场的观测中相互补充，二者结合不仅可以实现全球海面风场的观测，还能在特定的区域通过 SAR 获取海面风场的内部结构，从而更有利于全球海面风场分布和变化的研究。

1.4.2　海面风场 SAR 遥感机理

星载 SAR 在本质上是一个侧视雷达，该雷达以中等入射角向地球表面发射电磁波并接收通过后向散射返回到雷达的后向散射功率。虽然 SAR 与微波散射计在工作原理上有所差异，但是二者的微波散射机理是相同的。在 20°~60° 的入射角条件下，海面后向散射主要依赖于与投射到海面的电磁波波长相匹配的波，这个海洋波被称为 Bragg 波。表面粗糙度是影响雷达后向散射系数的主要因素，光滑表面反射雷达电磁波，中等粗糙表面将很小一部分入射波反射回雷达，而大的粗糙表面对入射波的散射几乎各向同性，可以反射回更多的雷达信号。雷达入射波照射到海面时除发生反射和折射外，还有一部分发生透射，各部分的比例取决于海面粗糙度、入射波长、海水介电常数等因素。目前，微波遥感使用频段对海水穿透深度较浅，因此雷达后向散射几乎全部发生在海面，雷达回波主要由海面状况决定。海面风与厘米尺度的海面粗糙度有关，由风生成的风浪主要为厘米尺度的毛细重力波，风速越大，毛细重力波越多，海面也越粗糙。因此，可以通过 SAR 探测雷达后向散射，进而间接建立海面粗糙度与风之间的关系。

在非常低的风速条件下，海面平滑近似镜面。在微波频率条件下，雷达辐射的反射能量远离雷达，从而难以获取后向散射功率。随着风速增加，海表面粗糙度及后向散射功率增加。当只考虑雷达视向与风向的关系时，若两者方向一致，后向散射功率达到最大值。然而，这其中存在略微的不对称性，即当风吹向雷达时雷达接收的后向散射功率大于风吹离雷达时的后向散射功率。后向散射功率的变化可以与星载 SAR 的观测几何以及遥感观测海面的风速风向建立一个函数关系。尽管关于后向散射的理论得到一定的发展，但通常后向散射与风速风向以及雷达几何之间的函数关系是通过经验的方式确定的，这个经验函数关系称为地球物理模型函数(Geophysical Model Function, GMF)。对于给定的风速、风向以及雷达几何，可以唯一地确定归一化雷达横截面积(NRCS)，但该经验关系的逆是非唯一的，即对于给定的 NRCS，即使已知雷达几何，仍可能存在多个风速风向的解。通过多个视向和入射角观测是星载散射计求解最优解海面风向的基本原理，但 SAR 只有单一视向，因此反演方法略有不同。

1.4.3　海面风场 SAR 遥感探测方法

目前，星载 SAR 的工作频段包括 L 波段、S 波段、C 波段以及 X 波段，其中，用于海面风场遥感探测的 SAR 主要工作于 C 波段和 X 波段。SAR 极化方式包括同极化(VV/

HH)和交叉极化(VH/HV),早期 SAR 的极化方式主要为同极化,并朝着多极化的方向发展。根据不同的工作波段以及不同的极化方式发展了不同的 SAR 海面风场反演方法。

用于 SAR 海面风场反演的地球物理模型最早是针对微波散射计发展而来的,在此有必要先介绍微波散射计的海面风场反演方法。

1. 微波散射计海面风场反演方法

微波散射计反演海面风场主要包括数据预处理、风矢量反演、质量控制、模糊去除以及数据后处理这五个步骤(钟剑等,2010;Protabella,2002),反演流程如图1.19所示。其中,数据预处理是将卫星观测记录数据转换为归一化后向散射截面(NRCS);风矢量反演是利用地球物理模型函数将后向散射截面转化为多个模糊风矢量解;模糊去除是从模糊解中选择一个风矢量作为"真实"解的过程;数据后处理是将"真实"风矢量解转换为十进制网格点数据;质量控制是为了去除降雨、冰雪等物理现象所产生的错误风矢量解。其中,风矢量反演和模糊去除是微波散射计海面风场反演的两个难点,下面分别对其进行详细介绍。

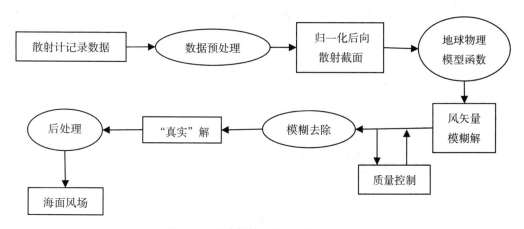

图 1.19 微波散射计海面风场反演流程

(1)风矢量反演

散射计风矢量反演一般利用地球物理模型函数(Geophysical Model Function,GMF)。地球物理模型函数是指归一化雷达后向散射截面与海面风速、风向、雷达观测参数以及环境参数等之间的定量函数关系。地球物理模型的一般形式为(钟剑等,2010;Protabella,2002):

$$\sigma_0 = B_0(1 + B_1\cos\chi + B_2\cos2\chi)^Z \tag{1.66}$$

公式(1.66)中,σ_0 为散射计测量的后向散射系数,χ 为风向的相对方位角,B_0、B_1、B_2 是风速 ω、天线入射角 θ、散射计工作频率 f 以及极化方式 p 的函数,Z 对不同的模型取值不同。目前使用较多的地球物理模型函数有 C 波段的 CMOD 系列和 Ku 波段的 SASS-1、SASS-2、NSCAT-1、NSCAT-2 模型等。其中,CMOD 系列已发展到 CMOD5,其表达式为(Hersbach 等,2007):

$$\sigma_0 = B_0(1 + B_1\cos\chi + B_2\cos2\chi)^{1.6} \tag{1.67}$$

B_0、B_1、B_2 是风速 ω 和入射角 θ 的函数，B_0 定义为：

$$B_0 = 10^{a_0 + a_1\omega} f(a_2\omega, s_0)^{\gamma} \tag{1.68}$$

其中：

$$f(s, s_0) = \begin{cases} (s_0)^{\alpha} g(s_0), & s < s_0 \\ g(s), & s \geqslant s_0 \end{cases} \tag{1.69}$$

$$g(s) = 1/(1 + \exp(-s)), \quad \alpha = s_0(1 - g(s_0)) \tag{1.70}$$

$$a_0 = c_1 + c_2 x + c_3 x^2 + c_4 x^3, \quad a_1 = c_5 + c_6 x, \quad a_2 = c_7 + c_8 x \tag{1.71}$$

$$\gamma = c_9 + c_{10} x + c_{11} x^2, \quad s_0 = c_{12} + c_{13} x \tag{1.72}$$

B_1 定义为：

$$B_1 = \frac{c_{14}(1 + x) - c_{15}\omega(0.5 + x - \tanh[4(x + c_{16} + c_{17}\omega)])}{1 + \exp(0.34(\omega - c_{18}))} \tag{1.73}$$

B_2 定义为：

$$B_2 = (-d_1 + d_2\omega_2)\exp(-\omega_2) \tag{1.74}$$

其中：

$$\omega_2 = \begin{cases} a + b(y - 1)^n, & y < y_0 \\ y, & y \geqslant y_0 \end{cases}, \quad y = \frac{\omega + \omega_0}{\omega_0} \tag{1.75}$$

$$y_0 = c_{19}, \quad n = c_{20} \tag{1.76}$$

$$a = y_0 - (y_0 - 1)/n, \quad b = 1/[n(y_0 - 1)^{n-1}] \tag{1.77}$$

$$\nu_0 = c_{21} + c_{22} x + c_{23} x^2, \quad d_1 = c_{24} + c_{25} x + c_{26} x^2, \quad d_2 = c_{27} + c_{28} x \tag{1.78}$$

上述公式中系数 c 是常数，见表 1.3，$x = (\theta - 40)/25$。数据分析统计表明，CMOD5 反演得到的风速相比实际风速具有 0.5 m/s 的偏差，后又对该模型函数系数进行了一系列订正，建立了 CMOD5n 等模型函数(Verhoef 等，2008)。

表 1.3　　　　　　　　　　　　　CMOD5 模型函数系数 c 的值

c_1	−0.688	c_8	0.0162	c_{15}	0.007	c_{22}	−3.44
c_2	−0.793	c_9	6.34	c_{16}	0.33	c_{23}	1.36
c_3	0.338	c_{10}	2.57	c_{17}	0.012	c_{24}	5.35
c_4	−0.173	c_{11}	−2.18	c_{18}	22	c_{25}	1.99
c_5	0	c_{12}	0.4	c_{19}	1.95	c_{26}	0.29
c_6	0.004	c_{13}	−0.6	c_{20}	3	c_{27}	3.8
c_7	0.111	c_{14}	0.045	c_{21}	8.39	c_{28}	1.53

　　地球物理模型函数在风场反演中起着关键作用，但它只是一个统计算法，至今还没有

被完全认识清楚，并且雷达后向散射截面不是海面风矢量和雷达参数的单值函数，雷达参数也存在误差。所以在实际的风场反演中，采用的是基于统计理论的方法。目前主要有最大似然法 MLE、最小平方法 LS 以及加权最小平方方法 WLS 等。其中，MLE 方法具有反演精度高、完全独立于模型函数以及取值范围不受限制等优点，在散射计海面风场反演中应用较广泛（Chi 等，1988；林明森等，2013）。MLE 目标函数的表达式如下：

$$J = - \sum_{i=1}^{N} \frac{(\sigma_{0i} - \sigma_m(\omega, \phi_i))^2}{\mathrm{Var}(\sigma_m)} + \ln\left(\mathrm{Var}(\sigma_m)_i\right) \tag{1.79}$$

式中，σ_{0i} 表示后向散射系数的测量值，$\sigma_m(\omega, \phi_i)$ 表示后向散射系数的模型结果，N 表示后向散射系数的测量次数，$\mathrm{Var}(\sigma_m)_i = \alpha \sigma_m^2 + \beta \sigma_m + \gamma = (K_p^2)_i$ 为测量偏差，系数 α，β，γ 与天线与风矢量单元的位置有关。对目标函数求解，通常采用数值方法，在风矢量二维空间内按一定的搜索间隔逐点计算目标函数值并进行比较，寻找局部极值点。

（2）模糊去除

散射计测量的后向散射系数包含噪声的影响，以及模型函数在逆风和顺风观测时具有的各向异性不是很明显，因此通过最大似然估计得到的风矢量解往往不唯一，需从模糊解中选择一个最接近真实解的风矢量作为"真实"风矢量解，即模糊去除。模糊去除的方法主要有 FirstRank 法、Prescat 法和 2D-VAR 法。其中 2D-VAR 方法应用较为广泛，其目标函数定义为（钟剑等，2010；Dudley 等，2005）：

$$J = J_0^{\mathrm{scat}} + J_b \tag{1.80}$$

式中，J_b 表示模糊后的风场与背景风场之间的偏差，J_0^{scat} 表示模糊后的风场与散射计风场之间的偏差。

$$J_b = (x - x_b)^{\mathrm{T}} \boldsymbol{B}^{-1} (x - x_b) \tag{1.81}$$

式中，$x = (u, v)$ 表示去模糊后的风场，$x_b = (u_b, v_b)$ 表示背景风场，$\boldsymbol{B}$ 表示背景风场误差协方差矩阵。上标 T 表示转置。令 $\delta x = (x - x_b) = (u', v')^{\mathrm{T}}$，则

$$J_b = \delta x^{\mathrm{T}} \boldsymbol{B}^{-1} \delta x \tag{1.82}$$

J_0^{scat} 采用以下解析形式：

$$J_0^{\mathrm{scat}} = \left[\sum_{i=1}^{N} J_i^{-4} \right]^{-\frac{1}{4}} \tag{1.83}$$

式中，N 为模糊解的数目，而

$$J_i = \frac{(H(u') - u'^{\mathrm{scat}}_i)^2 + (H(v') - v'^{\mathrm{scat}}_i)^2}{\varepsilon_s^2}, \quad i = 1, 2, \cdots, N \tag{1.84}$$

式中，H 为观测算子，ε_s 为散射计反演风场的标准偏差。利用上述公式，求取 J_b 最小时的风矢量解，即为"真实"风矢量解。

2. C 波段同极化 SAR 海面风场反演方法

同极化 SAR 海面风场反演主要基于地球物理模型函数（GMF）实现。GMF 建立了归一化雷达横截面积（Normalized Radar Cross Section，NRCS）与风速、风向、入射角和方位角信息之间的关系。用于 C 波段同极化 SAR 风场反演的 GMF 为 CMOD 系列模型函数。反演的

主要流程如图 1.20 所示。

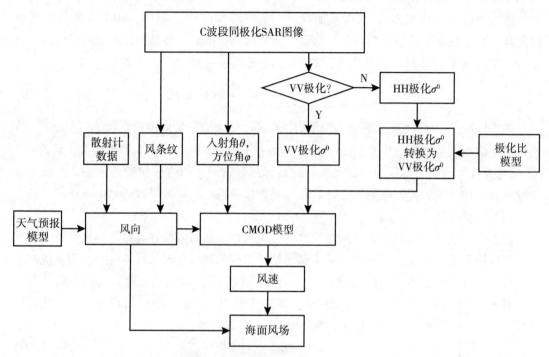

图 1.20　基于 CMOD 模型的 C 波段 SAR 海面风场反演基本流程图

（1）CMOD 模型函数

CMOD 模型函数最初是基于 C 波段 VV 极化散射计数据发展得到的，但基于 SAR 和散射计相同的观测海面风场的机理，该模型函数同样适用于 C 波段 VV 极化 SAR 数据并得到了研究验证。常用的 CMOD 系列模型包括 CMOD4、CMOD-IFR2、CMOD5 和 CMOD5.N 模型函数。

1）CMOD4 模型

Stoffelen 等基于 ERS-1 散射计数据并利用最大似然估计法（Maximum Likelihood Estimation）计算得到了 CMOD4 模型函数中的 18 个系数（Stoffelen 等，1997）。该模型中的后向散射系数（σ_0）、相对风向（Φ）、风速（V）和卫星波束入射角（θ）的关系如下：

$$\sigma_0 = b_0 \left[1 + b_1 \cos\phi + b_3 \tan\theta b_2 \cos2\phi \right]^{1.6} \tag{1.85}$$

其中，

$$b_0 = b_r \, 10^{\alpha + \gamma F(V+\beta)} \tag{1.86}$$

式中，参数 $F(y)$，当 $y < 10^{-10}$ 时，$F = 0$；当 $10^{-10} \leqslant y \leqslant 5$ 时，$F = \log_{10} y$；当 $y > 5$ 时，$F = \sqrt{y}/3.2$。b_r 是 b_0 的残差校正多项式系数，为 θ 的函数，其值对应地查找表，见表 1.4。

表 1.4			CMOD4 的残差系数		
θ (°)	b_r	θ (°)	b_r	θ (°)	b_r
16	1.075	31	0.927	46	1.054
17	1.075	32	0.923	47	1.053
18	1.075	33	0.930	48	1.052
19	1.072	34	0.937	49	1.047
20	1.069	35	0.944	50	1.038
21	1.066	36	0.955	51	1.028
22	1.056	37	0.967	52	1.016
23	1.030	38	0.978	53	1.002
24	1.004	39	0.988	54	0.989
25	0.979	40	0.998	55	0.965
26	0.967	41	1.009	56	0.941
27	0.958	42	1.021	57	0.929
28	0.949	43	1.033	58	0.929
29	0.941	44	1.042	59	0.929
30	0.934	45	1.050	60	0.929

α，β，γ，b_1，b_2 和 b_3 是包含 18 个系数的勒让德多项式，具体表达如下：

$$\alpha = c_1 P_0 + c_2 P_1 + c_3 P_2 \tag{1.87}$$

$$\gamma = c_4 P_0 + c_5 P_1 + c_6 P_2 \tag{1.88}$$

$$\beta = c_7 P_0 + c_8 P_1 + c_9 P_2 \tag{1.89}$$

$$b_1 = c_{10} P_0 + c_{11} V + (c_{12} P_0 + c_{13} V) F^2(x) \tag{1.90}$$

$$b_2 = c_{14} P_0 + c_{15}(1 + P_1) V \tag{1.91}$$

$$b_3 = 0.42 \left[1 + c_{16}(c_{17} + x)(c_{18} + V) \right] \tag{1.92}$$

$$F^2(x) = \tan\theta \left[2.5(x + 0.35) \right] - 0.61(x + 0.35) \tag{1.93}$$

以上勒让德多项式表达式为：

$$p_0 = 1 \tag{1.94}$$

$$p_1 = x \tag{1.95}$$

$$p_2 = (3x^2 - 1)/2 \tag{1.96}$$

$$x = (\theta - 40)/25 \tag{1.97}$$

c_1，c_2，$\cdots$，c_{18} 即为 18 个勒让德多项式系数，其值见表 1.5。

表 1.5　　　　　　　　　　　　　　　　　CMOD4 系数

参数	系数	数值	参数	系数	数值
α	c_1	−2.301523	b_1	c_{10}	0.014430
	c_2	−1.632686		c_{11}	0.002484
	c_3	0.761210		c_{12}	0.074450
γ	c_4	1.156619	b_2	c_{13}	0.004023
	c_5	0.595955		c_{14}	0.148810
	c_6	−0.293819		c_{15}	0.089286
β	c_7	−1.015244	b_3	c_{16}	−0.006667
	c_8	0.342175		c_{17}	3.000000
	c_9	−0.500786		c_{18}	−10.00000

在三维可视化空间里，CMOD4 模型函数是一个锥形，在入射角 $\theta = 25°$ 时，其模型函数仿真效果如图 1.21 所示。该模型函数关系式相对简单，但在高风速条件下，由于对 σ_0 存在高估，导致 SAR 反演风速值明显偏低。

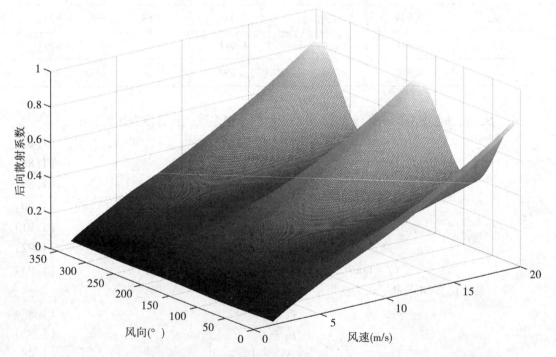

图 1.21　CMOD4 模型函数中后向散射系数关于风速和相对风向的关系（入射角为 25°）

2）CMOD_IFR2 模型

1996 年，Vachon 和 Dobson 验证了 CMOD_IFR2 模型算法在开阔海域的风速反演精度，结果表明风速反演精度可以达到 ±1.5m/s 左右。CMOD_IFR2 模型函数给出的后向散射系数（σ_0）、相对风向（ϕ）、风速（V）和卫星波束入射角（θ）的关系如下（Quilfen 等，1998）：

$$\sigma_0 = 10^{m+n\sqrt{V}}(1 + d_1\cos\phi + \tan\theta b_2\cos2\phi) \tag{1.98}$$

其中，

$$m = s_1 + s_2 l_1 + s_3 l_2 + s_4 l_3 \tag{1.99}$$

$$n = s_5 + s_6 l_1 + s_7 l_2 \tag{1.100}$$

$$d_1 = s_8 + s_9 V_1 + s_{10} Q_1 + s_{11} Q_1 V_1 + s_{12} Q_2 + s_{13} Q_2 V_1 \tag{1.101}$$

$$b_2 = s_{14} + s_{15}Q_1 + s_{16}Q_2 + (s_{17} + s_{18}Q_1 + s_{19}Q_2)V_1 +$$
$$(s_{20} + s_{21}Q_1 + s_{22}Q_2)V_2 + (s_{23} + s_{24}Q_1 + s_{25}Q_2)V_3 \tag{1.102}$$

式中，$l_1 = t$，$l_2 = (3t^2 - 1)/2$，$l_3 = t(5t^2 - 3)/2$，$t = (\theta - 36)/19$，$Q_1 = y$，$Q_2 = 2y^2 - 1$，$y = (2\theta - 76)/40$，$V_1 = (2V - 28)/22$，$V_2 = 2V_1^2 - 1$，$V_3 = (2V_2 - 1)V_1$，s_1，s_2，$\cdots$，s_{25} 是常数，其值见表 1.6。

表 1.6 **CMOD_IFR2 系数**

系数	数值	系数	数值	系数	数值
s_1	−2.437597	s_{10}	0.086350	s_{19}	0.015958
s_2	−1.567031	s_{11}	0.055100	s_{20}	−0.069514
s_3	0.370824	s_{12}	−0.058450	s_{21}	−0.062945
s_4	−0.040590	s_{13}	−0.096100	s_{22}	0.035538
s_5	0.404678	s_{14}	0.412754	s_{23}	0.023049
s_6	0.188397	s_{15}	0.121785	s_{24}	0.074654
s_7	−0.027262	s_{16}	−0.024333	s_{25}	−0.014713
s_8	0.064650	s_{17}	0.072163		
s_9	0.054500	s_{18}	−0.062954		

3）CMOD5/CMOD5.N 模型

CMOD5 模型函数由 Hans Hersbach 于 2003 年提出，该模型函数是在 CMOD4 模型的基础上改进的。CMOD4 模型函数在高风速情况下的反演效果不是很理想，经过改进的

CMOD5 模型函数(Hersbach 等, 2004; 2007), 对于高风速的海况有了更好的适用性。

为了获得 10m 高中性风风速而非真实 10m 高风风速, 需对 CMOD5 模型反演的风速进行调整。Anton Verhoef 等提出调整的方法有两种, 一种简单的方法是直接将 CMOD5 模型反演的风速减去 0.7m/s, 而另一种更简练的方法则是重新拟合 CMOD5 模型函数的系数, 得到 CMOD5. N 模型函数(Verhoef 等, 2008)。因此, CMOD5 与 CMOD5. N 模型函数具有相同的函数形式, 主要区别只在于系数的差异。

CMOD5/CMOD5. N 模型函数给出的后向散射系数(σ_0)、相对风向(ϕ)、风速(V)和卫星波束入射角(θ)的关系如下(Hersbach 等, 2007):

$$\sigma_0 = b_0 \left[1 + b_1\cos\phi + b_2\cos2\phi \right]^{1.6} \tag{1.103}$$

$$b_0 = a_3{}^g\, 10^{(a_0+a_1V)} \tag{1.104}$$

$$b_2 = (-d_1 + d_2V_2)\mathrm{e}^{-V_2} \tag{1.105}$$

$$a_0 = c_1 + c_2x + c_3x^2 + c_4x^3 \tag{1.106}$$

$$a_1 = c_5 + c_6x \tag{1.107}$$

$$a_2 = c_7 + c_8x \tag{1.108}$$

$$g = c_9 + c_{10}x + c_{11}x^2 \tag{1.109}$$

$$s_0 = c_{12} + c_{13}x \tag{1.110}$$

$$b_1 = \frac{c_{14}(1+x) - c_{15}V\{0.5 + x - \tanh[4(x + c_{16} + c_{17}V)]\}}{1 + \mathrm{e}^{0.34(V-c_{18})}} \tag{1.111}$$

$$a = c_{19} - \frac{c_{19} - 1}{c_{20}} \tag{1.112}$$

$$b = 1/[c_{20}(c_{19}-1)^{c_{20}-1}] \tag{1.113}$$

$$V_0 = c_{21} + c_{22}x + c_{23}x^2 \tag{1.114}$$

$$d_1 = c_{24} + c_{25}x + c_{26}x^2 \tag{1.115}$$

$$d_2 = c_{27} + c_{28}x \tag{1.116}$$

$$x = (\theta - 40)/25 \tag{1.117}$$

$$V_2 = \left(\frac{V}{V_0} + 1\right) \ (若\ V_2 < 1.95,\ V_2 = a + b\left(\frac{V}{V_0}\right)^{c_{20}}) \tag{1.118}$$

$$s = a_2V \tag{1.119}$$

若 $s > s_0$, $a_3 = \dfrac{1}{1 + \mathrm{e}^{-s}}$;

若 $s \leq s_0$, $a_3 = \dfrac{1}{1 + \mathrm{e}^{-s_0}}\left(\dfrac{s}{s_0}\right)^{s_0\left(1 - \frac{1}{1+\mathrm{e}^{-s_0}}\right)}$。

c_1, c_2, $\cdots$, c_{28} 均是常数, 其值见表 1.7。

表 1.7　　　　　　　　　　　　　　**CMOD 5 和 CMOD 5. N 系数**

系数	值(CMOD 5)	值(CMOD 5. N)	系数	值(CMOD 5)	值(CMOD 5. N)
c_1	−0.688	−0.6878	c_{15}	0.007	0.0066
c_2	−0.793	−0.7957	c_{16}	0.33	0.3222
c_3	0.338	0.338	c_{17}	0.012	0.012
c_4	−0.173	−0.1728	c_{18}	22.0	22.7
c_5	0.0	0.0	c_{19}	1.95	2.0813
c_6	0.004	0.004	c_{20}	3.0	3.0
c_7	0.111	0.1103	c_{21}	8.39	8.3659
c_8	0.0162	0.0159	c_{22}	−3.44	−3.3428
c_9	6.34	6.7329	c_{23}	1.36	1.3236
c_{10}	2.57	2.7713	c_{24}	5.35	6.2437
c_{11}	−2.18	−2.2885	c_{25}	1.99	2.3893
c_{12}	0.4	0.4971	c_{26}	0.29	0.3249
c_{13}	−0.6	−0.725	c_{27}	3.80	4.159
c_{14}	0.045	0.045	c_{28}	1.53	1.693

(2)风向输入问题

散射计观测海面风场时对同一地点存在多个视向,因此通过多个视向的观测数据结合 CMOD 模型函数可同时反演海面风速和风向。但 SAR 不同于散射计,其图像为单一视向,因此无法同时反演风速风向,一般先通过其他方式获取风向,然后再结合 CMOD 模型函数反演风速。目前,利用 CMOD 模型反演海面风场时所需的风向输入信息可通过外部辅助数据、数值模型预报数据获取或利用 SAR 图像本身存在的风条纹信息提取。

1)利用外部辅助数据获取

根据 SAR 图像获取时间及地理位置,选取相应的散射计数据,然后根据 SAR 图像的分辨率,对满足时空匹配窗口的风向数据进行插值,得到 SAR 子图像单元内的风向。

2)利用数值模型预报数据获取

类似利用外部辅助数据获取的方法,根据 SAR 图像获取时间及地理位置,获取时空匹配的数值模型预报数据,然后再进行时空插值,得到风向信息。

3)利用 SAR 图像本身存在的风条纹信息提取

该方法需要 SAR 图像存在大面积的、稳定的风条纹信息,提取的风向信息具有 180° 模糊,可利用辅助数据去除模糊。常用的从风条纹信息提取风向的方法有以下几种:

局部梯度(LG)法:该方法利用风向与局部梯度方向垂直的原理。首先,对 SAR 图像进行图像分割,并对得到的子图像单元进行图像平滑,像素大小根据需求可参考设置为

100m、200m、400m 等，然后计算局部梯度方向；然后对陆地、人工物体等目标进行像素屏蔽，即进行滤波处理；最后，在预先选定的网格单元中选择所有结果方向中最大频率方向为具有 180° 模糊的风向。

二维 FFT 变换法：首先对非海面后向散射信息进行屏蔽，即进行滤波处理；然后对 SAR 图像进行分割，得到 SAR 子图像，空间分辨率根据需求选择，如 10km×10km；再利用平均强度替代屏蔽的像素。最后，进行拟合估计，对 SAR 子图像进行二维 FFT 变换，得到的谱能量峰值连线与条纹方向垂直，从而获得具有 180° 的风向。

小波变换法：首先利用小波变换到小波域，提取风条纹信息；然后利用二维 FFT 变化计算风条纹的波数谱。二维波数谱的峰值连线的垂线方向即为具有 180° 的风向。

目前，风向信息的获取是该算法实现的一个难点。上述三种风向获取的方法均存在一定的局限性。第一种方法的主要缺点是散射计数据的空间分辨率相对 SAR 图像比较粗，且无法提供有效的近岸风向信息；第二种方法虽然可以获取全球的风向信息，但其空间分辨率远低于 SAR 图像空间分辨率，且其时间分辨率也偏低，通过插值方式获取 SAR 图像像素元风向时容易引入较大的误差；第三种方法则需要 SAR 图像存在大面积稳定的风条纹线性特征信息，但统计表明，大约只有 43% 的 SAR 图像含有线性特征的风条纹信息，而且利用 FFT 和 LG 方法从 SAR 图像本身风条纹信息反演获取的风向还具有模糊解，仍需要通过其他手段去除。

（3）极化比模型问题

CMOD 模型函数只适用 C 波段 VV 极化 SAR 数据，无法直接应用于 HH 极化 SAR 数据。利用 HH 极化 SAR 数据反演海面风场时需要附加一个将 HH 极化 σ^0 值转换为对应 VV 极化 σ^0 值的过程。将 HH 极化 σ^0 值转换为对应 VV 极化 σ^0 值的模型即为极化比（Polarization Ratio，PR）模型。将极化比 PR 定义为 VV 极化 NRCS 值 σ^0_{VV} 与 HH 极化 NRCS 值 σ^0_{HH} 的比值，即 $PR = \dfrac{\sigma^0_{VV}}{\sigma^0_{HH}}$。利用不同的 SAR 图像以及参考数据得到了不同的 PR 模型，目前比较常用的几个 PR 模型及其表达式如下：

1）Thompson PR 模型

Thompson PR 模型是 Thompson 等在 1998 年提出的 PR 模型（Thompson 等，1998），其表达式为：

$$PR = \frac{(1 + 2\tan^2\theta)^2}{(1 + \alpha \tan^2\theta)^2} \tag{1.120}$$

式中，θ 为入射角，α 为经验常系数。不同学者的研究表明，利用不同 SAR 数据获得的最优 α 值存在差异，比如 Vachon 和 Dobson 利用 RADARSAT-1 SAR 数据建议 α 设置为 1.2；Horstman 利用 RADARSAT-1 ScanSAR 数据建议 α 取 1；Monaldo 比较 RADARSAT-1 SAR 反演风速和浮标测量数据将 α 设置为 0.6 等。Thompson 等则利用多个机载散射计观测数据得到 $\alpha = 0.6$。当 $\alpha = 0$ 时，模型表达式得到 Bragg 共振散射理论确定的 PR；当 $\alpha = 1$ 时，得到 Kirchhoff 散射理论确定的 PR。

2）Bragg PR 模型

正如上面所提到的，将 Thompson PR 模型表达式中的 α 设置为 0 即得到 Bragg PR

模型。

3）Kirchhoff PR 模型

同样，将 Thompson PR 模型表达式中的 α 设置为 1 即得到 Kirchhoff PR 模型。

4）Elfouhaily PR 模型

Elfouhaily 在其研究中提出了一个模型（Elfouhaily 等，1996），该模型表达式为：

$$PR = \frac{(1 + 2\tan^2\theta)^2}{(1 + 2\sin^2\theta)^2} \tag{1.121}$$

5）Mouche PR 模型

Mouche 等于 2005 年提出了两个 PR 模型（Mouche 等，2005）。

模型 1 同时依赖于入射角和方位角，对于每个入射角，其表达式为：

$$PR(\theta, \phi) = C_0(\theta) + C_1(\theta)\cos(\phi) + C_2(\theta)\cos(2\phi) \tag{1.122}$$

式中，θ 为入射角，ϕ 为方位角。系数 C_i 与三个主向（逆风：$\phi = 0$ rad；侧风：$\phi = \pi/2$ rad；顺风：$\phi = \pi$ rad）相关，其对应表达式分别为：

$$C_0(\theta) = \frac{PR(\theta, 0) + PR(\theta, \pi) + 2P(\theta, \pi/2)}{4}$$

$$C_1(\theta) = \frac{PR(\theta, 0) - PR(\theta, \pi)}{2} \tag{1.123}$$

$$C_2(\theta) = \frac{PR(\theta, 0) + PR(\theta, \pi) - 2P(\theta, \pi/2)}{4}$$

而对于每个方位方向，PR 与入射角的依赖关系则为：

$$PR_\phi(\theta) = A_\phi\exp(B_\phi\theta) + C_\phi \tag{1.124}$$

式中，A_ϕ、B_ϕ 和 C_ϕ 为三个系数，可通过最小二乘拟合获得三个主向对应的值。

模型 2 仅依赖于入射角，其表达式为：

$$PR(\theta) = A\exp(B\theta) + C \tag{1.125}$$

式中，A、B、C 为常系数，可通过最小二乘拟合获得。

6）Hwang PR 模型

Hwang 等于 2010 年提出了一个依赖于风速和入射角的分析 PR 模型（Hwang 等，2010），该模型表达式为：

$$PR = A(\theta)\ U_{10}^{a(\theta)} \tag{1.126}$$

式中，θ 为入射角，U_{10} 为 10m 高处的风速，而 $A(\theta)$ 表示为：

$$A(\theta) = A_1\theta^2 + A_2\theta + A_3 \tag{1.127}$$

$a(\theta)$ 则表示为：

$$a(\theta) = a_1\theta + a_2 \tag{1.128}$$

其中，A_1、A_2、A_3 以及 a_1 和 a_2 均可通过拟合获得。

总的来说，上述 PR 模型是基于不同 SAR 图像数据以及参考数据在不同海况条件下得到的相对较优的模型，因此，各个模型各有优缺点，并没有一个对于任意 SAR 图像均最优的 PR 模型。对于具体的 SAR 图像数据，需要通过大量的反演结果的精度评价才能较好地确定较适合的 PR 模型。

3. C 波段交叉极化 SAR 海面风场反演方法

随着星载 SAR 的发展，SAR 极化方式从单极化发展到多极化、全极化。由于具有高信噪比的 RADARSAT-1/2 SAR 的出现以及数据的积累，使得利用交叉极化 SAR 数据反演风速成为可能。Paris W. Vachon 和 John Wolfe 基于 RADARSAT-2 精细全极化模式数据以及加拿大业务化浮标数据得到了 RADARSAT-2 交叉极化 SAR 数据与浮标风速之间的关系，表明交叉极化 SAR 数据独立于风向和入射角，只依赖于风速，并依此建立了 C 波段 SAR 交叉极化 SAR 后向散射系数 $\sigma^0_{\text{cross-pol}}$ 与风速 U_{10} 之间的经验关系（Vachon 等，2011）。该线性关系表达式如下：

$$\sigma^0_{\text{cross-pol}} = 0.592\,U_{10} - 35.6 \tag{1.129}$$

基于此经验线性关系，可直接利用 $\sigma^0_{\text{cross-pol}}$ 反演海面风速。

交叉极化 SAR 数据与海面 10m 高中性稳定风速之间的线性关系理论上适用于任意模式的交叉极化 SAR 数据，但由于不同模式以及不同 SAR 之间的噪底不同，因此式 (1.129) 所示的经验关系并不能直接应用于其他 SAR 和 RADARSAT-2 其他模式的交叉极化 SAR 数据的海面风速反演。因此，Zhang Biao 等基于 RADARSAT-2 双极化模式 VH 极化 SAR 数据以及浮标、H*Wind 和 SFMR 风速建立了适用于该模式交叉极化后向散射系数 σ^0_{VH} 与海面风速 U_{10} 之间的经验关系（Zhang 等，2014），其线性表达式为：

$$\sigma^0_{\text{VH}} = 0.332 \times U_{10} - 30.143 \tag{1.130}$$

4. X 波段海面风场反演

与 C 波段相比，X 波段 SAR 反演风场是较新的应用，同样使用地球物理模型函数（GMF）反演海面风场。目前有学者提出 XMOD 模型函数用于 X 波段 SAR 同极化数据海面风场反演。

Ren 等（2012）发展了用于 X 波段 VV 极化数据反演海面风速的 XMOD1 模型函数，该模型函数表达式如下：

$$\sigma^0(U_{10},\ \theta,\ \varphi) = x_0 + x_1\,U_{10} + x_2\sin(\theta) + x_3\cos(2\varphi) + x_4\,U_{10}\cos(2\varphi) \tag{1.131}$$

其中，U_{10} 为海面 10m 高风速，θ 为入射角，φ 为相对方位角。利用 SIR-X-SAR 数据和 ECMWF ERA-40 风场数据三个调谐数据集估算的系数值见表 1.8。

表 1.8　　　　　　　　　　　三个调谐数据集估算的系数值

系数值	数据集 1	数据集 2	数据集 3	算术平均
x_0	1.9010	1.9185	1.8876	1.902367
x_1	0.8321	0.8324	0.8402	0.8349
x_2	−37.6886	−37.6253	−37.5038	−37.6059
x_3	1.7375	1.7475	1.7834	1.756133
x_4	−0.0825	−0.0823	−0.0856	−0.08347

与 C 波段广泛使用的 CMOD4 和 CMOD5 模型函数不同的是 XMOD1 为海面风速、相对风向和入射角关于 X 波段 VV 极化 NRCS 的线性函数，且假定逆风和顺风条件下 NRCS 没有差别而忽略了 $\cos(\varphi)$ 项。

Li 和 Lehner（2012）提出了一个新的非线性 GMF，即 XMOD2 模型函数，用于 TerraSAR-X SAR VV 极化数据反演海面风场。模型函数表达式为：

$$z(\nu,\ \phi,\ \theta) = B_0^{\ p}(\nu,\ \theta)\left(1 + \sum_{k=1}^{2} B_k(\nu,\ \theta)\cos(k\varphi)\right) \qquad (1.132)$$

该函数在 z 空间描述，在 dB 空间中存在关系 $dB \equiv 10\log(\sigma^0) \equiv 16\log(z)$。系数 B_0，B_1 和 B_2 定义为入射角、10m 高风速以及相对风向的函数，其中 B_0 和 B_2 选择为 CMOD5 相同的函数。B_1 关于海面风速和入射角的依赖性可表示为 $B_1 = \sum_{j=0}^{2}\sum_{i=0}^{2} a_{ij}\theta^i\nu^j$。

XMOD2 模型函数适用于 TerraSAR-X VV 极化数据，入射角范围为 19°～45°，海面风速范围是 2～25m/s。

1.4.4 海面风场遥感应用

SAR 海面风场遥感观测具有高空间分辨率和相对大刈幅的优势，可以观测到一些只在 SAR 图像中可见的现象。

1. 沿海风现象

（1）Bora 事件

Bora 风是区域性的下坡风，在沿海山脉由于存在高的压力差或冷锋通过导致冷空气下推而形成。它们形成的多山沿海区域山脉一般不高（通常低于 1000m），因此下降冷空气的绝对温差小。Bora 风的风速可超过 40m/s，具有灾害性，尤其是对沿海船舶交通和港口作业（Alpers 等，2009）影响较大。Bora 风使得海面变粗糙，并在海面上留下"指纹"，因此可利用 SAR 观测到 Bora 风事件，SAR 可以获得其他遥感设备无法获取的 Bora 风场的精细结构。

（2）焚风

焚风（Foehn）是出现在山脉背风坡，由山地引发的一种局部范围内的空气运动形式——过山气流在背风坡下沉而变得干热的一种地方性风。焚风往往以阵风形式出现，从山上沿山坡向下吹。焚风现象是由于湿空气越过山脉时，被迫抬升失去水分（一般形成地形雨），并在山脉背风坡一侧下沉时增温，形成高温并且干燥的气流，气团所经之地湿度明显下降，气温也会迅速升高。由于 SAR 的高空间分辨率，其可以用于观测焚风的精细尺度的风场结构，这是低空间分辨率产品无法实现的。

2. SAR 台风观测

目前，台风观测的手段以气象卫星为主。气象卫星通常利用可见光或红外的方式观测台风，但这两种方式观测得到的信息为台风云顶信息。靠近海面的台风风速更大，对人们的影响更大，因此更被人们所关心。SAR 工作于微波频段，其不受云雾和黑夜的影响，可全天候观测，且其观测信息为海面风信息。从 SAR 和红外的部分台风图像可分别利用台风风场结构和台风云系结构估算海面附近和台风云顶的风眼中心位置。

3. 微波散射计台风观测

（1）台风中心定位

利用散射计的后向散射系数信息和二级海面风场产品获得台风中心所在的位置。具体如下：①从风向推断出台风中心所在的位置，台风的风场结构具有气旋式涡旋特征，涡旋状分布风向的中心对应台风中心所在的位置；②从风速分布推断台风中心所在的位置，在风眼区风弱，围绕着风眼区，有一环状的最大风速区，通过搜索台风发生区域风速局部最小值，可以得出台风中心所在的位置；③通过后向散射系数信息直接获取台风中心所在的位置，在方位角变化不大的条件下，风速越强，后向散射系数越强，所以在风眼处的后向散射系数远低于围绕着风眼大风区的后向散射系数，通过搜索后向散射系数的局部最小值，可以得出台风中心所在的位置。

林明森等（2014）利用 HY-2A 散射计获得的海面风场和海面雷达后向散射系数对 2012 年第 9 号台风进行了中心定位，如彩图 1.22 所示。从图上可以看出，HY-2A 散射计观测到海面风场的涡旋结构特征，并在涡旋中心存在低风速区，通过搜索局部最小值，辅以台风中心区域的雷达后向散射系数分布情况，定位台风中心的位置。

（2）微波散射计台风路径确定

利用不同时间的台风中心可确定和预测台风路径。林明森等（2014）利用 HY-2A 散射计确定了"苏拉"、"海葵"、"布拉万"3 次台风的路径，并与实况数据作了比较，如彩图 1.23 所示。图中黄色、红色、蓝色分别表示"苏拉"、"海葵"、"布拉万"的实测行进过程，黑色十字符号表示 HY-2A 散射计观测到的台风中心位置，两者基本吻合。

（3）台风结构分析

台风结构主要包括最大风速值和大风半径。林明森等（2014）利用 HY-2A 散射计风场数据获得了 2012 年"达维"台风运动过程中的最大风速和大风半径，并绘制了风速等值线，如彩图 1.24 所示。

第 2 章　典型海上目标 SAR 探测

2.1　海冰 SAR 探测

2.1.1　引言

海冰是全球气候系统的重要组成部分，直接决定着海-气能量交换速率，对全球气候变化的影响非常显著，是全球变化研究的重要参数。另外，海冰能够封锁港口，阻塞航道，推倒海上石油平台，对海上生产活动造成很大的危害。海冰已成为海上工程设计、航运和海上生产作业中必须考虑的重要环境要素之一。因此，无论是全球气候变化研究还是海上生产作业的安全保障，都迫切需要对海冰进行实时准确监测。

早期的海冰监测主要是通过沿岸观测站、海上监测平台和破冰船来进行的，这些方法虽然精度高，但观测范围小，而且费时、费力。卫星遥感具有大面积、同步、快速获取地面信息的技术优势，随着航天技术的发展，逐渐成为海冰监测的重要工具，为海冰灾害预警预报提供了有效的数据保障。

海冰遥感监测最早是利用光学和红外遥感数据开展的，但光学和红外遥感影像受日照、云雾等天气条件影响大，而冬季海上往往是多云、多雾、少日照的，无法实现对海冰进行全天候、全天时监测。与光学/红外遥感传感器相比，工作在微波波段的 SAR，不受日照、云雾等天气条件的限制，具有全天候、全天时、高分辨率监测海冰的独特优势。自 1978 年发射的 Seasat 卫星第一次提供 SAR 数据用于海冰观测起，SAR 就开始逐步替代其他传感器，成为业务化海冰监测的主要遥感数据源。目前，国外主要发达国家的海冰监测单位，如美国国家海冰中心（NIC）、加拿大海冰管理中心（CIS），以及芬兰、瑞典、丹麦、挪威、德国和俄罗斯等国家的海冰中心，都是将 SAR 作为主要手段辅以光学传感器和现场观测，开展海冰业务化监测的。

现阶段，国外高纬度国家已经实现了海冰 SAR 业务化监测，能够提取海冰类型、最大外缘线、面积和密集度等，其中，加拿大海冰服务部门（Canada Ice Service，CIS）和美国国家海冰中心（National Ice Centre，NIC）是最具代表性的，还有芬兰、丹麦和德国等国家的政府部门和商业机构支持的研究组织也在开展这方面的工作。我国海冰 SAR 监测是近几年才开展起来的，其相关研究也随之发展起来，已建立了一定的基础，但是离业务化应用还有相当大的距离，因此，增强海冰 SAR 探测能力势在必行。

2.1.2　海冰 SAR 散射机理

海冰 SAR 散射机理研究是海冰微波遥感探测的必要基础，需要大量海冰微波散射机理的现场实验和理论研究作为支撑(Ulaby 等，1986)。这方面主要包括海冰物理模型、电磁散射模型和现场实验等研究。

1. 海冰物理模型

海冰物理结构是海冰电磁散射研究的物质基础，主要包括微观结构(如海冰内部卤水胞和气泡等散射体的粒径尺寸及主轴方向、海冰表面粗糙度等)和宏观物理参数(如海冰厚度、温度、密度、盐度)等两方面。海水在结冻初期，因为直接接触空气，所以冻结迅速，导致大量的空气和卤水留在海冰里，形成气泡和卤水胞。一般情况下，卤水胞和气泡都是椭球体。在重力作用下，卤水胞通常呈竖直指向且随机分布；而重力对气泡的影响很小，因而气泡的指向和分布都是随机的；在海冰生长过程中，上下两个表面的粗糙度也会持续变化，不断增加。因而，可以将海冰设为一种两表面具有一定粗糙度的单层介质，如图 2.1 所示，海冰处于生长过程时，其粗糙度较小，可以利用经典的小扰动方法来构造海冰表面的边界条件(Ulaby 等，1986)。

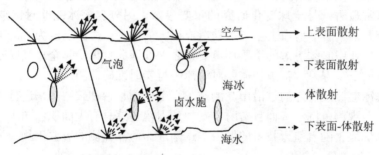

图 2.1　海冰物理模型和电磁散射部分

每一海冰物理结构参数都有自身比较成熟的常规测量方法。海冰内部卤水胞和气泡等散射体的粒径尺寸及主轴方向的常规观测方法是：获取海冰冰芯样本，制作海冰切片(厚度 1 mm 左右)，从显微镜中观察散射体的粒径尺寸和主轴指向，并计算散射体的平均百分含量。海冰表面粗糙度是利用高精度激光测距仪获取的，激光测距仪固定在水平面上，可以在此水平面上做二维运动，获取表面高度起伏变化，计算表面粗糙度。海冰厚度的现场测量方法一般为两种：一种是利用冰钻将海冰层钻透，钻孔过程要平稳，以免造成下表面海冰脱落，影响海冰参数的获取，利用卡尺卡住上下两个表面，获取海冰厚度数据；另一种是利用电磁测量(Electromagnetic Measurement，EM)设备获取海冰上下表面距 EM 的距离，差值为海冰厚度。海冰温度一般测量海冰内部三处的温度，利用温度计测量海冰样本中距海冰上表面 5 cm 处的表面冰温，距下表面 5 cm 处的底层冰温，以及中部冰温。海冰密度一般根据阿基米德原理计算，用量筒和天平分别称量冰块的质量和体积，利用浮体法计算海冰密度。海冰盐度是通过收集碎冰自然融化后，利用盐度计测量的(杨国金，2000；GB/T 14914—2006，2006)。海冰宏观参数还可以通过海冰质量平衡浮标数据获取，能够用于解释海冰生长过程中厚度、密度、盐度、温度间的质量-热量平衡关系。

有些海冰物理结构参数的常规测量方法也有自身的缺点。如海冰散射体测量方法比较耗时，而且无法掌握海冰生长过程中的微观结构时序变化，因而现在发展了用 0.3T 永磁阵列的核磁共振传感器系统测量极地海冰的内部结构，不仅精度高，耗时短，而且还测量到了海冰生长过程中卤水的迁移率和卤水胞的分布变化情况（Dykstra 等，2011）。

2. 海冰电磁散射模型

国外的海冰电磁散射机理研究是自 19 世纪 80 年代逐步开展的，很多研究人员和科研机构参与了这项工作，并逐渐积累了一些研究结果，但是因为海冰现场微波散射实验要由大量的人力和物力支撑，所以未能形成体系。鉴于此种情况，美国海军研究室自 1992 年起，组织了国内三十家顶级科研院所，耗费巨资，用 5 年时间开展了完备的海冰科学研究项目，获取了大量海冰不同生长阶段的物理性质和微波散射特性的研究成果，主要包括实验分析和理论研究：海冰电磁散射特性的室内和室外现场实验研究；结合海冰物理特性和微波散射特性研究，建立海冰生长模型，并利用现场实验进行验证和深入分析；雪覆盖冰层造成的影响研究等。这些研究结果总结收录在遥感和海冰类学科的高水平期刊和会议论文中，甚至在该项目结项时，遥感科学领域中最具权威的《IEEE 地学与遥感汇刊》在 1998 年 9 月的第 36 卷中，刊载了此项目成果的系列论文（IEEE Transactions on Geoscience and Remote Sensing，1998，Vol. 36）。直至现在，这方面的研究工作也从未间断，如利用 RADARSAT-2 和 ALOS PALSAR 数据以及河冰现场数据，分析 C 波段和 L 波段对河冰粗糙度的敏感度以及河冰内部典型球体颗粒的散射特性，显示出短波对河冰粗糙度更敏感，而且波长对典型球体颗粒模型的建立有影响。

海冰电磁散射主要包括海冰与空气分界面处的上表面散射，海冰内部卤水胞、气泡等散射体的体散射，海冰与海水分界面处的下表面散射，表面散射和体散射相互作用的散射等多种分量（Carsey，1992；Fung，1994）。因而海冰电磁散射模型可以是这些分量叠加组成，即海冰后向散射系数可以表示成这几部分之和进行分析和研究（Fung，1994；Kim，2012）：

$$\sigma_s^0(\theta_0, \phi_0) = \sigma_s + \sigma_{vt} + \sigma_{gt} + \sigma_{vgt} \tag{2.1}$$

式中，σ_s、σ_{vt}、σ_{gt} 和 σ_{vgt} 分别代表海冰上表面散射项、体散射项、下表面散射项和散射体与表面相互作用散射项。由于海冰属于电磁耗散介质，这里 σ_{vgt} 仅取海冰下表面和散射体的一次相互作用散射，见表 2.1。

3. 海冰微波散射实验

基于现场实测海冰物理和微波数据的海冰微波散射实验研究是海冰 SAR 探测的正问题。国外研究机构进行了系统的海冰电磁散射机理实验研究，包括寒冷区域研究和工程实验室的系列实验（Cold Regions Research and Engineering Laboratory Experiment，CRRELEX），1993 年的 CRRELEX 主要分析了盐冰在气温和水温不变的情况下连续生长特性，并测量了生长过程的极化特征；1994 年的 CRRELEX 分析了日温度变化对海冰生长过程中极化散射特性的影响；1995 年的 CRRELEX 研究了霜花对海冰电磁散射特性的影响等。直至现在，这方面的研究工作也从未间断。

我国在海冰电磁散射机理研究中起步较晚。之前一直没有在渤海做过海冰微波散射实验，缺乏实测数据。已有的现场实验主要集中在获取海冰物理参数上，并获取了大量实测数据，对海冰电磁散射机理研究起到一定的辅助作用。2011 年 1 月起，笔者所在研究小组开始连续进行渤海海冰电磁散射实验和机理研究。现以 2012 年 1 月实验为例进行简介。

表 2.1　海冰电磁散射模型及其公式

项目	公式	参数	说明
σ_s, i.e. σ_{0pp}	$$\sigma_{pp}^0 = \frac{k^2}{2}\exp(-2k_z^2\sigma^2)$$ $$\cdot \sum_{n=1}^{\infty} |I_{pp}^n|^2\,\frac{W^{(n)}(-2k_x,0)}{n!}$$	$\mu_s=\cos\theta_s$, $k_x=k\sin\theta$, $k_z=k\cos\theta$ $$I_{pp}^0=(2k_z\sigma)^n f_{pp}\exp(-k_z^2\sigma^2)+$$ $$\frac{(k_z\sigma)^n[F_{pp}(-k_x,0)+F_{pp}(k_x,0)]}{2}$$ (σ 的值取自早期的研究和实验；$W^{(n)}$ 和 F_{pp} 详见 Fung 和 Kim 等的工作)	下标 p 代表 V 或 H 极化，下标 s 表示散射。k 是电磁波波数；θ 和 θ_s 分别代表入射角和散射角。$W^{(n)}(-2k_x,0)$ 是表面相关系数的 n 阶傅里叶变换；σ 是海冰表面的均方根高度。f_{pp} 是 Kirchhoff 场的系数，F_{pp} 是补偿场系数
σ_{vt}, i.e. σ_{0vpp}	$$\sigma_{vpp}^0=\frac{1}{2}(\kappa_s/\kappa_e)T_{1t}T_{t1}\cos\theta$$ $$\cdot[1-\exp(-2\kappa_e d/\cos\theta_t)]$$ $$\cdot P_{pp}(\cos\theta_t,-\cos\theta_t;\pi)$$	T_{1t} 和 T_{t1} 来自菲涅尔公式。 $$\kappa_e=\kappa_s+\kappa_a$$ (P_{pp} 详见 Fung 的工作)	下标 t 表示透射，θ_t 是透射角，d 是海冰厚度。κ_s 是体散射系数，κ_a 是吸收系数，$\kappa_e d$ 称为光学深度。T_{1t} 表示从空气到海冰的透射系数，T_{t1} 表示从海冰到空气的透射系数，P_{pp} 是散射相矩阵
σ_{gt}, i.e. σ_{0gpp}	$$\sigma_{gpp}^0=\cos\theta T_{1t}(\theta,\theta_t)T_{t1}(\theta_t,\theta)$$ $$\cdot\exp(-2\kappa_e d/\cos\theta_t)$$ $$\cdot\sigma_{pp}^0/\cos\theta_t$$		σ_{0pp} 是上表面的后向散射系数
σ_{vgt}, i.e. σ_{0vgpp}	$$\sigma_{vgpp}^0=\cos\theta\left(\frac{L_r T_{t1}}{L_{1t}}\right)^2$$ $$\cdot L_r R(\kappa_s/\kappa_e)$$ $$\cdot(\kappa_e d/\cos\theta_t)$$ $$\cdot[P_{pp}(-\mu_t,-\mu_r,\phi_r-\phi_i)$$ $$+P_{pp}(\mu_t,\mu_r,\phi_r-\phi_i)]$$ $$\cdot\exp(-2\kappa_e d/\mu_t)$$	$\mu_t=\cos\theta_t$, $\mu_i=\cos\theta_i$ $$L_{1t}=\exp[-\sigma_1^2(k_{t1}\mu_t-k_r\mu_i)^2]$$ $$L_r=\exp[-\sigma_2^2 k_{r1}^2(\mu_t^2+\mu_i^2)]$$	θ_i 是入射角。L_r 和 L_{1t} 分别为表面粗糙度引起的下表面反射和上表面透射的损耗。k_r 和 k_{r1} 分别为真空中和海冰中波数的实部

(1)实验区域

渤海位于北纬 37°07′~41°、东经 117°35′~122°15′的区域,是一个半封闭式的大陆架内海,由辽东湾、渤海湾、莱州湾和渤海中部四部分组成,如图 2.2 所示。渤海地处北温带,是全球在该纬度出现结冰现象的唯一海域。主要原因在于:渤海盐度低,水深浅,水温极易受陆地气温影响。渤海冰期约为 3 个多月,一般从每年 12 月持续至次年 3 月,期间 1~2 月份冰情较重。渤海海冰属于季节性一年冰,海冰类型主要包括初生冰、初期冰、白冰和固定冰,平均冰厚为 20~30 cm,固定冰可达 1 m 以上(杨国金,2000)。

根据海冰陆基微波散射计的架设、照射面积、测量距离等要求,以及海冰厚度和强度等上冰取样要求,通过实地考察,选定实验区域如图 2.3 所示。

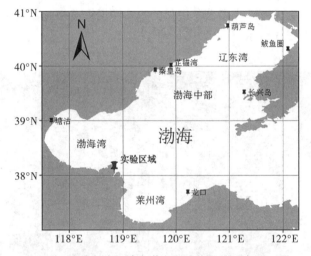

图 2.2　实验区域在渤海所处位置的示意图

图 2.3　实验区域的经纬度及其在 Google earth 中的位置示意图ⓒ Google earth 2012

（2）实验数据的获取和处理

2012 年 1 月，实验期间采集的数据包括三项：海冰微波散射数据、海冰物理特性数据和地面环境数据，这些数据都是同步测量的。

现场海冰物理特性数据的获取包括海冰厚度、温度、密度和盐度等，并计算了海冰和海水的复介电常数。在本次实验中，同步获取了地面环境数据，作为后期定量分析和处理海冰微波散射实验数据和物理参数的辅助资料，包括日间气温、夜间气温、风速等。

现场的同步海冰微波散射数据是利用多波段、多极化的陆基散射计获取的。本次实验选择了 L、C 和 X 三个波段，以 L 波段为例，如图 2.4 所示。天线照射冰面的入射角范围为 $20° \sim 60°$，极化方式包括水平极化和垂直极化。每天的测量过程相同：利用三个波段的抛物面天线分别进行海冰微波散射测量；为了能够尽量覆盖整个实验区域，每一波段都选择了多个方位进行测量，"H" 代表水平极化，"V" 代表垂直极化。海冰微波散射测量数据以 L 波段为例，如图 2.5 所示。

图 2.4　L 波段天线现场测量

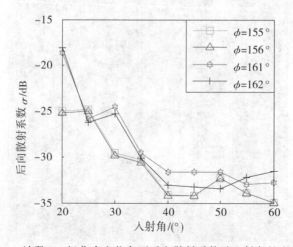

图 2.5　L 波段 VV 极化多方位角下后向散射系数随入射角的变化关系

（3）海冰微波散射机制分析

由于实验区域内海冰生长过程相似，不同方位上的海冰性质接近，因而在同一波段，同一极化，同一入射角的情况下，不同方位上的海冰微波散射值取平均，作为此情况下海冰的后向散射系数。

以 2012 年 1 月 17 日为例，单波段 HH 和 VV 极化的海冰现场实测微波散射数据和海冰电磁散射理论模拟结果如图 2.6 所示。对比实验数据误差散点图和理论模拟结果曲线可以看出，两者变化趋势吻合得很好，也与现有研究结论(Kim 等，2012)一致。

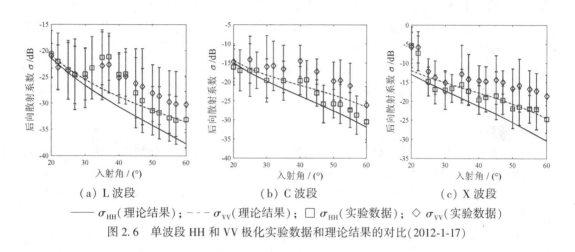

（a）L 波段　　　　　　（b）C 波段　　　　　　（c）X 波段

—— σ_{HH}（理论结果）；- - - σ_{VV}（理论结果）；□ σ_{HH}（实验数据）；◇ σ_{VV}（实验数据）

图 2.6　单波段 HH 和 VV 极化实验数据和理论结果的对比(2012-1-17)

基于电磁散射模型可以得到 L、C 和 X 波段的海冰电磁散射四个分量的理论模拟结果，如彩图 2.7 所示。在本实验的小粗糙度薄冰情况下，L 和 C 波段微波能够穿透海冰，下表面散射都大于上表面散射。而 X 波段微波基本上不能穿透海冰，下表面散射明显小于上表面散射。海冰内部散射体尺寸一般在毫米量级上，与 X 波段波长量级接近(Ulaby 等，1986；Carsey，1992；Fung，1994)，因而 X 波段体散射最大。在小粗糙度薄冰情况下，C 和 X 波段可以用于海冰上表面信息的获取，如海冰上表面介电常数和粗糙度等；X 波段可以用于反演海冰散射体信息，如尺寸等；L 波段和 C 波段可以用于海冰下表面信息的获取；对于海冰这类损耗介质，表面-散射体相互作用的散射非常弱，因而只考虑下表面-散射体的一次相互作用散射足矣，所以公式(2.1)中 σ_{vgt} 只取一次相互作用。随着频率或者入射角的增加，VV 和 HH 的差异越来越明显，尤其是在表面-散射体相互作用中，VV 极化和 HH 极化的差异相比其他三种分量更显著，这种差异是下表面和散射体散射叠加共同造成的。

2.1.3　海冰类型 SAR 探测

海冰类型不仅是海冰研究的核心参数，还是海冰面积和密集度等其他重要海冰参数获取的前提条件。现阶段，SAR 已经成为国外海冰监测的主要传感器。SAR 属于成像传感器，能够获取海冰表面和内部的微波散射信息，因而，海冰类型识别研究不仅可以将 SAR 影像当成一幅图像进行分类，还可以利用海冰极化散射信息进行分类。

1. 海冰类型划分标准

根据两极和高纬度区域的海冰情况，国际气象组织（World Meteorological Organization，WMO）对海冰类型的定义给出了多种方式，如海冰生长过程、海冰形态、海冰表面特征、海冰运动状态等。渤海海冰属于季节性一年冰，形态和状态特征与两极和高纬度区域的海冰有很大的不同，因而 WMO 定义的一些冰型不可能出现在渤海。基于上述原因，国家海洋局和气象局等主管单位，按照中华人民共和国国家质量监督检验检疫总局和中国国家标准化管理委员会的要求，依据我国海冰的特点，并参考国际气象组织（WMO）规定的海冰术语，对我国海冰类型划分标准进行了规范，并发布了《海滨观测规范》，后经多次修改和完善，现在使用的是 2006 年颁布的 GB/T 14914—2006 版本。《海滨观测规范》规定我国海冰是根据海冰成因和生长过程区分海冰类型的，主要包括固定冰（Fast Ice）和浮冰（Floating Ice）两大类，前者与海岸或海底冻结在一起，可以随着海面垂直运动，但不能随水漂流；后者浮在海面上，能够在风浪流的作用下水平运动（GB/T 14914—2006，2006）。渤海海冰类型具体划分如下：

（1）浮冰

初生冰（New Ice）：所有最初形成的海冰的总称，包括冰针、油脂冰、粘冰、海绵状冰、冰皮和尼罗冰等。冰针属于海冰最初生成时的冰型，尼罗冰属于初生冰中发展末期的海冰，厚度是最大的，在 10 cm 以内。初生冰都是由冻结的松散冰晶组成的，在风浪和外力作用下容易弯曲破碎。

初期冰（Young Ice）：尼罗冰向薄一年冰发展过程中的过渡冰型，厚度为 10～30cm，包括灰冰和灰白冰两种冰型。灰冰和灰白冰一般交错生长，在一些冰情比较复杂的区域，两者很难区分开。

一年冰（First-Year Ice）：由初期冰发展而来，生命期不会超过一个冬季。一年冰厚度范围在 30cm～2m 之间，按照厚度划分，可以分为薄一年冰、中一年冰和厚一年冰这三类，其中薄一年冰又称为白冰。渤海浮冰一般以薄一年冰即白冰为主。

（2）固定冰

沿岸冰（Coastal Ice）：牢固冻结在海岸、浅滩上依附生长的海冰，可以随着海面高度变化而做起伏运动。

冰脚（Ice Foot）：沿岸冰漂走后残留在岸上的部分，或由黏糊状的浮冰和海水飞沫冻结在海岸上聚集起来的冰带。

搁浅冰（Stranded Ice）：退潮时搁浅在浅滩或滞留在潮间带的海冰。

在海冰生长过程中，随着风、浪、流的作用，固定冰可能会离开海岸和浅滩，成为海表面的浮冰，浮冰也可能搁浅到浅滩成为固定冰；而且原本平整的海冰也会出现挤压重叠等情况，形成冰脊和变形冰等。在此过程中，海冰表面特性变化明显，如海冰表面粗糙度增加，海冰表面纹理特征变化显著等。

2. 现有海冰类型识别方法

现今海冰类型识别主要包括根据海冰 SAR 影像的图像特征分类，基于实测数据分析的分类，和根据海冰 SAR 极化特征分类等。

①图像分类法：该方法的做法是将 SAR 影像看成具有强相干斑噪声的图像来处理，

即通过发展新的 SAR 影像分割和分类方法，减小相干斑噪声对 SAR 影像的影响，以便更好地获取不同海冰类型的边缘信息。主要方法有：纹理特征分析法、图像分割和模式识别等常用的图像处理方法。纹理特征在海冰生长过程中变化明显，是海冰 SAR 影像的重要特征，利用影像强度和纹理的差异性，可以提高海冰的分类精度（Palenichka 等，2011）。海冰影像分割算法是海冰分类研究的重要内容，通过将影像分成同属性斑块，可为海冰分类提供基础。可以利用图像分割技术和统计方法提取海冰边缘区域内的运动和形变特征；也可以根据马尔可夫随机场等理论，改进海冰分割分类算法，提高分类精度。模式识别在海冰分类中具有重要作用，例如，利用基于像素自适应滤波法和基于区域生长的边缘检测法等模式识别方法可以提取海冰类型，而且后者的海冰分类精度比较高；利用最大似然法和海冰不同类型的影像强度阈值对海冰 SAR 影像进行类型识别的精度也比较高。

②基于实测数据分析的分类法：这是根据海冰极化散射特征进行分类的方法。通过现场实验，获取不同海冰类型的微波响应信号（不同极化、不同波段的散射系数/亮温/极化比/相位差等），然后通过分析建立分类规则，给出海冰的分类方法。实测数据的获取具有多种方式，例如，在冰面上架设微波散射计，获取不同海冰类型的多波段全极化 SAR（C、L 和 P）数据，并结合一定的分类方法，如神经网络技术，可以实现海冰自动分类，能够表现出多频 SAR 影像互补进行海冰分类的优势（Wolfgang 等，2007）；而且还可以通过海冰现场调查实验，研究极化散射参数（极化熵、极化比、相位等）与海冰类型之间的关系，识别海冰类型；利用船载 C 波段散射计获取了多种海冰类型在不同入射角（$0° \sim 60°$）下的信号变化规律，可以作为 SAR 海冰分类的先验知识。

③全极化分类法：该方法是利用雷达极化特征来区分海冰类型，雷达极化信息直接反映了地物目标的散射特征，利用雷达极化属性对地物分类，越来越受到人们的重视。现在常用的海冰极化分类方法主要是利用 $H-\alpha$（散射熵 entropy，H；极化 Alpha 角，α）分解结合 Wishart 分类器对海冰进行分类。目前，利用全极化 SAR 的极化处理方法开展海冰分类的研究并不多，且大多是将新的雷达极化处理方法应用在海冰分类上，没有针对雷达极化处理方法的原始创新，例如，根据现场照片和同步 SAR 影像，可以描述和分析海冰类型在 SAR 影像中的形态特征；利用 C 波段全极化数据对不同海冰类型的极化比、相关系数和相位差等极化参数数值范围进行分析，可以得到海冰边缘识别的有效极化参数，能够为基于极化信息的海冰类型识别提供依据；利用 Envisat 和 RADARSAT-1 识别不同海冰类型。研究指出主动微波数据可有效区分边缘冰和重叠冰，主被动微波数据皆可有效区分一年冰和多年冰。例如，SAR 数据采用渤海辽东湾东岸的 RADARSAT-2 全极化单视复影像（SLC）。影像的获取时间为 2009 年 1 月 14 日 6：01，8 m 分辨率，入射角范围 32.4° ~ 34.1°，覆盖范围为 25km×25km，如彩图 2.8 所示。利用常规的基于 $H-\alpha$ 分解的 Wishart 监督分类方法可得海冰类型识别结果，如彩图 2.9 所示。

3. 海冰类型识别方法的发展

由于 SAR 自身发展十分迅速：从传统的单极化到多极化，从低分辨率到高分辨率。这些发展不仅为海冰 SAR 监测提供了新机遇，同时也提出了新问题。单极化 SAR 只能获得地物单一极化的电磁散射特性，其信息量有限。极化 SAR 能够获取更丰富的待测目标的极化信息，但充分挖掘海冰极化信息以提高海冰类型识别能力的工作尚处于研究阶段。

随着 SAR 影像分辨率的不断提高，可分辨的海冰类型增加，相干斑噪声更加明显，适用于低分辨率海冰 SAR 影像的基于像元的传统影像分类技术无法充分利用高分辨率影像所特有的纹理信息，且分类结果受相干斑噪声等的影响加剧(Liu 等，2015)。针对上述情况，在充分利用 SAR 的极化特征和纹理信息的基础上，发展新的海冰类型识别方法，如多尺度分割方法等，提高海冰分类精度，特举一例说明。

SAR 数据采用彩图 2.8 中辽东湾东岸的一部分。研究区域内包括浮冰和沿岸固定冰，浮冰类型包括初期冰(灰冰、灰白冰)和一年冰(白冰、中一年冰)等主要冰型，如彩图 2.10 所示。

(1)海冰类型 SAR 极化特征分析

不同的极化方式对不同海冰表面特征的探测能力不同，因而极化方式在海冰类型识别中起到重要作用，如图 2.11 所示。

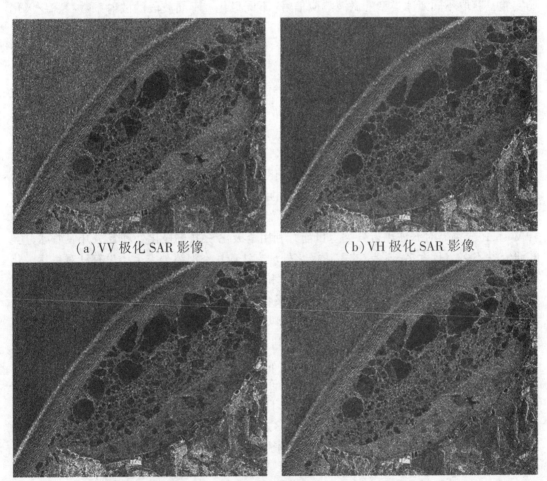

(a)VV 极化 SAR 影像　　　　　　　(b)VH 极化 SAR 影像

(c)HV 极化 SAR 影像　　　　　　　(d)HH 极化 SAR 影像

图 2.11　RADARSAT-2 SAR 影像的四种极化方式© CSA 2009

通过海冰类型的 SAR 极化特性分析可以看出，海冰和海水的识别用交叉极化比较好；

初期冰与一年冰的分界线可由交叉极化划定，初期冰中具有不同表面粗糙度的灰冰和灰白冰可用同极化信息区分；一年冰和海水边界由交叉极化区分，一年冰和沿岸固定冰的界限通过同极化分辨；沿岸固定冰与浮冰区的分界线用同极化数据划定，沿岸固定冰内部的冰型用交叉极化信息识别。

（2）海冰类型 SAR 纹理特征分析

在海冰生长过程中，海冰上下两个表面的特性，即海冰表面的纹理特征，会持续变化，如表面粗糙度不断增加，因而海冰纹理特征与海冰类型密切相关。海冰纹理信息可以由灰度共生矩阵表示，主要包括均值、方差、对比度、均质性、相异性、熵、角二阶矩和相关性等 8 项常用参数。不同的纹理特征量所反映出来的海冰特征是不同的。由于方差、对比度和相异性三者之间以及均质性和角二阶矩两者之间，都有很高的相关度，因而，选择均值、对比度、熵和角二阶矩等四种海冰纹理信息用于海冰类型识别。再结合海冰极化特征，可以选出比较好的参数，即交叉极化方式（HV 和 VH）下的均值和对比度，同极化方式（HH 和 VV）下的均值、对比度、熵。HH 和 VV 的同极化方式，HV 和 VH 的交叉极化方式，各纹理特征量之间都有很高的相关性。因此可以各自只选其中的一种，如 HV 和 HH。

（3）基于多尺度分割的 SAR 海冰分类方法

多尺度分割算法是目前分割效果最好、最先进的分割方法，对遥感影像最适用。凝聚层次聚类是多尺度分割分类中的常用算法。其基本思想是根据一些规则逐渐合并最近的两个类，直到满足预先设定的终止条件，如达到要求的聚类数目或最近的两个类之间的距离达到了预定的阈值，如彩图 2.12 所示。

选择 SAR 影像（彩图 2.10）中覆盖整个小辽东湾的部分，如彩图 2.13（a）所示，进行海冰类型识别，分类结果如彩图 2.13（b）所示。可以看出，基于多尺度分割的凝聚层次聚类方法较准确地找到了各种冰型的边界，而且在每种冰型内部的碎块和误分较少，分类结果与目视解译的结果非常接近，分类结果具有较高的可用性。

2.1.4 海冰厚度 SAR 探测

海冰厚度影响着气候变化和海-气能量与物质交换。一年平整冰对海-气界面物理过程的影响尤为显著，其厚度提取具有重要研究意义（Haas 等，1997；Golden 等，1998）。现有的冰厚度测量包括多种手段，它们各具优势，也存在问题。例如，现场测量准确性高但耗时费力，时空限制大；自发射海冰航标可以长期测量海冰厚度，但空间覆盖范围比较小；星载高度计可以获取连续时间、大覆盖范围的海冰厚度数据，但是空间分辨率非常低。因而，迄今为止，尚未有一种海冰厚度测量方法能够满足连续、大范围、高空间分辨率海冰厚度的获取要求。SAR 可以获取全天时、全天候、高分辨率的海冰微波散射特性，如能利用 SAR 影像获取海冰厚度，就可以获取满足上述要求的海冰厚度信息（Kim 等，2012）。

1. 现有海冰厚度提取方法

近年来，随着 Envisat ASAR、ALOS PALSAR、RADARSAT-2 等高分辨率、多极化、不同波段卫星 SAR 数据的出现，利用 SAR 开展海冰厚度探测的研究逐渐增多，主要分为三类。

（1）海冰厚度分级反演方法

根据海冰类型的定义，不同类型海冰的厚度对应一定的厚度范围，因而基于海冰类型识别结果，根据定义对每一类海冰定性给出其厚度范围，这种方法可视为一种海冰厚度分级提取方法，反演精度主要依赖于海冰类型的识别精度。例如：利用多景时序 SAR 影像识别出初生冰，再对其指定厚度范围；利用 SAR 影像的海冰强度和形状等信息得到海冰类型识别结果，并指定相应的厚度属性；利用 JPL 实验室的机载 L 波段（波长为 24 cm）全极化 SAR 数据，对北极冰间水道中的海冰以及一年冰和多年冰等多种海冰类型和它们对应的厚度进行了相关性分析，并结合理论模型证明了该方法的有效性；基于二叉树思想对高分辨率全极化 C 波段星载 RADARSAT-2 SAR 海冰影像进行分类，并给出各类的厚度范围（张晰，2011）。

（2）海冰厚度经验模型反演方法

这种方法的主要思路是，利用大量的现场实测海冰厚度数据和同步的 SAR 影像，分析海冰厚度和散射信息之间的相关性，结合海冰厚度和海冰盐度、介电常数等物理参数的经验方程，建立海冰厚度的经验或半经验模型，用于定量反演海冰厚度。现场数据的获取一般通过现场钻洞测量、船载和机载海冰厚度测量设备等。如利用机载 SAR 数据和同步海冰厚度数据分析 SAR 后向散射与海冰厚度之间存在相关性，证实了海冰厚度 SAR 反演的可行性（Similä 等，2005）。利用机载双波段（L/X 波段）海冰数据和同步的现场冰厚数据，分析海冰厚度和海冰 SAR 后向散射系数（HH/VV/HV 极化）及同极化比的相关性，发现海冰厚度和同极化比的相关性最高，并建立了两者的经验模型反演了海冰厚度；还将此结论用于星载 C 波段 Envisat ASAR 海冰数据中，利用浮冰区和固定冰区海冰厚度和同极化比的经验模型反演了海冰厚度，证实了此方法的可行性。利用 SAR 数据和同步的现场冰厚数据，通过海冰类型和 SAR 数据的关系定性分析了海冰厚度的散射特性，并定量分析了海冰厚度与海冰 SAR 后向散射系数、同极化比和圆极化相关系数（ρ_{RRLL}）的相关性，结合海冰物理参数的经验方程，得到了海冰厚度和同极化比的经验公式。这些研究结论可以利用扩展 Bragg 模型解释，通过计算海冰 SAR 去极化效应的理论值，可以说明这些海冰极化特性可以有效估计海冰厚度；利用 TerraSAR-X 和 RADARSAT-2 的海冰 SAR 数据以及同步现场数据，也证实了去极化因子估计海冰厚度的有效性（Kim 等，2012）。通过理论模拟也可以证实海冰 SAR 影像反演海冰厚度的可行性，利用解析波理论模拟了不同波段（L/C/X）下海冰厚度的探测能力，并利用星载 L 波段 ALOS PALSAR 和 C 波段 Envisat ASAR 数据进行了验证，证实了 SAR 海冰厚度探测的可行性（张晰，2011）。特以北极海冰厚度和同步 RADARSAT-2 数据为例分析极化比对海冰厚度的响应，如图 2.14 所示。其中，同极化比（VV/HH）与海冰厚度的相关性高达 -0.767，交叉极化比（VH/HH 和 VH/VV）分别为 0.556 和 0.668。

（3）海冰厚度电磁散射模型反演方法

从理论上看，基于海冰电磁散射模型，直接反推公式，得到海冰厚度的函数方程，是最准确的海冰厚度定量反演方法。由于海冰物理特性的复杂性，利用这种方法反演海冰厚度是一项艰巨的工作，这方面工作相对较少，但还是引起了人们的重视。现有研究方法主要还是利用实验室数据进行建模和反演验证，缺少实际应用情况下的例子，因而此方法的成熟还有很长的路要走。现已有利用时间序列 SAR 影像和室内人为可控生长的海冰，结合电磁散射模型和热力学生长理论，进行海冰的厚度反演的实例，该反演结果与实测数据比较吻合。

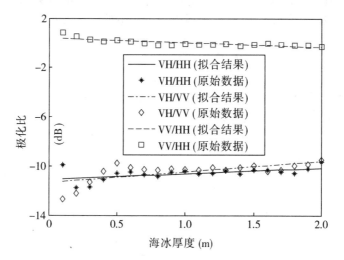

图 2.14　海冰厚度和极化比的相关性

2. 海冰厚度提取方法的发展

　　海冰 SAR 的极化特征较多，目前其与海冰厚度的相关性并未充分挖掘和分析。特举极化 Alpha 角为例进行说明(刘眉洁等，2014)。Alpha 角能够表征地物的散射类型，或者说能够反映地物散射的自由度。仍利用北极海冰厚度和同步 RADARSAT-2 数据分析 Alpha 角和海冰厚度的相关性，如图 2.15 所示。

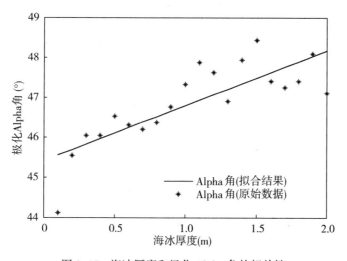

图 2.15　海冰厚度和极化 Alpha 角的相关性

　　从理论上分析，在海冰生长过程中，海冰表面复介电常数随着海冰厚度的增加而变化，即可以表示为海冰厚度的函数：$\varepsilon=\varepsilon(h)$，其中 ε 表示海冰表面复介电常数，h 表征海冰厚度，单位为米(m)。如前所述，海冰的极化 Alpha 角主要依赖于地物的表面复介电常数，即 Alpha 角是海冰表面复介电常数的函数：$\alpha=\alpha(\varepsilon)$，其中 α 表示海冰的 Alpha 角，单位为度(°)。因而，海冰厚度和 Alpha 角可以借助海冰复介电常数这一中间变量从理论上建立起一定的函数关系：$\alpha = \alpha(h)$。可以表示为简单的线性关系：

$$\alpha = d_0 + d_1 \cdot h \tag{2.2}$$

其中，$d_i(i=0，1)$ 为待定系数，可由实测数据确定其具体值。由此得到海冰厚度和极化 Alpha 角的方程。

将海冰 SAR 的极化 Alpha 角数据和同步厚度数据随机分为两组，一组用于确定待定系数 d_i，如图 2.16 所示；另一组用于反演海冰厚度并计算反演误差，反演结果如图 2.17 所示。

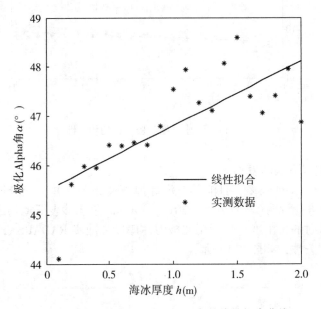

图 2.16　海冰厚度和极化 Alpha 角的线性拟合曲线

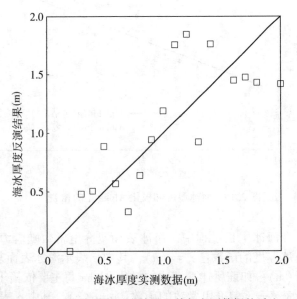

图 2.17　海冰厚度反演结果及其与实测数据的对比

2.2 溢油 SAR 探测

2.2.1 引言

随着海洋石油资源的开发及海上运输业的发展，石油引起的海洋污染问题日趋严重，海上溢油污染已成为海洋污染发生频率最高、分布面积最广、危害程度最大的一种。近年来，轮船的碰撞、海上油井和输油管道的破裂、海底油田开采泄漏等事件引起的海洋溢油事故频发，例如：2010 年墨西哥湾油井漏油事件，泄漏原油 490 万桶；2010 年我国大连海域输油管线爆炸，大约漏出 1500 吨原油；2011 年蓬莱 19-3 油田溢油事故，溢油量达2500 桶。2013 年 11 月黄岛发生输油管道爆炸事故，导致油污进入胶州湾。这些溢油事故使海洋环境受到严重污染，对沿海生态环境构成严重威胁，直接影响沿海经济和社会的健康与可持续发展。

溢油事故发生后，能否准确及时地监测溢油对处理突发性溢油事件并快速做出应急响应具有重要意义。近年来，随着遥感技术的不断进步，遥感技术已成为监测海洋溢油事故的重要和有效手段。目前，溢油遥感监测技术按照波段可分为微波遥感和光学遥感，与光学遥感相比，工作在微波波段的 SAR 不受日照、云雾等天气条件的限制，具有全天时、全天候、高分辨率成像的能力，已成为业务化溢油遥感监测的重要手段。

本节将围绕溢油海面 SAR 散射机理、溢油 SAR 探测、溢油事故 SAR 探测实例三部分内容展开。

2.2.2 溢油海面 SAR 散射机理

SAR 工作的入射角范围为 20°~70°，照射到海面的电磁波波长与海面短尺度重力波波长相当并与观测方向一致时，会产生 Bragg 共振，该入射角范围内 Bragg 散射在海表面微波后向散射机制中占主导地位。

SAR 照射到油膜覆盖海面时，油膜的存在会改变海水表面张力，从而抑制海面的毛细波和短重力波，改变海面的粗糙度，使得海面变得相对平滑；当电磁波入射到油膜覆盖海面时，对应的后向散射系数变小，因此，油膜海面在 SAR 影像上呈现为暗斑。由于海面微波散射以 Bragg 散射机制为主导，清洁海面和油膜覆盖海面的一阶 Bragg 散射系数可写为(Ulaby，1982)：

$$\sigma_{pp}^{i} = 16\pi k_e^4 \left| g_{pp}^i \right|^2 \psi^i(k_B, \phi_B) \tag{2.3}$$

式中，σ_{pp}^i 表示后向散射系数，$pp \in \{HH, VV\}$，$i \in \{o; w\}$，上标(o) 和(w) 分别表示油膜覆盖海面和清洁海面，$k_e = 2\pi/\lambda_e$ 是入射微波的波数，k_B 表示 Bragg 波数，ϕ_B 表示雷达视向和风向的夹角，g_{pp}^i 是几何参数，其表达式为：

$$g_{pp}^i = \begin{cases} \dfrac{\varepsilon_r^i - 1}{\left[\cos\theta + \sqrt{\varepsilon_r^i - \sin\theta}\right]^2} & \text{HH 极化} \\[4mm] \dfrac{(\varepsilon_r^i - 1)\left[\varepsilon_r^i(1 + \sin^2\theta) - \sin^2\theta\right]}{\left[\varepsilon_r^i\cos\theta + \sqrt{\varepsilon_r^i - \sin\theta}\right]^2} & \text{VV 极化} \end{cases} \tag{2.4}$$

　　由于油膜的相对介电常数较小，微波可顺利穿透油膜，因此油膜海面的散射回波主要来自于油膜下面的海水散射场，故方程(2.4)中，油膜海面的相对介电常数可设为 $\varepsilon_r^o = \varepsilon_r^w = \varepsilon$。

　　图 2.18 给出了风速 5m/s、油膜覆盖率 $F = 1$、油膜厚度 $d = 0.001$m、波向角 $\phi = 0°$、入射波频率为 5.3GHz(C 波段)时，清洁海面和油膜海面散射系数随入射角的变化。由图可见，不论是 HH 极化还是 VV 极化方式，油膜覆盖海面的散射系数均小于清洁海面的散射系数，油膜对散射系数的抑制影响均非常显著。

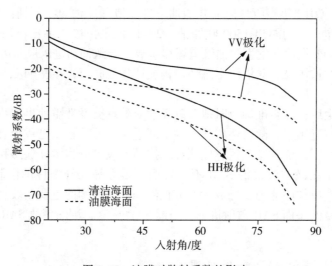

图 2.18　油膜对散射系数的影响

　　图 2.19 给出散射系数随风速的变化，其中油膜覆盖率 $F = 1$，油膜厚度 $d = 0.001$m，入射角为 $\theta_i = 40°$，波向角 $\phi = 0°$。从图 2.19 中可以看出不论是 HH 极化还是 VV 极化方式，在不同风速时，油膜海面的散射系数都小于清洁海面的散射系数。

2.2.3　溢油 SAR 探测

1. 溢油单极化 SAR 探测

　　在单极化 SAR 溢油探测方面，相关学者提出了诸多溢油探测方法。通常，将溢油探测分为三步：暗斑检测、特征提取、油膜与疑似油膜的分类(Brekke 等，2005；Solberg 等，1999；solberg 等，2007)。

　　暗斑检测是基于图像分割技术来确定 SAR 图像上的暗斑目标，按照分割方式不同大致可分为三类：一类是基于 SAR 图像直方图的阈值方法分割暗斑目标，包括单阈值法、多阈值法、自适应阈值方法(Manore 等，1998；Solberg 等，1999；kanaa 等，2003)；一类是溢油目标的边缘检测方法，如小波变换与支持向量机相结合的方法、形态学方法以及水平集算法等(Mercier 等，2006；Gasull 等，2002；Huang 等，2005)；还有一类是通过聚类的方法实现溢油目标的分割，如模糊 C 均值聚类法、凝聚层次聚类方法等(Barni 等，1995；苏腾飞等，2013)。

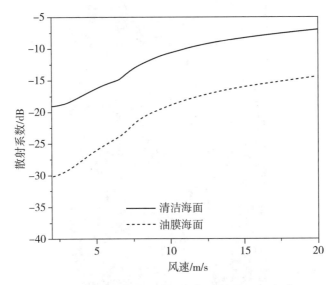

图 2.19　散射系数随风速的变化(C 波段，VV 极化)

特征提取是指提取 SAR 图像上油膜和类油膜两类暗斑目标的灰度特征、散射特征、纹理特征、几何特征等各种特征，分析油膜和类油膜各种特征之间的区别，并筛选出适合海上溢油探测的特征(梁小祎等，2007；Liu 等，2010)。韩吉衢等(2013)提取了 SAR 图像中油膜和类油膜的纹理特征并基于关键度筛选出了关键特征集。

油膜与疑似油膜的分类，则是将能够区分油膜和类油膜的关键特征作为输入量，基于模式识别的方法将 SAR 图像上的暗斑分为油膜和类油膜两类，主要包括：神经网络、模糊逻辑、马氏距离、贝叶斯分类器、支持向量机、决策树等方法 (Frate 等，2000；Keramitsoglou 等，2006 ；Solberg 等，2007；梁小祎等，2007)。Xu 等(2014)利用几何特征和散射特征等 15 种溢油特征，对神经网络、支持向量机、捆绑决策树、装袋决策树、增强决策树、广义加性模型、概率线性判别分析等 7 种溢油检测方法进行了分析和比较，给出了不同溢油检测方法的使用情况和所需的特征组合，其中捆绑法和装袋法决策树的检测精度最高。

下面给出一个单极化溢油 SAR 探测的例子。本节采用的数据是欧空局的 Envisat 卫星 2010 年 7 月 11 日在墨西哥湾溢油事故期间拍摄的 SAR 影像。首先对 SAR 影像进行辐射校正、天线方向图校正、几何校正等预处理，处理后的影像如图 2.20 所示。

截取图 2.20 方框中的感兴趣区，经过 7 × 7 窗口的增强 LEE 滤波处理后，图像中的噪声明显减少。但是，由于图像左右两侧的入射角不同，图像左右两侧亮度不均匀。因此，需要进行入射角校正。入射角校正后的图像如图 2.21 所示。

图 2.21 中，1 区是海水、2 区是溢油区、3 区是类油膜区。选用纹理特征中的方差均值比、熵和惯性矩三种特征，并利用 BP 神经网络方法对油膜、海水、类油膜进行分类。分类结果如彩图 2.22 所示，其中红色的为溢油，绿色的为海水，蓝色的为类油膜。

图 2.20　2010-7-11 Envisat ASAR 影像

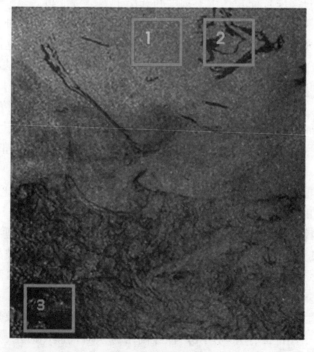

图 2.21　研究区域

2. 溢油多极化 SAR 探测

相比于单极化，全极化 SAR 图像不仅含有强度信息，而且还包含极化通道间的相位信息，能有效地获取海面目标的全极化散射特性，更全面地反映海面目标的几何形状和物理特性。因此，多极化 SAR 在溢油探测方面有着显著优势。

近年来，随着极化 SAR 数据的增多，越来越多的学者致力于多极化 SAR 溢油探测研究。目前，学者们主要是基于各种极化特征量来区分油膜和类油膜的，例如：散射熵、平均散射角、基座高度、同极化相位差的标准差、一致性参数、共极化相关系数、F 参数、极化总功率、极化度等（Migliaccio 等，2005；Liu 等，2011；Zhang 等，2011；Nunziata 等，2013；Skrunes 等，2014；郑洪磊，2015）。在中低风速情况下，矿物油膜的同极化相位差的标准差（CPD）值要比海水的大，而生物油膜的 CPD 与海水的相差不大（Migliaccio 等，2009），因此在中低风速时，可利用同极化相位差的标准差区分油膜和类油膜。Skrunes 等（2014）基于 RADARSAT-2 全极化 SAR 数据开展了 SAR 溢油探测，比较了油膜、生物油膜的多种极化特征，并确定了将海水、油膜和类油膜区分明显的两种极化特征。下面给出基于极化特征的 SAR 溢油探测研究的例子。

（1）极化 SAR 特征分析

我们分析了在 C 波段情况下，不同极化特征溢油检测的能力。所用数据为 1994 年德国北海溢油实验期间采集的 SIR-C SAR 全极化数据，数据信息见表 2.2。

表 2.2　　　　　　　　　　　　　　实验数据简介

数据编号	波段	成像时间	油膜种类	入射角（°）
PR17041	C	4/11/10：49	溢油	35.48°~40.45°
PR44327	C	10/1/08：14	溢油	44.09°~47.52°
PR49939	C	10/8/05：57	溢油	47.24°~49.93°

以编号为 PR17041 的 SIR-C 数据为例进行实验分析，图 2.23 为溢油区域 VV 极化后向散射系数图像，图中的黑色区域即为溢油区域。下面我们将分别提取全极化 SAR 数据的十种常见的极化特征：极化散射熵、平均散射角、同极化相关系数、同极化功率比、同极化相位差的标准差、一致性系数、基准高度、极化度、极化特征 P、SERD 参数。

图 2.24 为极化散射熵图像，明显看到油膜处极化散射熵较高，基本都在 0.8 以上，而海水处熵值较低，基本都在 0.4 以下。油膜整体轮廓清晰，与海水形成明显的对比。海水表面主要以布拉格散射机制为主，散射机制相对单一，极化散射熵较低；油膜表面粗糙度低，不仅发生布拉格散射，还存在镜面散射，散射机制相对复杂，极化散射熵较高。

图 2.25 是基于 Cloude 分解提取的平均散射角图像。油膜区域平均散射角基本都在 40°以上，明显高于海水区域的平均散射角值。根据极化目标分解理论，如果平均散射角小于 42.5°，则目标散射机制属于布拉格表面散射。因此，海水表面主要以表面布拉格散射机制为主，油膜表面以非布拉格散射机制为主。

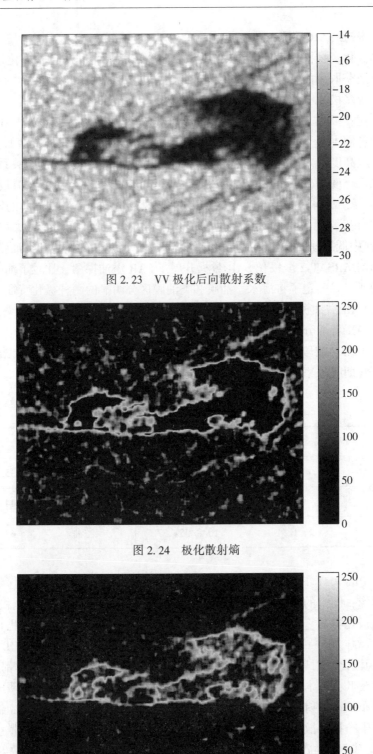

图 2.23　VV 极化后向散射系数

图 2.24　极化散射熵

图 2.25　平均散射角

图 2.26 是基准高度图像。基准高度为测量最小特征值与最大特征值的比,该参数也能够测量散射过程的随机性,特征值的大小与最优后向散射极化状态有关,最小和最大特征值分别对应回波信号中最优极化状态下可获得的最小和最大功率值,所以基准高度是对平均回波中未极化分量的一种度量。图中油斑轮廓清晰,溢油区域的基准高度值较高,基本都在 0.2 以上。原因是油膜处散射过程随机性强,最小特征值与最大特征值差异不大,致使基准高度值较大。而海水处散射过程随机性弱,最小特征值与最大特征值相差很大,所以海水处基准高度值都较小,基本都在 0.1 以下。

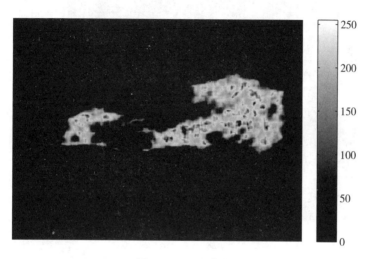

图 2.26 基准高度

图 2.27 是同极化相位差的标准差图像。海水表面是低熵散射过程,以布拉格表面散射为主,同极化通道间相位没有 180°反相,同极化相位差的标准差较小。而溢油表面同

图 2.27 同极化相位差的标准差

极化通道间相位发生 180° 反相，故溢油区域同极化相位差的标准差较大。图中油斑处同极化相位差标准差较大，海水处较小，能够体现出溢油与海水的明显差异。

　　图 2.28 是同极化功率比图像。同极化功率比与海面散射目标的介电常数有关，油膜的介电常数的实部约为 2.2 或 2.3，而海水的介电常数的实部一般大于 60。油膜与海水的介电常数不同，导致 SAR 图像中油膜与海水的同极化功率比不同。从图中可以看出溢油区域的同极化功率比高于海水区域，同极化功率比也能够反映出溢油与海水的差异。

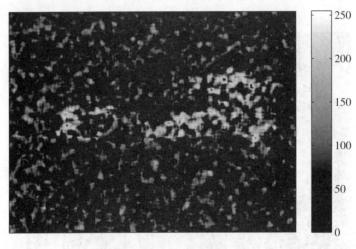

图 2.28　同极化功率比

　　图 2.29 是同极化相关系数图像。同极化相关系数与海水散射机制有关，海水区域为布拉格散射，同极化通道间相关性强，同极化相关系数值较大。溢油区域散射机制复杂，随机性强，同极化通道间相关性弱，同极化相关系数较小。从图中可以看出溢油区域的同极化相关系数的数值远低于海水。

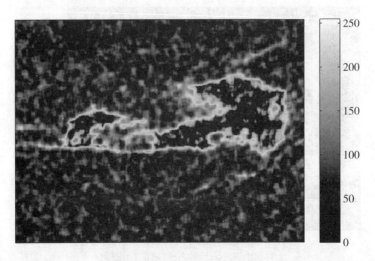

图 2.29　同极化相关系数

  图 2.30 是极化度图像。极化度能衡量海面电磁波散射的去极化效应。当雷达波束照射到海水表面，主要以布拉格散射机制为主，去极化效应弱，极化度高。当雷达波束照射到油膜表面，其表面所发生的散射机制以非布拉格散射为主，去极化效应强，极化度低。图中，油膜处极化度值在 0.4 附近，海水处的极化度值在 0.9 附近，基本符合溢油处极化度值低，海水处极化度值高的规律。

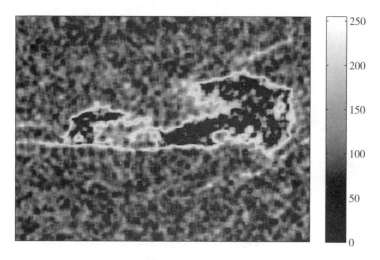

图 2.30　极化度

  图 2.31 是一致性系数图像。海面表面以布拉格散射为主，交叉极化项 S_{HH} 很小，近似为零。而 S_{HH} 和 S_{VV} 相关性很强，相位差接近 $0°$，一致性系数为正。对于非布拉格散射，S_{HH} 和 S_{VV} 相关性弱，相位差接近 $180°$，一致性系数为负。图 2.31 中，洁净海水的一致性系数较高，溢油区域一致性系数值明显低于海水。

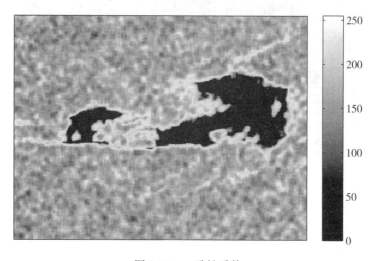

图 2.31　一致性系数

图 2.32 为极化特征 P 的图像。极化特征 P 能够反映海面电磁散射中镜面散射机制在总散射机制中所占比重，油膜表面镜面散射所占比重较大，导致 P 值较小。海水表面主要发生布拉格散射机制，P 值较大。

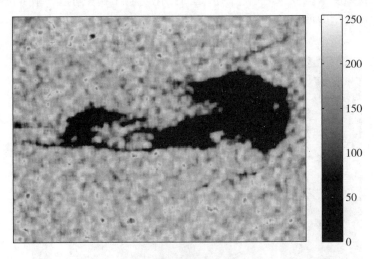

图 2.32　极化特征 P

图 2.33 为 SERD 特征图像。SERD 与海面粗糙度有关，且对高熵散射区域更敏感。图 2.33 中溢油区域的 SERD 值明显低于海水区域。

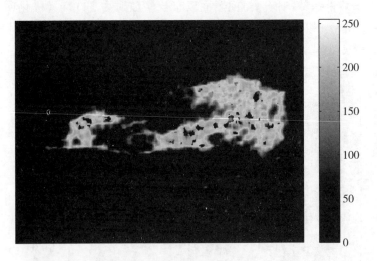

图 2.33　SERD 特征

下面我们将比较分析上述 10 种极化特征进行溢油探测的能力，定义清洁海水区和油膜覆盖海水区的图像对比度为：

$$C = \left| \frac{F_{\text{oil}} - F_{\text{water}}}{F_{\text{oil}} + F_{\text{water}}} \right| \quad (2.5)$$

式（2.5）中，F_{oil} 表示油膜区域极化特征的均值，F_{water} 表示海水区域极化特征的均值。C 值越大，说明不同研究对象之间对比度越高，越有利于提取海面油膜，也就更适用于溢油探测。表 2.3 是三景 C 波段全极化 SAR 图像中溢油与海水的 10 种极化特征的均值与标准差，表 2.4 则给出了 10 种极化特征的油水对比度。

表 2.3 　　　　　　　　**C 波段溢油图像极化特征的均值与标准差**

极化特征	PR17041	PR44327	PR49939
极化散射熵	0.88±0.04	0.88±0.04	0.75±0.08
平均散射角	48.69±2.75	49.52±2.95	40.25±3.51
基准高度	0.30±0.06	0.32±0.06	0.19±0.05
同极化相位差的标准差	6.10±5.24	4.96±2.61	1.75±1.26
同极化功率比	0.48±0.10	0.42±0.08	0.37±0.08
同极化相关系数	0.20±0.10	0.26±0.08	0.47±0.10
极化度	0.48±0.04	0.47±0.04	0.61±0.07
一致性参数	-0.09±0.10	-0.10±0.08	0.18±0.10
极化特征 P	1.14±0.18	1.22±0.27	2.59±0.48
SERD	0.35±0.20	0.20±0.21	0.63±0.06

表 2.4 　　　　　　　　**不同极化特征的油水对比度**

	PR17041	PR44327	PR49939
极化散射熵	0.53	0.38	0.25
平均散射角	0.43	0.28	0.17
同极化相关系数	0.63	0.51	0.24
同极化功率比	0.10	0.20	0.09
同极化相位差的标准差	0.86	0.51	0.14
一致性系数	1.28	1.44	0.49
基准高度	0.82	0.68	0.46
极化度	0.31	0.28	0.14
极化特征 P	0.79	0.58	0.28
SERD	0.46	0.61	0.15

从表 2.3 和表 2.4 可以看出，PR17041 图像中同极化相关系数、同极化相位差的标准差、一致性系数、基准高度以及极化特征 P 等 5 种极化特征具有较高的油水对比度。而 PR44327 图像中同极化相关系数、同极化相位差的标准差、一致性系数、基准高度、极化特征 P 以及 SERD 等 6 种极化特征具有较高的油水对比度。其中，一致性系数的油水对比度大于 1，是因为在油膜较厚的区域，一致性系数为负数，而海水处一致性系数为正，导致其油水对比度大于 1。在 PR49939 图像中极化散射熵、同极化相关系数、一致性系数、基准高度以及极化特征 P 等 5 种极化特征具有较高的油水对比度。由于同极化相位差的标准差方差太大，油膜的同极化相位差的标准差方差浮动较大，导致其油水对比度不稳定。通过以上分析，发现对 C 波段全极化数据而言，上述的 10 种极化特征中，同极化相关系数、一致性系数、基准高度以及极化特征 P 等 4 种极化特征参数能够较好地提取油斑，有较高的油水对比度，更适合用作溢油检测。

（2）极化 SAR 溢油探测

图 2.34 为溢油检测算法流程图。首先利用从样本数据中提取的溢油和海水的特征训练网络，然后提取出待测数据的特征输入到神经网络，最终输出检测结果。

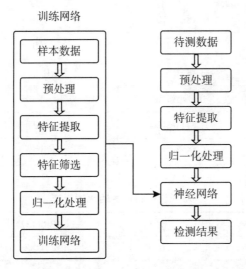

图 2.34　溢油检测算法流程图

由于全极化溢油 SAR 数据非常有限，这里基于像素点分析该方法的分类效果。训练样本分为两类：溢油和海水两种物质作为研究对象。分别选用不同研究对象典型区域的 1000 个像素点作为训练样本。训练网络的样本数据分别是 2011 年北海溢油实验期间获取的 C 波段全极化 RADARSAT-2 数据以及 1994 年德国北海溢油实验期间获取的 C 波段全极化 SIR-C 数据，图 2.35 为实验区域处 VV 极化强度图像。

为了能够集中体现溢油区域的极化特征，分别选取两处感兴趣区域处溢油和海水典型区域像素点作为训练样本。图 2.35 中，白色矩形内为训练神经网络选取的溢油样本点，黑色矩形内为训练神经网络选取的海水样本点。分别从两景 C 波段全极化 SAR 数据中提取出溢油与海水的四种极化特征，基准高度、同极化相关系数、一致性系数，并结合后向散射系数,将以上五种特征输入到建立的 3 层神经网络中对该网络进行训练。其中,隐含层数设置为 1,隐含层采用的 BP 网络中应用最普遍的激励函数 Sigmoid 函数,输出层选用 purelin 函数;输入层和输出层的节点数目分别为 5 和 1。

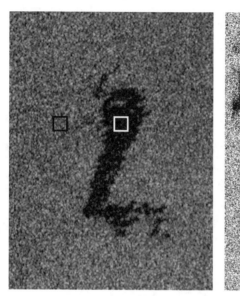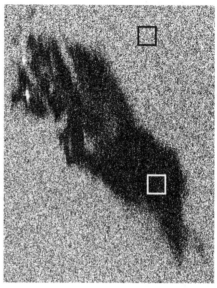

(左图为 Radarsat-2 数据,右图为 SIR-C SAR 数据)

图 2.35 溢油样本

下面给出本节作者进行多极化 SAR 溢油探测的一个例子,所用数据为 2010 年墨西哥湾溢油事故期间获取的全极化 RADARSAT-2 数据。图 2.36 为待检测数据的 VV 极化强度图像,图 2.36 中黑色区域为油斑。

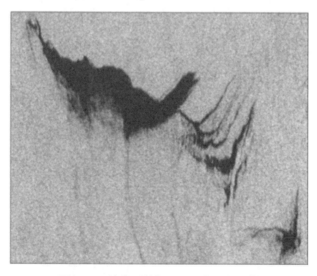

图 2.36 待检测数据 VV 极化强度图像

71

根据图 2.34 的算法流程，分别对待测数据进行辐射定标、去噪等预处理，然后提取 C 波段 SAR 图像适合溢油探测的基准高度、同极化相关系数、一致性系数以及极化特征 P 并结合后向散射系数，再对提取的极化特征进行归一化处理。最后，将归一化的特征输入到训练好的神经网络中，进行溢油检测实验，检测结果如图 2.37(b) 所示，与 2.37(a) 中的目视解译结果符合较好。

(a) 目视解译结果　　　　　　　　　　　　　(b) 溢油检测结果

图 2.37　溢油检测结果

为了定量分析该算法的溢油检测误差，引入混淆矩阵来评价其检测精度。混淆矩阵对角线上表示正确分类的像素点数量。另外还包括总体分类精度和用户精度。总体分类精度表示分类图像的分类结果与实际类别一致的概率。用户精度表示分类结果图中任一随机样本所属的类型与实际类型相同的条件概率。表 2.5 给出实验中对应的溢油 SAR 检测结果的混淆矩阵及其精度。溢油 SAR 分类结果中 81.2% 的溢油被正确分类，其检测结果 Kappa 系数为 0.883。

表 2.5　　　　　　　　　　　**溢油 SAR 检测结果的混淆矩阵及其精度**

类别	溢油	海水	总数	用户精度
溢油	448256	32	448288	100%
海水	103954	4047758	4151712	97.5%
总数	552210	4047790	4600000	
过程精度	81.2%	100%		总精度 97.7%

2.2.4　溢油事故 SAR 探测实例

本部分以真实的溢油事故为例，给出 SAR 在溢油事故探测中所发挥的作用。2010 年

4月20日，英国石油公司在美国墨西哥租用的钻井平台"深水地平线"发生爆炸，导致大量原油泄漏，直至2010年7月15日油井封堵成功，溢油量为490万桶(780000m³)，墨西哥湾溢油事故是美国历史上最严重的一次溢油事故。这里对墨西哥湾溢油事件进行动态变化分析，共采用了20景 C 波段 Envisat ASAR WSM 模式，VV 极化，空间分辨率为150m的 SAR 影像。基于凝聚层次聚类的 SAR 溢油检测算法提取了油膜信息，图2.38为墨西哥湾溢油 SAR 检测结果，并统计了溢油面积的变化信息，如图2.39所示。

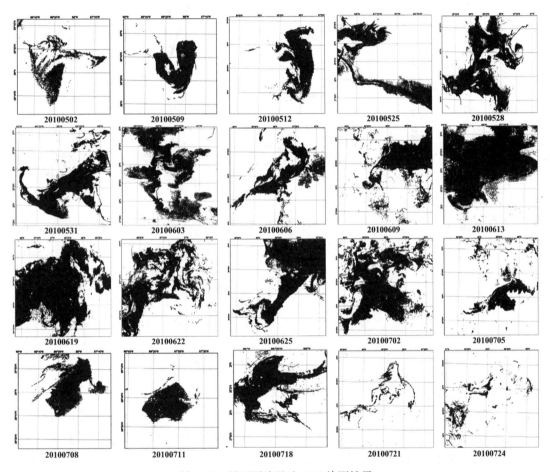

图 2.38　墨西哥湾溢油 SAR 检测结果

　　结合溢油 SAR 检测结果和美国海洋和大气管理局相关报道，对墨西哥湾溢油事件进行了动态变化分析，并根据图2.39的溢油面积统计信息，将该溢油事件的发展分为4个阶段：第一个阶段是溢油爆发期(5月2日—5月25日)，在这一期间，溢油面积迅速扩大，5月25日达到了峰值；第二个阶段是溢油持续期(5月25日—6月30日)，这段时间里，溢油面积继续增加，在6月19日达到最大；第三个阶段是飓风过境期(6月30日—7月4日)，2010年6月30日至7月4日亚历克斯飓风袭击墨西哥湾。风速较大，海面上一些较薄油膜会被打碎与海水混在一起，再加上飓风对溢油清理工作的影响，该期间溢油面

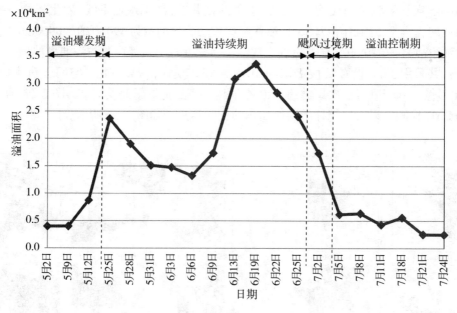

图 2.39 墨西哥湾溢油面积统计

积较之前有所减少；第四个阶段是溢油控制期(7 月 4 日—7 月 24 日)，在本阶段溢油面积逐渐减小。

2.3 船只目标 SAR 探测

2.3.1 引言

海上船只目标探测是海洋监测的重要内容，是实现海洋交通、渔业管理、打击海上走私、保卫领海安全的重要手段，受到了世界各国的高度重视。合成孔径雷达(SAR)，因具有全天时、全天候、大面积的成像能力，成为海上船只监测的重要遥感手段。SAR 船只探测技术近年来取得了长足的发展。船只目标 SAR 探测包括船只目标检测和船只类型识别两个方面，基于中低分辨率 SAR 的船只目标检测方法已经发展得比较成熟，很多检测系统已经投入使用。2007 年以来，随着德国 DLR 的 TerraSAR(2007)，意大利 ASI 的 Cosmo-SkyMed(2007、2008、2010)以及加拿大 CAS 的 RADARSAT-2 的发射，人们已经可以获得高分辨率的 SAR 图像。高分辨率的 SAR 图像使船只类型识别成为可能，促进了这方面研究的发展，也为船只目标的 SAR 探测提出了新的问题，使其成为新的研究热点。

2.3.2 船只目标 SAR 成像机理

研究船只目标 SAR 成像机理有助于了解船只在 SAR 影像中的表现形式，对 SAR 船只检测和类型识别方法的研究具有重要的指导意义。船只的 SAR 成像受多方面因素的影响：①SAR 系统参数，包括传感器类型、入射角、极化方式等；②船只参数，包括船只的上层建筑结构和材料；③风、浪、流等环境因素。

就 SAR 系统参数而言，不同的传感器具有不同的成像模式，不同的成像模式对应着不同的分辨率，使得船只在 SAR 图像中的表现形式也各不相同；而不同的入射角和极化方式对船只和海杂波的反射能量有很大影响，通常，HH 极化下可以获得很好的船海对比度，HV 极化下海杂波回波能量最小，而 VV 极化的海杂波能量高于 HH 极化方式（Touzi，1999）。

就船只参数而言，大多数船只由金属材料构成，对于雷达波而言是强散射体，其后向散射的能量高；而海面相较于雷达波长而言比较平坦，是弱散射体，其后向散射能量低，因而在 SAR 图像中，船只往往表现为暗背景下的亮像素。另外，船只由于结构复杂，其散射机制主要有单次散射、偶次散射和多次散射，其中，单次散射主要由船只的平面结构，如甲板引起；偶次散射主要由船只的甲板及其上层建筑形成的二面角、船舷与海面形成的二面角引起；多次散射主要由船只的复杂结构引起，当雷达波照射到船体表面，一部分直接返回 SAR 传感器，另一部分在船体的复杂结构间来回反射后才返回 SAR 传感器（Sun 等，2012；Xing 等，2014；Sugimoto 等，2013）。海面和船只的散射机制如图 2.40 所示。

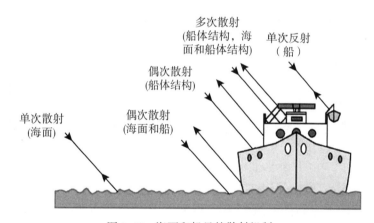

图 2.40　海面和船只的散射机制

就海况因素而言，海况越高，海浪越大，海面的后向散射回波能量甚至可能高于船只的后向散射能量，这种情况直接导致船海对比度不高，使得 SAR 船只检测变得困难。

2.3.3　船只目标 SAR 检测方法

船只目标 SAR 检测方法根据 SAR 图像的极化情况，可以分为基于单极化数据的方法和基于多极化数据的方法。

1. 单极化 SAR 船只检测方法

经过几十年的发展，将海杂波统计模型与恒虚警率（CFAR）目标检测方法相结合的船只检测方法仍然是单极化 SAR 船只检测的主流方法。下面分别对恒虚警率目标检测方法和海杂波建模方法予以介绍。

（1）恒虚警率（CFAR）目标检测方法

恒虚警率（Constant False Alarm Rate，CFAR）检测方法根据预先设定的虚警率，结合海杂波的概率密度函数（Probability Density Function，PDF）自适应地计算检测阈值，从海杂波中检测船只（David 等，2004；Khalid 等，2013）。

如图 2.41 所示，假定某 SAR 图像 $I(m, n)$ 的海杂波概率密度函数为 $p(x)$，根据检测需要预设的恒虚警率为 PFA，解下式的恒虚警率方程，得到检测阈值 T_{th}：

$$1 - PFA = \int_0^{T_{th}} p(x) \, dx \tag{2.6}$$

根据检测阈值 T_{th}，对 SAR 图像 $I(m, n)$ 进行预筛选，若 $I(m, n) > T_{th}$，对应的像素为船只目标，反之为海杂波。为了消除噪声的影响，通常在预筛选过程后增加一个结合图像和船只先验知识的甄别过程，提高船只检测的准确性。这些先验知识包括图像分辨率、船只长宽信息等。

基于CFAR方法的船只检测

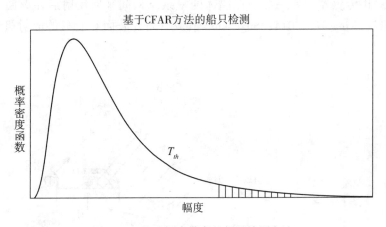

图 2.41　基于恒虚警率的船只检测方法

单元平均 CFAR 算法（CA-CFAR）是最简单的 CFAR 方法（Finn 等，1968），它用背景窗口的均值代替海杂波分布，因此仅在海杂波满足均匀分布的时候才能取得较好的检测效果，在较高海况导致的复杂分布情况下，检测性能会大幅度下降。最大值 CFAR（GO-CFAR）和最小值 CFAR（SO-CFAR）方法（Novak 等，1991），首先将背景窗口分成四个部分，前者选择四个子窗口中最大的均值代替海杂波分布，而后者选择最小的均值代替海杂波分布。GO-CFAR 在背景窗口中包含杂波边缘时表现较好，但是在海杂波均匀分布时，会因为得到的检测阈值较高，而导致检测率降低。SO-CFAR 在背景窗口中由于包含船只目标而导致对海杂波统计的高估时，因为采用了较低的检测阈值，因此会得到较好的检测性能，但同时会导致过多的虚警。可变索引 CFAR（VI-CFAR）（Smith 等，1997）将上述三种 CFAR 方法组合使用，根据具体的海杂波分布情况，自动选择具体采用哪种方法。有序统计 CFAR（OS-CFAR）（Novak 等，1991）是对 GO-CFAR 和 SO-CFAR 的改进，它不是选择子窗口中的极大或者极小值，而是根据对海杂波分布统计的经验判断，选择一个中间的值，因此具有比上述二者更好的性能。

近年来，许多研究者针对背景窗口中可能存在的船只对背景窗口中海杂波统计的干扰，提出了一些行之有效的解决方案。例如，Barboy 等（1986）提出了迭代筛选的方法，这种方法后来被 Gao 等（2009），Cui 等（2011），An 等（2014）发展和推广。迭代筛选方法的基本思想是，如果在背景窗口中存在强度值高于所计算的检测阈值的像素，那么这些像素就有可能来自于船只而不是海杂波，因此在进行海杂波统计前首先应该将其剔除掉再进行统计，计算新的检测阈值，而后再根据新的检测阈值判断背景窗口中是否存在可能的船只像素，如果存在再将其剔除。这种筛选剔除的方法迭代进行，直至背景窗口中不再有大于检测阈值的像素存在。Tao 等（2016）提出了基于截断统计的方法解决背景窗口中可能存在的船只对海杂波统计的影响，与迭代筛选方法不同之处在于，截断统计的方法采用海杂波统计的截断形式计算检测阈值。

（2）海杂波建模方法

海杂波模型是否精确直接决定着恒虚警率船只检测方法的准确率。海杂波建模方法可以分为三大类：参数方法、半参数方法和非参数方法。

1）参数方法

参数方法将 SAR 图像分布的概率密度函数估计问题转化为预先假定的数学模型的参数估计问题，这类方法在过去十几年间得到了广泛的重视和发展，是当前海杂波建模的主要方法。根据所采用的数学模型的来源不同，参数方法又可以分为三种类型：相干斑模型、乘积模型和经验模型。

相干斑模型源于 SAR 成像机制，SAR 图像由连续脉冲回波的相干处理生成，使相邻像素间的信号强度不连续，视觉上表现为颗粒状的噪声，称为相干斑。完全发展的相干斑满足中心极限定理：相干斑的实部和虚部相互独立，服从高斯分布。据此可以推出，SAR 幅度图像在单视和多视情况下分别服从瑞利分布（Rayleigh）和平方根伽马分布（Nakagami）（Oliver 等，1998）。随着 SAR 分辨率的提高，中心极限定理不再满足，相干斑的实部和虚部不再服从高斯分布。Kuruoglu 等提出对 SAR 图像分辨单元内大量散射体应用广义中心极限定理时，相干斑的实部和虚部相互独立，服从 α 稳态分布，据此推出 SAR 幅度图像服从拖尾瑞利分布（Heavy-Tailed Rayleigh，HTR）（Ercan 等，2004）。Moser 等认为相干斑的实部和虚部服从广义高斯分布，据此推出 SAR 幅度图像服从广义高斯瑞利分布（Generalized Gaussian Rayleigh，GGR）（Gabriele 等，2006）。Li 等提出当相干斑噪声的实部和虚部服从双边广义伽马分布时，据此推出 SAR 幅度图像服从广义伽马瑞利分布（Generalized Gamma Rayleigh，GΓR）（Li 等，2010）。

乘积模型认为 SAR 图像是地物的后向散射与相干斑的乘积。由此可以看出，相干斑模型可以看作假定地物的后向散射系数为常数 1，而相应的相干斑分别满足上述的各分布情况的乘积模型的特例。假定地物后向散射系数和相干斑的幅度均服从平方根伽马分布时，可以推出，SAR 幅度图像服从平方根 $\mathcal{K}$ 分布（$\mathcal{K}^{1/2}$）（Jakeman 等，1976）（SAR 强度图像服从 $\mathcal{K}$ 分布）。Frery 提出假定地物的后向散射系数服从平方根广义逆高斯分布，与相干斑幅度服从平方根伽马分布相结合，可以推出 SAR 幅度图像服从 $\mathcal{G}$ 分布（Alejandro 等，1997）。$\mathcal{G}$ 分布具有更广泛的适用性，平方根 $\mathcal{K}$ 分布是平方根广义逆高斯分布退化为平方根伽马分布时的特例。$\mathcal{G}^0$ 分布是平方根广义逆高斯分布退化到倒数平方根伽马分布时的特例。

经验模型尽管没有严格的理论推导，却可以很好地拟合 SAR 图像概率密度函数。最常用的经验模型包括：正态对数分布（LNG）（Oliver，1998）、维布尔分布（WBL）（Oliver 等，1993）、费舍尔分布（Fisher）（Tison 等，2004）、广义伽马分布（GΓD）（Li 等，2011）。

应用参数模型对海杂波的概率密度函数进行建模，关键的问题是模型参数估计。在过去的几十年中，最常使用的模型参数估计方法包括最大似然估计法（Maximum Likelihood，ML）（Abraham 等，2010）和矩估计法（Method of Moments，MoM）（Stuart 等，2008）。最大似然估计法的基本思想是：当从模型总体随机抽取 n 组样本观测值后，最合理的参数估计量应该使得从模型中抽取该 n 组样本观测值的概率最大。这种简单但功能强大的方法在过去几十年中被广泛应用于模型参数估计应用中。但是这种方法不能对复杂的模型给出解析解，需要采用复杂的数值解法，而且对初始化非常敏感。因此不适用于某些模型的参数估计，如费舍尔分布（Fisher）、广义伽马分布（GΓD）等。矩估计法的基本思想是采样数据的样本矩来估计随机变量总体分布中相应的参数。矩估计法原理简单，使用方便，相比于最大似然估计法有更高的效率。但是这种方法受其自身条件所限，当分布模型不存在高阶矩时，矩估计法就不能再使用。另外，即便存在高阶矩，由于高阶矩对噪声非常敏感，也会导致参数估计结果不稳定。MoLC 方法由 J. M. Nicolas 提出（Nicolas 等，2002），用于估计分布在 $[0, +\infty]$ 范围的概率密度函数的参数，近年来被证明，非常适合 SAR 图像统计模型的参数估计。MoLC 方法采用 Mellin 变换代替 MoM 方法的 Laplace 变换。其核心思想，即利用 MoLC 方法构建对数累积量基于模型参数的表达 k_s，利用实测的采样数据计算对数矩，通过解方程组求出各模型参数。

各模型参数与对数累积量的关系已经被广泛研究，具体见表 2.6。

2）半参数方法

实验表明，没有哪种参数模型能够适应各种可能的海杂波情况。因此，许多研究者提出将多个参数模型融合得到一个更精确的海杂波模型。其中 Moser 等（2006）提出了采用多个参数模型构造模型字典，然后利用斯托克斯期望最大化的方法计算模型融合权重。后来，Krylov 等（2011）提出对该方法的改进。上述方法能够非常精确地拟合非常复杂的海杂波情况，但是其计算融合权重的过程非常复杂。笔者所在研究团队（Zhao 等，2015；赵荻等，2015）提出了一种基于统计局部窗口各参数模型一致性的方法，从而分段地从模型字典中选择最适合的模型，实验证明这种方法能够非常快速地实现对海杂波的准确建模。

3）非参数方法

非参数方法不需要借助任何先验的数学模型，而是利用 Parzen 窗（Duda 等，2001）、支持向量机（Mantero 等，2005）等方法直接估计 SAR 图像分布的概率密度函数，这种方法灵活、建模精度高，但是需要人工调节 Parzen 窗、SVM 等的内部参数，计算复杂，耗时较长。为了进一步提高非参数方法的计算速度，笔者所在研究团队先后提出了基于 Bézier 函数和分段 Bézier 函数的海杂波拟合方法（Lang 等，2016a，2016b）。

（3）基于单极化 SAR 数据的船只检测实例

1）基于半参数法拟合海杂波的船只检测方法

笔者所在研究团队提出了一种基于半参数方法的海杂波建模方法（Zhao 等 2015；赵荻

表 2.6　　典型参数模型及其 MoLC 参数方程

参数模型		概率密度函数(幅度)	MoLC 参数方程
相干斑模型	NKG	$f_A(x) = \dfrac{2}{\Gamma(L)}\left(\dfrac{L}{\mu}\right)^L x^{2L-1}\exp\left(-\dfrac{Lx^2}{\mu}\right), x \geq 0$	$2k_1 = \log\mu + \Phi_0(L) - \log L$ $4k_2 = \Phi_0(1,L)$
	HTR	$f_A(x) = x\displaystyle\int_0^\infty s\exp(-\gamma s^\alpha) J_0(sx)\,ds, x \geq 0$	$\alpha k_1 = (\alpha-1)\Phi_0(1) - \log\gamma\,2^\alpha$ $k_2 = \alpha^{-2}\Phi_0(1,1)$
	GGR	$f_A(x) = \dfrac{\gamma^2 c^2 x}{\Gamma^2(1/c)}\displaystyle\int_0^{\frac{\pi}{2}}\exp\left[-(\gamma x)^c(|\cos\theta|^c + |\sin\theta|^c)\right]d\theta,$ $x \geq 0, \gamma, c > 0$	$k_1 = \dfrac{\Phi_0(2/c)}{c} - \log\gamma - \dfrac{1}{c}\dfrac{G_1(1/c)}{G_0(1/c)}$ $k_2 = \left(\dfrac{1}{c}\right)^2\left[\Phi_0(1,2/c) + \dfrac{G_2(1/c)}{G_0(1/c)} - \left(\dfrac{G_1(1/c)}{G_0(1/c)}\right)^2\right]$
	GΓR	$f_A(x) = \left(\dfrac{\gamma}{\eta^{\kappa\gamma}\Gamma(\kappa)}\right)^2 x^{2\kappa\gamma-1}\displaystyle\int_0^{\frac{\pi}{2}}|\cos\theta\sin\theta|^{\kappa\gamma-1}\,d\theta,$ $\exp\left[-\left(\dfrac{x}{\eta}\right)^\gamma(|\cos\theta|^\gamma + |\sin\theta|^\gamma)\right]d\theta, x \geq 0, \gamma, c > 0$	$k_1 = \log\eta + \varpi\Phi_0(2\kappa) - \varpi\dfrac{G_1(\kappa,\varpi)}{G_0(\kappa,\varpi)} + \Phi_0(\gamma)$ $k_2 = \varpi^2\left[\Phi_0(1,2\kappa) + \dfrac{G_2(\kappa,\varpi)}{G_0(\kappa,\varpi)} - \dfrac{G_1^2(\kappa,\varpi)}{G_0^2(\kappa,\varpi)}\right]$ $k_3 = \varpi^3\left[\Phi_0(2,2\kappa) - \dfrac{G_3(\kappa,\varpi)}{G_0(\kappa,\varpi)} + 3\dfrac{G_2(\kappa,\varpi)}{G_0(\kappa,\varpi)}\dfrac{G_1(\kappa,\varpi)}{G_0^2(\kappa,\varpi)} - 2\dfrac{G_1^3(\kappa,\varpi)}{G_0^3(\kappa,\varpi)}\right]$
乘积模型	$\mathcal{G}^{1/2}$	$f_A(x) = \dfrac{4}{\Gamma(L)\Gamma(\gamma)}\left(\dfrac{L\gamma}{\mu}\right)^{\frac{L+\gamma}{2}} x^{L+\gamma-1} K_{\gamma-L}\left(2x\sqrt{\dfrac{L\gamma}{\mu}}\right), x \geq 0$	$2k_1 = \log\dfrac{\mu}{L\gamma} + \Phi_0(L) + \Phi_0(\gamma)$ $4k_2 = \Phi_0(1,L) + \Phi_0(1,\gamma)$ $8k_3 = \Phi_0(2,L) + \Phi_0(2,\gamma)$
	$\mathcal{G}^0$	$f_A(x) = \dfrac{2L^L\Gamma(L-\alpha)}{\gamma^\alpha\Gamma(L)\Gamma(-\alpha)}\cdot\dfrac{x^{2L-1}}{(\gamma+Lx^2)^{L-\alpha}}, x, L, \gamma > 0, \alpha < 0$	$2k_1 = \log\dfrac{\gamma}{L} + \Phi_0(L) - \Phi_0(-\alpha)$ $4k_2 = \Phi_0(1,L) + \Phi_0(1,-\alpha)$ $8k_3 = \Phi_0(2,L) - \Phi_0(2,-\alpha)$

续表

参数模型		概率密度函数（幅度）	MoLC 参数方程
	LGN	$f_A(x) = \dfrac{1}{\sqrt{2\pi}\sigma x}\exp\left[-\dfrac{(\ln x - m)^2}{2\sigma^2}\right], \sigma > 0, m \in \mathbb{R}$	$k_1 = m$ $k_2 = \sigma^2$
	WBL	$f_A(x) = \dfrac{\gamma}{\sigma^\gamma}(x)^{\gamma-1}\exp\left[-\left(\dfrac{x}{\sigma}\right)^\gamma\right], x,\gamma,\sigma > 0$	$k_1 = \log(\sigma) + \Phi_0(1)\,\gamma^{-1}$ $k_2 = \Phi_0(1,1)\,\gamma^{-2}$
经验模型	Fisher	$f_A(x) = \dfrac{\Gamma(L+M)}{\Gamma(L)\Gamma(M)} \cdot \dfrac{(\alpha x)^{(L+M)}}{x(1+\alpha x)^{(L+M)}}, \alpha = \dfrac{L}{M\mu}, x,M,L,\mu > 0$	$k_1 = \log\mu + \Phi_0(L) - \Phi_0(M) + \log M - \log L$ $k_j = \Phi_0(j-1,L) + (-1)^j \Phi_0(j-1,M), j = 2,3$
	GΓD	$f_A(x) = \dfrac{\lvert\gamma\rvert\kappa^\kappa}{\sigma\Gamma(\kappa)}\left(\dfrac{x}{\sigma}\right)^{\kappa\gamma-1}\exp\left[-\kappa\left(\dfrac{x}{\sigma}\right)^\gamma\right], x \in \mathbb{R}^+$	$k_1 = \log(\sigma) + \dfrac{\Phi_0(\kappa) - \log(\kappa)}{\gamma}$ $k_i = \dfrac{\Phi_0(i-1,\kappa)}{\gamma^i}, i = 2,3,\cdots$

等，2015），将使用该方法拟合的海杂波与 CFAR 检测算法相结合能够实现对 SAR 图像中船只的精确检测。

三景测试图像包含三种不同的 SAR 传感器类型，分辨率既有中等分辨率又有高分辨率，雷达频率包含 X 波段和 C 波段，所选择的海杂波拟合性能测试区域既包含均匀区域也包含非均匀区域。具体参数如彩图 2.42 和表 2.7 所示，图中黄色方框所标区域为海杂波拟合测试区域，蓝色方框所标区域为船只检测测试区域。

表 2.7　　　　　　　　　　　　　　　测试图像参数

数据	获取时间（UTC）	位置（经纬度）	传感器	分辨率（距离向/方位向）（m）	极化方式	波段
#1	2011/09/26 01：01：39	119°24′54″～119°51′12″ 35°27′34″～35°54′40″	TerraSAR	3.30/2.28	HH	X
#2	2011/06/29 21：09：11	119°27′42″～121°28′49″ 37°54′50″～39°15′10″	Cosmo-Skymed	20.0/20.0	VV	X
#3	2012/11/05 22：03：32	119°45′04″～121°12′45″ 35°16′55″～36°21′37″	RADARSAT-2	11.8/4.89	VV	C

海杂波建模的测试结果如彩图 2.43 和表 2.8 所示。实验中海杂波模型由 LGN、WBL、NKG、K-root、G0 这五种经典的分布模型融合而成。从彩图 2.43 可以看出，融合曲线（黑色曲线）可以很好地建模海杂波。对极不均匀区域#F-2-2 的拟合，由于候选模型的拟合存在较大的分歧，在进行优化时，得到了分段的海杂波模型。为了得到平滑的模型，可以采用平均操作的方法替代现有方法中的选择最小距离的方法。

用拟合优度（Goodness of Fit，GoF）量化评价各模型与实际的海杂波的拟合性能结果见表 2.8。可以看出，所提出的方法对各种均匀程度的海杂波都得到了最佳的拟合效果。

表 2.8　　　　　　　　　　　　　各模型海杂波拟合优度比较

	LGN	WBL	NKG	Kroot	G0	提出的方法
# F-1-1	0.000797	0.141775	0.017761	0.004172	0.001456	0.000541
# F-1-2	0.000522	0.132338	0.012761	0.002624	0.000782	0.000329
# F-2-1	0.046463	0.043698	0.008162	0.008306	0.061628	0.002581
# F-2-2	0.103688	0.033136	0.021106	0.060892	0.124474	0.019457
# F-3-1	0.093756	0.000288	0.000386	0.054541	0.097152	0.000286
# F-3-2	0.046475	0.010407	0.011983	0.016933	0.031128	0.006726

将得到的海杂波模型与 CA-CFAR 算法相结合，进行船只检测实验，对各测试区域检测得到的检测品质因数见表 2.9。算法性能根据正确检测目标数、漏检目标数、虚警目标数进行评价，参考了检测品质因数 FoM 指标参数，其定义为：

$$\text{FoM} = \frac{N_{tt}}{N_{fa} + N_{gt}} \tag{2.7}$$

其中，N_{tt} 为检测结果中正确的检测目标数，N_{fa} 为虚警目标数，N_{gt} 为实际的目标数。从中可以看出，所有模型在检测区域#D-3-2 都获得了相同的检测结果，除此之外，所提出的方法在另外五个测试区域中的两个区域，即#D-2-1 和#D-3-1 获得最佳结果。从平均检测结果上看，所提出的方法仅略低于 K-root 方法，但是在所有的 6 个检测区域中，均达到了 0.8000 以上的品质因数，这说明对各种不同均匀性的区域都能达到很好的结果，而 K-root 方法在#D-2-1 区域仅取得了 0.6923 的成绩，表现出了对该均匀性的不适应。

表 2.9　　　　　　　　　　　　　　　船只检测品质因数

	LGN	WBL	NKG	Kroot	G0	提出的方法
# D-1-1	0.9091	1.0000	0.9091	0.9091	0.9091	0.9091
# D-1-2	0.9167	1.0000	0.9167	0.9167	0.9167	0.9167
# D-2-1	0.8000	0.6428	0.6923	0.6923	0.8000	0.8000
# D-2-2	0.8333	0.7500	0.8571	1.0000	0.8333	0.8571
# D-3-1	0.8261	0.9200	0.9200	0.9265	0.7391	0.9265
# D-3-2	1.0000	1.0000	1.0000	1.0000	1.0000	1.0000
Mean	0.8809	0.8855	0.8825	0.9074	0.8664	0.9016

2）基于非参数法拟合海杂波的船只检测方法

笔者所在研究团队先后提出了基于 Bézier 函数和分段 Bézier 函数的海杂波拟合方法（Lang 等，2016a，2016b），将使用该方法拟合的海杂波与 CFAR 检测算法相结合能够实现对 SAR 图像中船只的精确检测。

采用两景 SAR 数据对所提方法的拟合性能和船只检测性能进行测试，并与传统的非参数方法与参数方法进行了比较。所采用的测试数据如图 2.44 和图 2.45 所示。图中 T1 至 T6 区域被用于进行拟合性能测试，D1 至 D3 被用于船只检测性能测试。

拟合性能测试结果如彩图 2.46 所示，从中可以看出对不同的测试区域，我们提出的方法都最接近实际的海杂波分布。

将所提出的海杂波拟合方法与 CA-CFAR 方法相结合，实施船只检测，为了综合比较各种算法的性能，比较了 PFA 取 0.00001 到 0.001 等不同情况下的船只检测情况，具体记录见表 2.10，其演化规律如图 2.47 所示。从中可以看出，所提出方法均能取得最佳的检测效果。

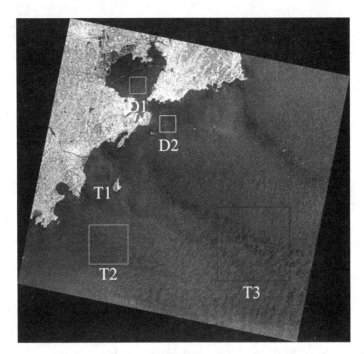

图 2.44　测试图像 1：RADARSAT-2 单极化幅值图像（获取于 2012 年 11 月 12 日，分辨率约 25m）

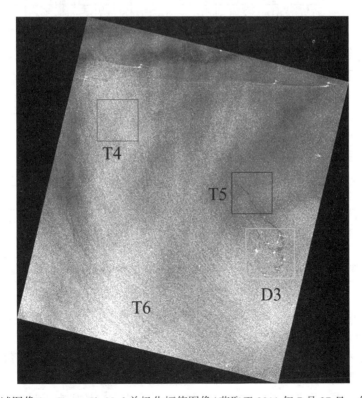

图 2.45　测试图像 2：Cosmo-SkyMed 单极化幅值图像（获取于 2011 年 7 月 27 日，分辨率约 3m）

表 2.10　　　　　　　　　　　　　　　　船只检测性能

方法		K-root			G0			Parzen			Bézier		
数据		D1	D2	D3	D1	D2	D3	D1	D2	D3	D1	D2	D3
PFA = 0.00001	GT	26	13	27	26	13	27	26	13	27	26	13	27
	TP	25	13	27	24	13	27	24	13	26	25	13	26
	FN	1	0	0	2	0	0	2	0	1	1	0	1
	FP	0	0	6	3	1	7	3	1	7	0	1	7
FoM		0.962	1.000	0.818	0.828	0.928	0.794	0.828	0.928	0.788	0.962	0.928	0.788
PFA = 0.00005	GT	26	13	27	26	13	27	26	13	27	26	13	27
	TP	25	13	27	24	13	27	25	13	26	25	13	26
	FN	1	0	0	2	0	0	1	0	1	1	0	1
	FP	0	0	10	3	1	6	0	1	5	0	1	5
FoM		0.962	1.000	0.730	0.828	0.928	0.818	0.962	0.928	0.839	0.962	0.928	0.839
PFA = 0.0001	GT	26	13	27	26	13	27	26	13	27	26	13	27
	TP	25	13	27	24	13	27	25	13	26	25	13	26
	FN	1	0	0	2	0	0	1	0	1	1	0	1
	FP	0	0	13	1	1	5	0	1	4	0	1	5
FoM		0.962	1.000	0.675	0.889	0.928	0.844	0.962	0.928	0.867	0.962	0.928	0.839
PFA = 0.0005	GT	26	13	27	26	13	27	26	13	27	26	13	27
	TP	26	13	27	24	13	27	25	13	27	25	13	26
	FN	0	0	0	2	0	0	1	0	0	1	0	1
	FP	2	1	21	1	0	6	0	0	4	1	0	3
FoM		0.928	0.928	0.562	0.889	1.000	0.818	0.962	1.000	0.871	0.926	1.000	0.896
PFA = 0.001	GT	26	13	27	26	13	27	26	13	27	26	13	27
	TP	26	13	27	25	13	27	26	13	27	25	13	27
	FN	0	0	1	0	0	0	0	0	0	1	0	0
	FP	1	4	31	1	0	13	1	2	6	0	0	4
FoM		0.963	0.764	0.466	0.926	1.000	0.675	0.963	0.867	0.818	0.962	1.000	0.871

Note：GT-Ground Truth，TP-True Positive，FN-False Negative，FP-False Positive，FoM-Factor of Metric

2. 多极化 SAR 船只检测方法

相比于单极化 SAR 数据，多极化 SAR 数据能够提供目标包括强度、相位、极化度、总散射能量等多种信息，对目标的描述更加全面，因此利用多极化 SAR 数据进行船只检测近年来受到广泛关注。通常，多极化 SAR 是指双极化（Dual-PolSAR）和全极化 SAR（Quad-PolSAR）。本节重点介绍了全极化 SAR 船只检测方法的研究现状，并给出了笔者所在研究团队提出的基于融合极化相干矩阵第三特征值和总散射能量的船只检测方法实例。

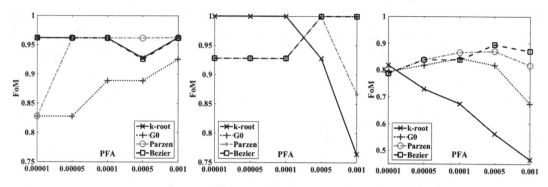

图 2.47　不同 PFA 下各种方法的舰船检测，从左到右分别对应 D1 至 D3 区域

(1)极化 SAR 船只检测进展

基于全极化 SAR 数据的船只检测主要有相干目标分解(Coherent Target Decomposition，CTD)、非相干目标分解(Incoherent Target Decomposition，ITD)和极化对比度增强(Polarimetric Contrast Enhancement)三种方法。其中，①相干目标分解对散射矩阵 $[S]$ 进行分解，核心思想是将 $[S]$ 矩阵表示成几个简单的散射矩阵 $[S_i]$ 的加权和，并分别赋予简单矩阵合理的物理解释，比如 Pauli 分解将 $[S]$ 矩阵分解为奇次散射、偶次散射、$\pi/4$ 偶次散射；②非相干目标分解一般对极化协方差矩阵 $[C]$ 或极化相干矩阵 $[T]$ 进行分解，将 $[C]$ 或 $[T]$ 表示成物理意义更加明显的二阶描述子的加权和，比如 Freeman-Durden 分解将极化协方差矩阵 $[C]$ 表述成体散射、二次散射、单次散射的加权和，Yamaguchi 分解将极化协方差矩阵 $[C]$ 分解成单次散射、二次散射、体散射和螺旋体散射；③极化对比度增强通过融合多个极化通道数据得到一个决策参数，达到增强目标与海杂波对比度的目的，从而进行船只检测。极化白滤波(Polarization Whiten Filter，PWF)即属于这种方法。

相干目标分解和非相干目标分解是为了解译 SAR 数据的极化信息而发展起来的方法。相干目标分解船只检测算法中，最具代表的是 Cameron 分解算法，Ringrose 等(2000)首次把 Cameron 分解用于船只检测，随后，Touzi 等(2003)将改进的 Cameron 分解即 SSCM 分解用于船只特征描述。非相干目标分解船只检测算法中，Cloude 分解常用于提取目标特征值、极化熵、平均散射角等信息。基于 Cloude 分解，Wang 等(2012)利用极化相干矩阵 $[T]$ 的第三特征值的局部均匀性进行船只检测；Wu 等(2012)充分考虑相干矩阵 $[T]$ 三个特征值的大小特点，对特征值进行稀疏约束-非负矩阵分解，并结合 OS-CFAR 得到最终检测结果。另外，Sugimoto 等(2013)通过分析海面与船只散射机制的差异，结合 Yamaguchi 分解理论和 CFAR 方法达到检测船只的目的。

极化对比度增强算法通过数据融合得到一个增强船海对比度的检测量进行船只的检测。R. Touzi(2013)利用 RADARSAT-2 全极化数据证明极化度极差(极化度的最大值与最小值之差)可以显著增强船海对比度，并且指出该参数可以检测出 HV 极化下难以用肉眼观察到的小目标。Hannevik(2012)利用 AEGIR 船只自动检测工具就 RADARSAT-2 全极化数据进行实验，证明交叉极化 HV 和(HH-VV)∗HV 组合极化对所有的入射角都具有良好的检测性能。Wei 等(2014)将船只的 SAPN 值作为迭代准则，利用 Wishart 距离分类器将船只从海杂波中分离出来。焦智灏等(2014)利用等效视数获取各个极化通道的"杂波区分度"参数然后进行 CFAR 检测。Velotto 等(2014)通过组合 TS-X 数据的 HV 通道和 VH 通道获得一幅消除方位模糊的 HV_{free} 强度图,然后利用广义 κ 分布对 HV_{free} 图进行统计建模,并利用模型参数构造检测量实现船只检测。

由于目标分解可以提取船只的极化信息,极化对比度增强可以提高船海对比度,也有学者将这两种方法综合起来进行船只检测。Sun 等(2012)综合利用极化目标增强方法和 ITD 方法的优点,首先组合各个通道获取全极化的总散射能量 SAPN 值以增强船海对比度,利用 OS-CFAR 得到疑似船只目标,进而对疑似目标执行 Freeman 分解分析其散射特性,最后通过模糊逻辑判决得到最终的检测结果。Yang 等(2012a、2012b)提出了广义的最优极化对比度增强 GOPCE 算法,通过解函数优化问题获取一幅船海对比度增强的图像,并利用该图像检测船只目标。

除上述主流方法外,其他的一些方法,诸如主成分分析、散射对称性、特征选择和几何扰动-极化陷波滤波(GP-PNF)等船只检测方法也被学者提了出来(Sun 等,2012;Wang 等,2012;Xing 等,2013;Lang 等,2014;Marino,2013a、2013b、2014)。

(2)基于多极化 SAR 数据的船只检测实例

由于系统噪声、旁瓣、方位模糊以及 SAR 图像固有的相干斑噪声等干扰的存在,使得 SAR 图像船只检测并非一项简单的工作。传统的单极化 SAR 船只检测通常只利用 SAR 图像的强度或幅度信息,这种基于强度或幅度信息的检测方法在船海对比度不高时容易形成虚警或漏检,因此,寻找一个显著增强船海对比度的检测量对于船只检测来说是很有必要的。

SPAN 值包含了极化 SAR 数据四个通道的能量信息,可以从能量层面增强船海对比度,同时具有保持船只目标的轮廓信息和抑制相干斑(相当于 $\sqrt{2}$ 视处理)的能力;另外,极化相干矩阵的第三特征值 λ_3 不仅可以用来区分船只及其方位模糊,基于实测数据实验分析发现,在 λ_3 的表征下,SAR 数据中的系统噪声、船只旁瓣、海面回波都小于船只实体,为区分船只目标和杂波干扰提供了基础。基于上述分析,我们提出将极化 SAR 数据总散射能量 SPAN 值和相干散射矩阵第三特征值 λ_3 相乘融合得到船只检测量 Spanlam,并利用简单阈值分割的方法实施极化 SAR 数据中的船只检测(Xi 等,2016)。

1)检测量融合流程

本书中的检测量融合过程如图 2.48 所示。具体流程如下:

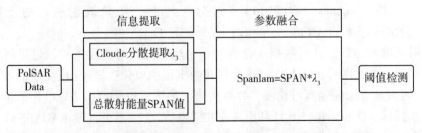

图 2.48　强度信息与极化信息融合流程图

将极化数据转成相干矩阵的形式，一方面提取极化相干矩阵的迹构成 SPAN 值，另一方面，对相干矩阵进行 Cloude-Pottier 分解得到 λ_3 值，将二者相乘融合得到本书提出的船只检测量 Spanlam，最后用一个简单阈值将船只目标检测出来。

2) 实验验证

采用了两景数据对方法进行验证，其中一景来自温哥华海湾的 RADARSAT-2 数据（图 2.49），用于说明所提检测量在提高船海对比度和抑制杂波干扰的效果；另一景数据来自美国半月湾的 UAVSAR 数据（图 2.52），用于说明所提检测量的船只检测有效性。

①温哥华 RADARSAT-2 数据分析：

由图 2.49 可以看出，数据中相干斑噪声十分明显，且存在系统噪声和船只旁瓣。对数据进行 Cloude-Pottier 分解提取相干矩阵的第三特征值 λ_3，由图 2.50 可以看出，船只实体在三个特征值的表征下都具有较大的值，而旁瓣、海面、系统噪声等干扰在 λ_3 图中的值很小，因此 λ_3 在提高船海对比度的同时抑制了方位模糊、系统噪声等干扰。将 SPAN 和 λ_3 相乘融合得到所提检测参数 Spanlam，如图 2.51 所示，一方面利用了 λ_3 提高船海对比度，抑制杂波干扰的特点，另一方面利用了极化 SAR 的总散射能量，进一步增强船海对比度的同时保持了船只的轮廓信息。

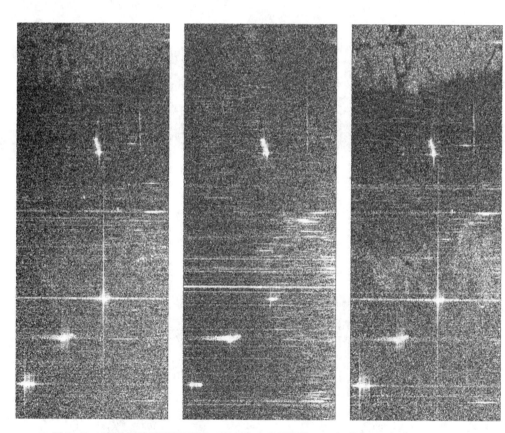

图 2.49　温哥华单通道幅度图，从左往右分别对应 HH 极化、HV 极化、VV 极化

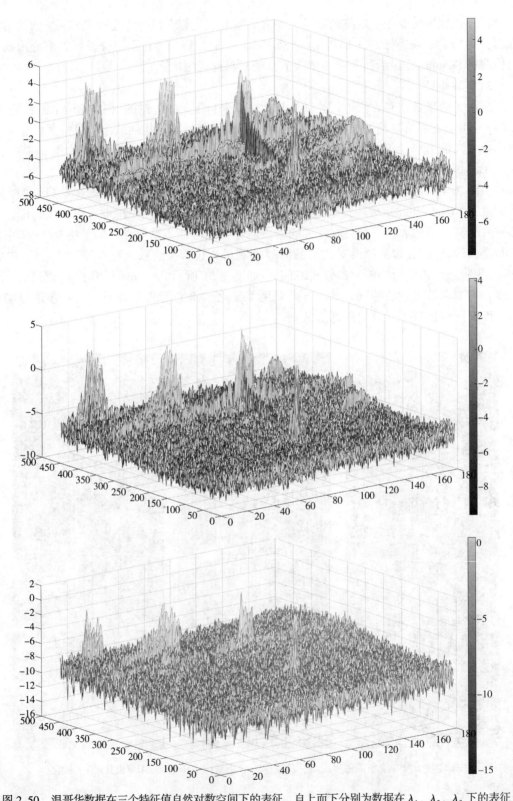

图 2.50　温哥华数据在三个特征值自然对数空间下的表征, 自上而下分别为数据在 λ_1, λ_2, λ_3 下的表征

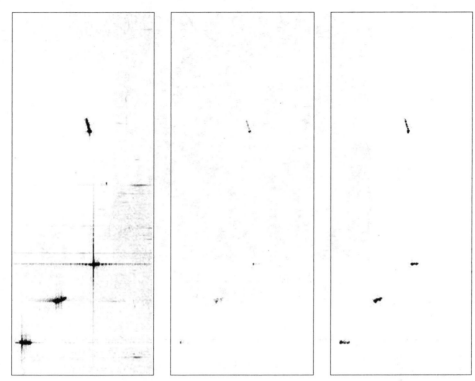

（从左至右分别为 SPAN 值、λ_3 值、Spanlam 值）

图 2.51　温哥华数据在不同参数下的表征

②半月湾 UAVSAR 数据分析：

基于 RADARSAT-2 的数据分析表明，所提出的检测量 Spanlam 一方面可以有效地增强船海对比度，另一方面可以有效地抑制旁瓣、相干斑等杂波干扰，为进一步验证所提检测量对船只检测的有效性，利用 UAVSAR 极化数据联合简单的阈值分割实施船只检测。所采用的数据如图 2.52 所示，方位向和距离向的视数分别为 12 视和 8 视，分辨率分别 7.2m 和 5.0m，图中，白色椭圆表示目视解译得到的船只。

分别得到数据的 SPAN 图、λ_3 图和 Spanlam 图，如图 2.53(a)(b)(c)所示。三幅图直观地表明了在 SPAN 参数、λ_3 参数和 Spanlam 参数表征下，船海对比度有不同程度地提高。基于 Spanlam 参数，我们可以利用一个简单的阈值进行船海分割，本次实验中采用 0.05 做阈值实现了船只检测，然后加入区域增长优化了检测结果，最终检测结果如图 2.53(d)所示。检测结果用品质因数进行评价，FoM = 1，说明了 Spanlam 在船只检测中的有效性。

2.3.4　船只目标 SAR 分类方法

与船只目标 SAR 检测方法的研究相比，对船只目标 SAR 分类方法的研究起步较晚，主要受限于 SAR 传感器的分辨率。随着德国 DLR 的 TerraSAR(2007)，意大利 ASI 的 Cosmo-SkyMed(2007，2008，2010)以及加拿大 CAS 的 RADARSAT-2 等高分辨率 SAR 的发

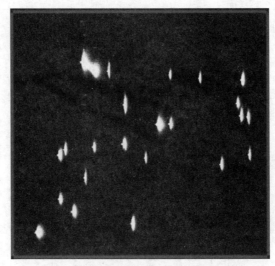

（其中椭圆标识表示船只目标）
图 2.52　UAVSAR 实验数据 Pauli 图

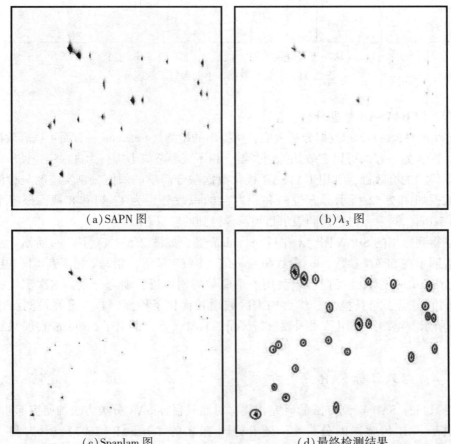

（a）SAPN 图　　　　　　　　　　（b）λ_3 图

（c）Spanlam 图　　　　　　　　　（d）最终检测结果
图 2.53　UAVSAR 数据三种表征以及最终检测结果

射，SAR 图像的分辨率逐步提高到 1m 量级，为船只目标 SAR 分类方法的研究提供了数据支持，极大地促进了它的发展。船只分类特征提取和分类器设计是船只目标 SAR 分类研究的两个关键问题，本节将分别从这两个方面介绍最新的研究进展，最后将介绍笔者所在的研究团队提出的基于特征和分类器联合选择的船只分类方法。

1. 船只 SAR 分类特征

从 SAR 图像中提取和选择合适的船只特征进行分类是船只类型识别的核心内容。随着研究的深入，越来越多的船只特征被提出，这些特征有助于从各个不同的方面理解不同类型的船只在 SAR 图像中的不同特点，从而进行分类。总的说来，被广泛应用的特征包括极化特征、几何特征和散射特征。

极化数据除了包含强度信息外，还包含相位信息，利用相干或者非相干目标分解方法可以从中提取丰富的极化特征进行船只分类。Touzi 等（2004）利用永久对称散射体描述船只进行分类，Allard 等（2009）融合多种极化分解参数进行船只分类，J. Wang 等（2011）则利用主散射机制的差异进行船只分类。由于在实际应用中，并非所有的 SAR 系统都能提供方法所需的全极化数据，因此，基于船只极化特征的分类方法受到诸多限制。近年来，基于单极化图像船只的几何特征、散射特征的分类方法研究的相对更多。船的长度、宽度、长宽比等几何特征经常被用于船只分类（Gagnon 等，1998；Askari 等，2000；殷雄等，2012），除了二维几何特征外，船的三维几何结构以及高程信息也先后被用于船只分类（Knapskog 等，2011；Margarit 等，2007，2009）。船只上层建筑的散射特征能够更好地反映不同类型船只的差异。张晰等（2010）利用强散射结构峰值点的分布来区分船只类型，根据散射点分布提取的均值、不变矩、共生矩阵、梯度分布、局部二进制模式等特征也先后被诸多研究者所使用（Teutsch 等，2011；Margarit 等，2011；Lang 等，2014；C. Wang 等，2011）。

利用多种特征间的互补性构建更好的分类特征也是近几年研究的热点。Jiang 等（2012）和 Xing 等（2013）先后提出了融合几何特征与散射特征的分类方法。随着可用 SAR 船只分类特征的增多，在选择特征组合时，如何剔除冗余特征，构建压缩的船只表达就成为一项重要研究课题。Teutsch 等（2011）提出了利用线性判别分析（Linear Discriminant Analysis，LDA）进行船只特征选择的方法。Chen 等（2012）提出了将滤波方法与包裹方法相结合的分步特征选择方法。

2. 船只 SAR 分类算法

进行船只类型识别时，在无法获得先验的船只类型信息作为训练样本的情况下，常采用聚类等无监督分类方法。在能够获得训练样本的情况下，常采用半监督（少量样本或者样本有缺失）或者监督（大量样本）的分类方法。监督分类方法是当前广泛使用的方法，不同的研究者采用了不同的分类算法。比较典型的有：Osman 等（1997），Gagnon 等（1998）采用多层神经网络分类器；Tuttle 等（1995），Margarit 等（2011）应用模糊逻辑分类器；Jiang 等（2012）采用基于 Mahalanobis 距离的最近邻分类器；而 Chen 等（2012）则采用了基于欧式距离的 K 最近邻分类器；Zhang 等（2013）和 Wang 等（2014）分别设计了基于不同参数的树状分层分类器。

3. 船只 SAR 分类实例

通过上面两节的介绍可以看出，随着研究的深入，越来越多的船只特征和分类方法被提出用于构建船只目标 SAR 分类器，由于不同的特征之间存在着互补性，因此研究者尝试组合不同的特征进行船只分类（陈文婷等，2012）。但是如何将船只特征与分类进行组合得到优化的特征-分类器组合问题还没有被深入地研究过。笔者所在的研究团队发现，不同的分类方法往往偏爱不同的特征或者特征组合，某个或者某几个特征采用 KNN 分类器时可以取得很好的分类效果，但是当采用 SVM 分类器时可能就不会得到相应的效果。究竟怎样的特征-分类器组合才是最优的，是一个重要的研究方向。笔者所在的研究团队提出了联合的特征-分类器选择方法（Lang 等，2016c），其方法流程如图 2.54 所示。

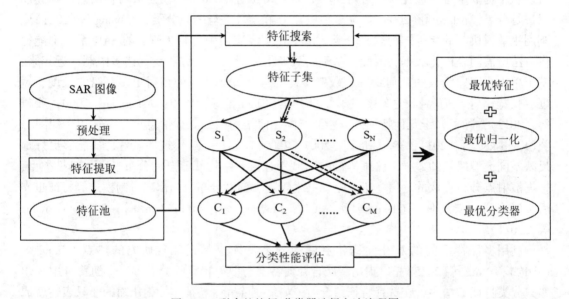

图 2.54　联合的特征-分类器选择方法流程图

这种方法能够同时从 21 种船只特征、3 种特征归一化方法、5 种分类器中选择最佳的组合，从而进行船只分类。实验中提取了包括船宽、船长，宽长比等在内的 21 种船只特征（表 2.11），采用了包括最大值-最小值归一化、Sigmoid 变换归一化等在内的 3 种特征归一化方法。测试的 5 种不同类型的分类器，包括朴素贝叶斯分类器、马哈拉诺比斯距离分类器、决策树分类器、K 最近邻域分类器、支持向量机分类器。

我们测试了不同的特征/归一化方法/分类器组合在两个数据库上的表现，并将所提出的方法与现有文献提出的方法进行了比较，结果见表 2.12。从中可以看出所提出方法的分类准确率，比当前文献报道的方法高出 3%。另外，实验也证明，采用全部 21 个特征得到的分类结果，由于特征之间存在冗余性，并没有经过选择的特征组合得到的分类结果高，这说明了特征选择在 SAR 船只分类识别中的重要性。

表 2.11   **提取的 21 种特征**

特 征	描 述
f_1	船宽：最小外接矩形的宽度
f_2	船长：最小外接矩形的长度
f_3	宽长比：最小外接矩形的宽度/长度比
f_4	面积：船宽与船长的乘积
f_5	周长：船宽与船长的和
f_6	形状复杂度：周长与面积的比
f_7	RCS 均值
f_8	RCS 标准偏差
f_9	RCS 标准偏差与均值的比
$f_{10}, \cdots, f_{11}$	x 和 y 方向归一化中心。$f_{10} = \dfrac{m_{10}/m_{00}}{f_2}$，$f_{11} = \dfrac{m_{01}/m_{00}}{f_1}$
$f_{12}, \cdots, f_{18}$	HU 不变矩
f_{19}	分形维数
f_{20}	能量填充率
f_{21}	空间填充率

表 2.12   **舰船分类准确率评价(%)**

	最佳单独特征	最佳单独特征组合	全部特征组合	比较方法 1	比较方法 2	提出方法
DS1	92.24	91.24	92.56	91.20	92.00	94.62
DS2	46.83	44.79	44.01	44.38	—	46.83

注：比较方法 1 参考文献 Chen 等(2012)，比较方法 2 参考文献 Xing 等(2013)，所提出方法参考 Lang 等(2016c)。

第3章 高度计数据处理及应用

高度计是重要的海洋微波遥感器，通过分析海洋回波信号特征来获取海洋信息。它的回波信号带有十分丰富的海面特征信息，可以测量瞬时海面至卫星之间的距离，电磁波海面后向散射系数及回波波形，可获取海面高度、有效波高和海面风速等，进而可提取海浪、潮汐、中尺度涡与环流、海平面变化、海洋重力异常与大地水准面等信息。通过卫星测高技术，可以获取全球范围内的海洋观测数据，有效弥补大洋海面观测资料的不足。因此，无论是在大地测量和地球物理学的海洋大地水准面与地球重力场研究中，还是在物理海洋学海洋潮波系统、区域及全球海洋流场分析、中尺度海洋环流和典型洋流（如湾流和黑潮）的变化特征、海面动力起伏和海洋风浪场反演，以及在全球气候变化及厄尔尼诺现象研究中，高度计都起到了举足轻重的作用（Fu et al.，2001）。

3.1 星载微波高度计发展历程

经过 40 多年的发展，星载微波高度计已由试验阶段发展到系列业务运行。目前，成系列且搭载有高度计的卫星主要有美国海军的 Geosat 系列、欧空局的 ERS 系列、美国宇航局（NASA）与法国国家空间研究中心（CNES）联合发射的 T/P 系列。另外，还有欧空局专用于极地观测的 Cryosat-2 测高卫星和中国的首颗搭载有高度计的微波遥感卫星 HY-2A。

3.1.1 星载微波高度计试验阶段

1973 年 5 月 14 日，美国航天局（NASA）发射了天空实验室卫星 Skylab，其上搭载了首台实验雷达高度计（S-193）。Skylab 的重量为 345.9kg，轨道高度为 840km，轨道倾角为 115°，设计寿命为 3.5 年，重复周期为 23 天，设计测高精度为 25~50cm，但其实际精度仅达到 1m，主要是由于较大的径向轨道误差、仪器本身的漂移以及测高系统的偏差等所致。Skylab 只是一颗原理性试验卫星，数据本身应用价值甚微，但是它展示了空间海洋测高的可能性，为以后的卫星高度计的发展奠定了基础。

1975 年 4 月，美国宇航局发射了地球物理卫星 3 号高度计卫星 GEOS-3（Geophysical Satellite-3），星上搭载了一部 Ku 波段（13.9GHz）雷达高度计，实际测高精度达到了 25~50cm，在三年半的实际运行中获取了五百多万个海面测量数据。GEOS-3 测高卫星开启了应用卫星测高数据进行海面动力高度研究的新时代。1978 年 GEOS-3 卫星停止工作。

1978 年 6 月 28 日，美国宇航局发射了海洋卫星 Seasat，它是第一颗专门用于海洋观测的卫星。Seasat 卫星的轨道高度为 800km，轨道倾角为 108°，实际测高精度达到了 20~30cm。由于电池故障，Seasat 卫星仅仅在轨运行三个月就结束了使命，但其收集的观测数据证实了卫星测高技术大范围观测海洋的可行性及其在海洋地球物理学、气候学等领域潜在的应用价值，是高度计在航天和海洋科学领域发展的一个重要里程碑。

3.1.2 星载微波高度计业务化运行阶段

1. Geosat 系列

1985 年 3 月 12 日，美国海军发射了高度计卫星 Geosat，上面所搭载的 Ku 波段（13.5GHz）雷达高度计，其主要任务是为美国海军精确测定海洋大地水准面，同时提供业务化海况和风速测量。Geosat 卫星高度计轨道高度为 800km，轨道倾角为 108°，实际测高精度达到了 10~20cm。自 1985 年 3 月至 1986 年 10 月，Geosat 卫星执行大地测量任务（Geodetic Mission，简称 GM），轨道设计为非重复轨道，间隔为 4km，在历时 18 个月的观测中，成功收集了 2 亿 7 千万个观测数据。自 1986 年 11 月至 1990 年 1 月，Geosat 卫星执行周期为 17 天的精确重复任务（Exact Repeat Mission，简称 ERM），在这一阶段，仪器测高精度达 10cm，卫星轨道设计为精确重复轨道，偏离误差在 2km 以内。Geosat 卫星测高数据已成功应用于全球大地水准面、重力异常与扰动、海洋潮汐和海洋环流等的研究。

1998 年 2 月 10 日，美国海军发射了 Geosat 的后继卫星 GFO，采用与 Geosat 相同的 17 天精确重复轨道、工作波段、轨道高度和轨道倾角。GFO 的主要目的是为美国海军提供实时的海洋地形数据，不执行大地测量任务。2008 年 11 月 26 日，卫星停止工作，后续的规划未见报道。

2. ERS 系列

1991 年 7 月 17 日，欧空局（ESA）发射了 ERS-1 卫星，其上搭载有高度计传感器。ERS-1 卫星高度计轨道高度为 785km，轨道倾角为 98.52°，卫星高度计工作频段为 Ku 波段（13.8GHz），实际测高精度达到了 10cm，同时，根据不同的观测目的，重复周期设计为 3 天、35 天和 168 天，重复轨迹的偏离误差亦缩小到 1km 以内。ERS-1 卫星高度计主要用于测量有效波高、海面风速及其变化、海洋环流、全球海平面变化等。2000 年 3 月 31 日，卫星停止工作。ERS-1 卫星的 3 种不同重复周期，提供了前所未有的单星空间采样分辨率，对于大中尺度海洋动力学和大地测量学的研究具有重要价值。

1995 年 4 月 21 日，欧空局发射了 ERS-1 的后继卫星 ERS-2，其搭载有与 ERS-1 卫星相同的高度计传感器，以及采用相同的轨道高度与轨道倾角，ERS-2 卫星重复周期为 35 天，而未采用 ERS-1 卫星设计用于海冰与大地测量任务的 3 天和 168 天重复周期。2003 年 7 月，与卫星高度计有关的磁带记录仪发生故障，导致只能接收卫星过境地面站期间的观测数据。2011 年 7 月 6 日，ERS-2 卫星停止工作。

2002 年 3 月 1 日，欧空局发射了 ERS-1/2 的后继卫星 Envisat，其上搭载有一台双频高度计 RA-2，工作波段为 Ku 波段和 S 波段，其轨道高度为 782.4km，轨道倾角为 98.55°，重复周期为 35 天。S 波段在 2008 年 1 月 18 日以后发生故障失效。为延长 Envisat 卫星的工作寿命，欧空局于 2010 年 10 月 22 日开始将 Envisat 调整到 799.8km 轨道运行。从 2010 年 11 月 2 日开始，Envisat 的重复周期变为 30 天。2012 年 4 月 8 日，Envisat 传回最后一组数据后再没有接收到数据，与 Envisat 失去联系一个月后欧空局发表公告称，该机构运行 10 年的环境观测卫星 Envisat 正式"退休"。

　　2013 年 2 月 25 日，印度空间研究组织和法国国家太空研究中心联合发射了 Saral 卫星，作为 Envisat 雷达高度计的后续卫星，Saral 卫星上携带了 Ka 波段(35.75GHz)的雷达高度计 Altika，其轨道重复周期为 35 天，入射角是 98.54°，该卫星计划运行 3 年。Altika高度计是首颗采用 Ka 单波段工作的高度计，Ka 波段的主要优点是可缩小脉冲足迹，提高水平方向分辨率，带宽为 500MHz，亦可显著提高垂直方向的分辨率；缺点是对云雨天气过度敏感，会导致降水区域的数据质量下降。

　　2016 年 2 月 17 日，欧空局发射了 Sentinel-3A 卫星。Sentinel-3A 卫星为全球海洋和陆地监测卫星，主要任务是获取高精度的海面地形、海洋和陆地表面温度等，用于全球环境和气候监测。Sentinel-3A 卫星运行轨道是高度为 814km、倾角为 98.6° 的太阳同步轨道，轨道重访周期为 27 天。Sentinel-3A 卫星上搭载了一台双频(C 和 Ku 波段)合成孔径雷达高度计，可提供海面高度、海浪波高和海面风速等数据。合成孔径雷达高度计有两种雷达模式：低分辨率模式(LRM)和合成孔径雷达模式。

3. T/P 系列

　　1992 年 8 月 10 日，美国宇航局(NASA)与法国国家空间研究中心(CNES)联合发射了高度计专用卫星 TOPEX/POSEIDON(T/P)。T/P 卫星搭载了 TOPEX 和 POSEIDON 两台高度计，TOPEX 为双频高度计，工作波段为 Ku 波段和 C 波段，POSEIDON 为实验性单频固态雷达高度计，与 TOPEX 共享一根天线，但是只占用 10% 的工作时间。T/P 高度计的轨道高度为 1336km，轨道倾角为 66°，轨道设计为精确重复轨道，周期为 10 天，全球覆盖率可以达到 90%，其主要任务是监测全球海面高度及其变化，研究海洋环流及对周边的影响。与之前发射的高度计卫星相比，T/P 高度计的观测精度有了很大的提高，测高精度达到了 2~3cm。2006 年 1 月 18 日，T/P 卫星完成使命，停止工作。

　　2001 年 12 月 7 日，NASA 与 CNES 联合发射了 T/P 的后继卫星 Jason-1，延续 T/P 卫星的使命，为全球环流的研究提供连续时间序列的高精度海面观测数据。Jason-1 的设备和数据处理系统与 T/P 卫星一致，具有相同的精度，但它的重量为 T/P 卫星的 1/5，仅重 500kg。

　　2008 年 6 月 20 日，NASA 与 CNES 联合发射了 T/P 高度计的第二颗后续卫星 Jason-2，其搭载设备与 Jason-1 卫星相同，轨道参数和重复周期也相同，但其搭载的 Poseidon-3 高度计仪器噪声较之前更低，并且采用了对陆地和海冰区域更为有效的跟踪算法。

　　2016 年 1 月 17 日，由太空探索技术公司(SpaceX)的猎鹰-9(Falon-9)运载火箭发射了 Jason-2 的后继卫星 Jason-3。Jason-3 由美国海洋和大气管理局(NOAA)、NASA、欧洲气象卫星应用组织(EUMETSAT)和 CNES 联合研制，目标是保持 TOPEX/Poseidon、Jason-1 和 Jason-2 卫星数据的连续性。Jason-3 卫星将经历 6 个月的仪器在轨测试。一旦完成测试，它将正式进入业务化运行，与 Jason-2 卫星共同提供服务。

　　T/P、Jason-1/2/3 卫星采用相同卫星轨道，同时为保证其搭载的卫星高度计测量的一致性，之前的卫星与后续卫星均保持同时在轨运行一段时间，以便于对后续卫星的观测仪器进行校准(T/P 对 Jason-1 进行校准，Jason-1 对 Jason-2 进行校准，Jason-2 对 Jason-3 进行校准)；在完成校准后，之前的卫星保持轨道高度，但轨道位置调整，后续卫星继续运行。这样，既能保证 T/P 系列卫星测量的连续性，同时实现了加密观测。

3.1.3 其他星载微波高度计

2010年4月8日，欧空局发射了主要用于极地观测的Cryosat-2测高卫星。Cryosat-2设计寿命为3.5年，主要任务是进行陆地冰层和海冰厚度变化的监测，其轨道高度为717km，轨道倾角为92°，几乎可以覆盖整个极地区域。其上搭载的高度计/干涉计传感器工作波段为Ku波段(13.575GHz)，共有三种工作模式：低分辨率星下点高度计观测模式、SAR观测模式和SAR干涉测量模式。

中国卫星测高技术发展较为滞后，2002年12月30日，中国发射了神舟四号(SZ-4)飞船，其上搭载了中国自行研制的高度计。SZ-4轨道高度为343km，虽然其飞行时间仅为6天零18小时，但开启了中国卫星测高的先河。

2011年8月16日，中国成功发射了自主研发的海洋环境动力卫星"海洋二号"(HY-2A)，卫星装载雷达高度计、微波散射计、扫描微波辐射计和校正微波辐射计以及DORIS、双频GPS和激光测距仪。卫星轨道为太阳同步轨道，倾角为99.34°，降交点地方时为6：00 am，卫星在寿命前期采用重复周期为14天的回归冻结轨道，高度为971km，周期为104.46分钟，每天运行13+11/14圈；在寿命后期采用重复周期为168天的回归轨道，卫星高度为973km，周期104.50分钟，每天运行13+131/168圈。卫星设计寿命为3年。所搭载的高度计工作波段为Ku波段(13.58GHz)和C波段(5.25GHz)。

搭载有高度计的相关卫星信息见表3.1。

表3.1　　　　　　　　　　　　搭载高度计的卫星概况

名称	发射国家/组织	运行时间	轨道高度（km）	轨道倾角（°）	重复周期（天）	测高精度（cm）
Skylab	美	1973.5—1974.2	840	115	23	100
GEOS-3	美	1975.4—1978.12	840	115	23	25~30
Seasat	美	1978.6—1978.10	800	108	17	20~30
Geosat	美	1985.3—1990.1	800	108	17	5~10
ERS-1	欧空局	1991.7—2000.3	785	98.52	3/35/168	5~10
T/P	美、法	1992.8—2006.1	1336	66	9.9156	2
ERS-2	欧空局	1995.4—2011.7	785	98.52	35	5~10
GFO	美	1998.2—2008.11	800	108	17	5~10
Jason-1	美、法	2001.12—2013.7	1336	66	9.9156	2~5
Envisat	欧空局	2002.3—2012.6	782.4~799.8	98.55	35/30	5~10
Jason-2	美、法	2008.6—	1336	66	9.9156	2~5
Cryosat-2	欧空局	2010.4—	717	92	369	—
HY-2A	中国	2011.8—	973	98	14	—
Saral	印、法	2013.2—	800	99.34	35/30	—
Jason-3	美、法	2016.1—	1336	66	9.9156	2~5
Sentinel-3A	欧空局	2016.2—	814	98.6	27	—

3.2 高度计数据处理

星载高度计可用于海面高度、有效波高和海面风速的观测，经过 40 多年的发展，海面高度测量精度已由最初的米级提高到厘米级，Topex/Poseidon 卫星高度计代表了当今卫星测高的最高水平，测高精度已达到 2~3cm；另外，有效波高精度达到 0.5m，海面风速精度达到 2m/s。

星载雷达高度计主要通过向星下点发射微波脉冲信号，通过信号往返时差得到海面高度，通过回波信号提取有效波高和海面风速信息。

3.2.1 海面高度信息提取

海面高度是卫星雷达高度计提供的主要产品之一，为获取准确的海面高度信息，需要对卫星高度计获取的原始高度进行一系列校正，主要包括干对流层校正、湿对流层校正、电离层校正、海况偏差校正和地球物理调整等，如图 3.1 所示。

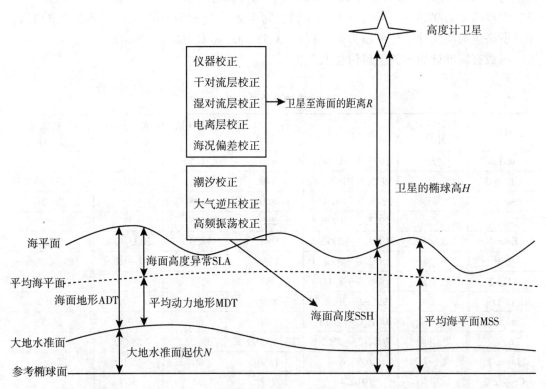

图 3.1 测高误差示意图

以下对大气折射校正、海况偏差校正和外部地球物理校正常用算法逐一介绍。

1. 干对流层校正

干对流层路径延迟主要是由干燥大气对高度计脉冲信号延迟所导致，是对流层校正的主要部分，其典型值为 $190 \sim 250 \mathrm{cm}$。

干对流层校正采用与海面大气压和星下点纬度有关的模型算法，该算法为目前卫星高度计干对流层校正的通用算法：

$$PD_{\mathrm{dry}} = 0.2277P_0(1 + 0.0026\cos2\varphi) \tag{3.1}$$

式中，PD_{dry} 为干对流层校正值，单位为 cm，P_0 为海面大气压（SLP），单位为 mbar，φ 为星下点地面纬度。

海面大气压数据采用 NCEP 提供的网格化压强数据，通过时空插值获得与高度计匹配点的数据。

2. 湿对流层校正

湿对流层路径延迟是由大气中水汽和云液水对高度计脉冲信号延迟效应导致的，其中水汽修正项为主要部分，典型值为 $0 \sim 50 \mathrm{cm}$；云液水修正项相对较小，通常小于 1cm。校正方法有模型法和校正辐射计法。

（1）模型法

湿对流层校正模型算法通过 NCEP 提供的大气和海面物理参数计算路径延迟量。湿对流层路径延迟包括两部分：水汽导致的路径延迟和云液水导致的路径延迟。

水汽导致的路径延迟：

$$PD_V = 1.763 \times 10^{-3} \int_0^H \left(\frac{\rho_V}{T}\right) \mathrm{d}z \tag{3.2}$$

云液水导致的路径延迟：

$$PD_L = 1.6L_z = 1.6 \int_0^H \rho_L(z) \mathrm{d}z \tag{3.3}$$

总的湿对流层距离延迟：

$$PD_W = PD_L + PD_V \tag{3.4}$$

式中，PD_V，PD_L，PD_W 分别为水汽、云液水和总的路径延迟量，单位为 cm。ρ_V，ρ_L，T 分别为水蒸气、云液水和大气温度的剖面数据，单位分别为 $\mathrm{g/cm^3}$、$\mathrm{g/cm^3}$、K，H 为卫星高度，单位为 cm。

使用 NCEP 提供的网格化位势、温度、相对湿度剖面数据和云液水含量数据，通过时空插值得到高度计星下点位置的相应数据。为保证时间上的相关性，选择与卫星过境时间最接近的 NCEP 数据。

（2）校正辐射计法

校正辐射计法是根据高度计搭载的校正辐射计的各通道亮温值，通过一组反演系数，进行亮温线性组合计算。反演系数通过辐射传输亮温模拟算法和反演系数矩阵研制方法得到，并根据不同的风速和 PD 值进行分层。

3. 电离层校正

电离层路径延迟是由大气中的自由电子对高度计脉冲信号折射所导致的，通常为 $0.2 \sim 40 \mathrm{cm}$。电离层路径延迟校正主要有双频法和模型法。

（1）双频法

主流卫星高度计均工作在 Ku 和 C 两个波段，根据两个波段的卫星高度计测高值，获取电离层校正值。计算方法如下：

$$\Delta h_{\mathrm{ion}} = \begin{cases} \dfrac{h_C - h_{\mathrm{Ku}} + b_{\mathrm{Ku}} - b_C}{K - 1} & (f = f_{\mathrm{Ku}}) \\[3mm] \dfrac{K(h_C - h_{\mathrm{Ku}} + b_{\mathrm{Ku}} - b_C)}{K - 1} & (f = f_C) \end{cases} \tag{3.5}$$

式中，h_{Ku}、h_C 分别是 Ku 波段和 C 波段的测量值，b_{Ku}、b_C 为其他与频率相关的误差校正项（如海况偏差）。

对于 HY-2A 卫星高度计而言，$f_{\mathrm{Ku}} = 13.58\mathrm{GHz}$、$f_C = 5.25\mathrm{GHz}$，则 $K = 6.69$。

（2）模型法

IRI 模型是目前最有效且被广泛认可的电离层经验模型，它融汇了多个大气参数模型，引入了太阳活动和地磁指数的月平均参数，采用预报的电离层特征参数描述电离层剖面。通过 IRI 模型提供的电子浓度剖面数据计算测量点的总电子含量，进而得到电离层校正值。

总电子含量计算公式为：

$$\mathrm{TEC} = \int_{s_0}^{s_1} \mathrm{N}(h)\,\mathrm{d}h \tag{3.6}$$

电离层校正值可表示为：

$$\Delta h_{\mathrm{ion}} = \frac{40.3}{f^2}\mathrm{TEC} \tag{3.7}$$

式中，f 为微波频率。

4. 海况偏差校正

海况偏差与海况密切相关，包括电磁偏差、斜偏差和跟踪偏差。电磁偏差是平均散射面和真实的平均海平面之间的不符值。研究发现，实际测量得出的平均散射面略低于真实的平均海表面高度，跟踪器跟踪平均散射面时造成的偏差为斜偏差和跟踪偏差。海况偏差的典型值在 -1% 和 -4%SWH 之间。海况偏差的机理比较复杂，在 T/P 高度计中 2m 波高时 RMS 可达 2.0cm，而 T/P 高度计中总 RMS 仅为 4.1cm，可见其在总 RMS 中所占的比重非常大，已经取代轨道误差成为贡献最大的误差源。理论推导的 SSB 模型并不适用于高度计的海况偏差校正。一般采用经验模型，常见的有参数模型和非参数模型。

（1）参数模型

参数模型基于 SSB 与 SWH 线性相关这一基本假设，则 SSB 参数模型可写为：

$$\mathrm{SSB} = b(\boldsymbol{X}, \boldsymbol{\theta})\mathrm{SWH} \tag{3.8}$$

其中，b 是一个无量纲的负值，称为海况偏差系数，$\boldsymbol{X}$ 是与海况相关的变量组成的向量，$\boldsymbol{\theta}$ 是参数向量。在以往的经验研究中，$\boldsymbol{X}$ 一般直接从高度计测得的与海况相关的变量中选取，即有效波高 SWH、风速 U 或后向散射系数 σ_0 以及它们的组合。由于 U 和 σ_0 具有高度相关性（通常用 σ_0 反演 U），因此，两者只能选其一，本研究选择使用 U。将 b 对 SWH 和 U 进行泰勒展开，则可得到如下形式的 SSB 校正参数模型：

$$\mathrm{SSB} = \mathrm{SWH}[\,a_1 + a_2\mathrm{SWH} + a_3 U + a_4\mathrm{SWH}^2 + a_5 U^2 + a_6\mathrm{SWH} \cdot U + \cdots\,] \tag{3.9}$$

利用高度计交叉点数据建立数据集，通过交叉点处上升轨下降轨对应测量值平差得到海表面高度、有效波高、风速的不符值。采用最小二乘拟合确定参数模型的系数值，以完成建模。参数模型不仅具有表达式简单直观、分析容易以及使用方便的优点，而且具有极佳的外延性。

（2）非参数模型

参数模型建模时采用的不符值导致确定参数模型系数时不是真正的最小二乘拟合。而采用非参数方法不预先设定海况偏差与有效波高和风速变量的具体函数形式，模型结果相比较参数而言精度提高。近年来，非参数模型在国际上得到了广泛的应用，国外的卫星高度计自从 Jason-1 开始已经逐步采用非参数模型对海况偏差进行估计并校正。非参数模型有核函数估计（NW）、局部线性回归估计（LLR）、K-近邻估计、正交序列估计、多项式样条估计等，带宽分为全局和局部带宽两种。

SSB 非参数估计的公式为：

$$\varphi(\boldsymbol{x}) = \sum_{i=1}^{n}\left[y_i \cdot W_{ni}(\boldsymbol{x} - \boldsymbol{x}_{2i})\right] + \sum_{i=1}^{n}\left[\varphi(\boldsymbol{x}_{1i}) \cdot W_{ni}(\boldsymbol{x} - \boldsymbol{x}_{2i})\right] \tag{3.10}$$

式中，$\varphi(\boldsymbol{x})$ 是任意测量点海况偏差估计值，$\boldsymbol{x}$ 是向量，代表 SWH 和 U。角标 1 表示交叉点升轨值；角标 2 表示交叉点降轨值，n 为交叉点数据量；y_i 为交叉点处海表面高度不符值；$\varphi(\boldsymbol{x}_{1i})$ 为交叉点升轨处 SSB 估计值；W_{ni} 为基于不同核函数构建的权重矩阵。

由于非参数模型建模过程需要数据集中每一个均与其余所有数据参与计算，计算量特别大，因此在模型应用上往往先计算各个周期的海况偏差，之后建立海况偏差表并采用双线性插值的方法应用，这种应用方法降低了非参数模型的外延性。

5. 海洋潮汐校正

海洋潮汐校正主要包括海洋潮与负荷潮。海洋潮汐校正、负荷潮校正主要采用 GOT00.2 和 FES2004 模型。根据卫星高度计过境的经纬度和时间信息，通过时空插值可以获得所需测高位置的潮汐校正值。

（1）GOT00.2 模型

GOT00.2 模型是一种海洋潮汐的经验模型，它是正在运行的 Jason-1 卫星的潮汐订正模型之一。它应用了 T/P 的 286 个 10 天周期的数据，同时增加了浅海和极地海洋（纬度高于 66°）上 ERS-1 和 ERS-2 的 81 个 35 天周期的数据。该模型的网格为 0.5°×0.5°，可用于计算海洋潮汐和负荷潮。

（2）FES2004 模型

FES2004 模型是一个基于全球有限元网格的水动力系列模型 FES 的最新版本。该模型是在 FES2002 水动力模型基础上，同化了验潮站数据和再处理后的 T/P、ERS 交叉数据后得到的（同化的数据包括 671 个验潮站、337 个 T/P 和 1254 个 ERS 高度计交叉点数据），包含半日分潮 M2、S2、N2、K2、2N2 和全日分潮 K1、O1、Q1、P1，还包含了由纯水动力模型计算的四个水动力长周期分潮 Mm、Mf、Mtm 和 Msqm，非线性的浅水分潮 M4 分潮以及大气潮 S1。计算结果包括海洋潮、负荷潮、平衡长周期潮和非平衡长周期潮。

6. 固体潮校正

采用 IERS 中的固体潮计算模型，IERS 采用的固体地球潮模型为：

$$h_{\text{solid}} = \Delta h_m + \Delta h_s + \Delta h_e \qquad (3.11)$$

式中，Δh_m 代表了月球分量（包括永久形变），Δh_S 代表了太阳分量（包括永久形变），Δh_e 代表了地球分量（包含永久分量）。各个分量可以分别表示为：

$$\Delta h_m = h_2 \frac{M_m}{M_e} \frac{A_e^2}{D_m^3} \left(\frac{3}{2} \cos^2 \theta_m - \frac{1}{2} \right) \qquad (3.12)$$

$$\Delta h_s = h_2 \frac{M_s}{M_e} \frac{A_e^2}{D_s^3} \left(\frac{3}{2} \cos^2 \theta_s - \frac{1}{2} \right) \qquad (3.13)$$

$$\Delta h_c = 0.202 h_2 \left(\frac{3}{2} \sin^2 \psi - \frac{1}{2} \right) \qquad (3.14)$$

式中，h_2 为二阶 Love 数，是潮高与引潮位势的比值；M_e 为地球质量；M_m 为月球质量；M_s 为太阳质量；A_e 为地球平均半径；D_m 为地球到月球的距离；D_s 为地球到太阳的距离；θ_m 为地心到星下点的连线与地心到月球中心连线的夹角；θ_s 为地心到星下点连线与地心到太阳连线的夹角；ψ 为星下点处的地心纬度。

7. 极潮校正

极潮是通过极轴运动的离心效应而产生的，通过势能表示如下：

$$\begin{aligned} \Delta V(r, \theta, \lambda) &= -\frac{\Omega^2 r^2}{2} \sin 2\theta (m_1 \cos\lambda + m_2 \sin\lambda) \\ &= -\frac{\Omega^2 r^2}{2} \sin 2\theta \, \text{Re} \left[(m_1 - im_2) e^{i\lambda} \right] \end{aligned} \qquad (3.15)$$

由 ΔV 导致的径向位移 S_r 和水平位移 S_θ，S_λ 可以通过潮汐洛夫数的使用来获得：

$$S_r = h_2 \frac{\Delta V}{g}, \quad S_\theta = \frac{l_2}{g} \partial_\theta \Delta V, \quad S_\lambda = \frac{l_2}{g} \frac{1}{\sin\theta} \partial_\lambda \Delta V \qquad (3.16)$$

式（3.16）中采用洛夫数值（$h = 0.6027$，$l = 0.0836$），同时地球半径 $r = a = 6.378 \times 10^6$ m，则式（3.16）可变为：

$$\begin{cases} S_r = -32 \sin 2\theta (m_1 \cos\lambda + m_2 \sin\lambda) \, \text{mm} \\ S_\theta = -9 \cos 2\theta (m_1 \cos\lambda + m_2 \sin\lambda) \, \text{mm} \\ S_\lambda = 9 \cos\theta (m_1 \sin\lambda - m_2 \cos\lambda) \, \text{mm} \end{cases} \qquad (3.17)$$

摆动变量（m_1，m_2）和极轴运动变量（x_p，y_p）之间的关系式为：

$$m_1 = x_p - \overline{x_p}, \quad m_2 = -(y_p - \overline{y_p}) \qquad (3.18)$$

式中，$(\overline{x_p}, \overline{y_p})$ 为极轴平均位置，它由 IERS 提供，也可通过线性关系近似出极轴路径。以下估计公式同样由 IERS 提供：

$$\overline{x_p}(t) = \overline{x_p}(t_0) + (t - t_0) \hat{x}_p(t_0), \quad \overline{y_p}(t) = \overline{y_p}(t_0) + (t - t_0) \hat{y}_p(t_0) \qquad (3.19)$$

式中，$\overline{x_p}(t_0) = 0.054$，$\hat{x}_p(t_0) = 0.00083$，$\overline{y_p}(t_0) = 0.357$，$\hat{y}_p(t_0) = 0.00395$。$\overline{x_p}$，$\overline{y_p}$ 单位为弧秒，速率单位为弧秒/年，$t_0 = 2000$。

8. 大气逆压校正

大气逆压校正采用一个与海面气压和全球海面平均气压有关的模型方法进行校正，即大气逆压校正量：

$$\mathrm{IB} = -\frac{1}{\rho_w g}(p_a - \bar{p}_a) = -0.9948(p_a - \bar{p}_a) \tag{3.20}$$

其中，IB 的单位为 cm；ρ_w 为海水密度，取值 1.025g/cm³；g 为重力加速度，取值为 980.6cm/s²；p_a 为海面大气压（SLP），单位为 mbar；$\bar{p}_a$ 为加权的当前 cycle 的全球海面平均气压，即 $\bar{P}_a = 0.5\bar{P}_G + 0.5 \times 1013.3$，单位为 mbar。

9. 高频振荡校正

海面高频振荡主要来源于大气压力动态部分和海面风等。MOG2D-G 全球正压模型用于海面高频振荡校正的计算，该模型采用有限元方法进行空间离散，在地形起伏剧烈区域和浅海区适当增加空间分辨率，其有限元网格大小从开阔海域 400km 到近岸 20km 不等。动力大气改正（DAC）模型由 CLS 联合 MOG2D-G 模型的高频部分（小于 20 天）得到，其有效时间自 1992 年起，空间分辨率为 0.25°×0.25°，每天提供 0：00、6：00、12：00 和 18：00 4 个时间点上的模型计算值，其他时间通过内插得到，现已应用到 Jason-1、Envisat 以及 Jason-2 数据中。

海面高频振荡计算采用基于 DAC 数据插值得到高度计观测点的 DAC 校正值，然后从 DAC 值中去除大气逆压校正值（IB）的方法得出。

3.2.2　有效波高信息提取

有效波高（SWH）是高度计观测的基本量之一，其精度随着回波模型的不断完善和反演算法的不断改进而不断提高。

海洋回波的平均回波功率的卷积模型基于如下假设：

①海洋散射表面被看作由大量随机独立分布的散射单元构成；

②在雷达高度计计算平均回波期间，波束照亮区域内的海面高度统计特性保持不变；

③雷达脉冲的散射过程除了随入射角的变化而变化外，还取决于单位散射单元的后向散射截面和天线部分；

④雷达与散射表面中任意散射元之间的相对径向速度所引起的多普勒频移与发射脉冲包络的频率扩展几乎不相关。

目前国际上主要采用三项卷积模型，即卫星雷达高度计的平均回波波形可用三项卷积表示：

$$W(t) = P_{FS} \cdot q_s(t) \cdot p_\tau(t) \tag{3.21}$$

式中，$W(t)$ 为接受回波的平均功率；$P_{FS}(t)$ 为平坦海平面平均脉冲响应函数，$q_s(t)$ 为海面镜像点概率密度函数；$p_\tau(t)$ 为雷达系统点目标响应函数。该模型可进一步表示为：

$$W(t) = \frac{P_u}{2}\exp\left[-d\left(\Gamma + \frac{d}{2}\right)\right]\left\{\left[1 + \mathrm{erf}\left(\frac{\Gamma}{\sqrt{2}}\right)\right]\left[1 + \frac{\lambda_s}{6}\left(\frac{\sigma_s}{\sigma_c}\right)^3 d^3\right]\right.$$
$$\left. - \frac{\sqrt{2}}{\sqrt{\pi}}\exp\left(-\frac{\Gamma^2}{2}\right)\frac{\lambda_s}{6}\left(\frac{\sigma_s}{\sigma_c}\right)^3(\Gamma^2 + 3d\Gamma + 3d^2 - 1)\right\} \tag{3.22}$$

式中：

$$\text{erf}(x) = \frac{2}{\sqrt{\pi}} \int_0^\pi \mathrm{e}^{-t^2} \mathrm{d}t \,;\; \Gamma = \frac{t - t_0}{\sigma_c} - d \,;\; d = \left(\delta - \frac{\beta^2}{4}\right)\sigma_c \,;\; \delta = \frac{4}{\gamma} \cdot \frac{c}{h} \cdot \frac{1}{1 + h/R} \cdot \cos(2\xi) \,;$$

$$\beta = \frac{4}{\gamma} \cdot \left(\frac{c}{h} \cdot \frac{1}{1 + h/R}\right)^{1/2} \sin(2\xi) \,;\; \gamma = \frac{2}{\ln 2} \cdot \sin^2\left(\frac{\theta_w}{2}\right)$$

斜度参数 $\lambda_s = -0.1$，$\sigma_s^2 = \sigma_c^2 - \sigma_p^2$，$\sigma_p$ 是点目标响应的 3dB 宽度，此处 $\sigma_p = 0.513T$，T 为雷达发射窄脉冲的 3dB 时宽，即脉冲压缩后的时间宽度，h 是卫星到地面的平均高度，R 为地球平均半径，为 6371km，c 为光速，θ_w 为天线 3dB 波束宽度。

因此，将模型简写为只由待估计的四个参数表示的形式：

$$W = f(t_0, \ P_u, \ \sigma_c, \ \xi) \tag{3.23}$$

式中，t_0 为跟踪点，用于计算平台到海面的高度，P_u 为回波振幅，σ_c 为回波上升时间，用于计算有效波高，ξ 为天线偏移角。

主要反演流程如下：

①波形归一化：

$$\text{FFT}(i) = \frac{\text{FFT}(i)}{\text{Max}_{\text{FFT}}}, \ 1 \leqslant i \leqslant 128 \tag{3.24}$$

其中，Max_{FFT} 为前 46 个采样门值的最大值，经过统计分析，波形的最大值总是出现在第 46 个门之前，从而采用前 46 个门作为最大值点选择的界限，这样可以避免波形后沿对波形最大值造成的干扰。

②异常波形剔除：异常波形剔除是为尽可能地保留卫星高度计有效测量数据，同时剔除受陆地、海岛及海冰等各种因素影响的测量数据。

③热噪声去除：为消除热噪声对回波的影响，可采用回波波形前沿的回波功率均值作为热噪声值。然后将所有波形采样门值减去该值来去除波形中的热噪声。

④有效波形平均：$\text{FFT}(i) = \frac{1}{N} \sum\limits_{j=1}^{N} \text{FFT}(j, i)$，$i = 1, 2, \cdots, 128$ $\qquad$ (3.25)

⑤计算星下点偏移角 ξ：由于天线的星下偏移角通常变化范围很小，为了减少拟合的时间及计算量，可先对波形的下降沿进行线性回归得到下降沿的对数斜率，再通过下式计算出星下点偏移角的平方：

$$\text{Slope} = \frac{\ln P_j - \ln P_i}{t_j - t_i}, \ \xi^2 = \frac{1}{2} \cdot \frac{1 + \text{Slope}/\delta'}{1 + 2/\gamma} \tag{3.26}$$

式中，$\delta' = \frac{4}{\gamma} \cdot \frac{c}{h} \cdot \frac{1}{1 + h/R}$，$\gamma$ 为天线的带宽参数，c 为光速，h 为卫星平台的高度，R 为地球的半径。

应该注意的是，求得下降沿的斜率为对数斜率，即采样门值应取对数，横坐标时间分辨率为时间延迟 $\tau = 3.125\text{ns}$。求下降沿的对数斜率时，姿态门的选取非常重要，它直接影响下降沿的拟合。

⑥波形拟合：为了从海面回波波形数据中准确地提取出 SWH 信息，在利用迭代加权

最小二乘拟合方法时必须选取合适的加权系数。在回波波形的拟合中，应根据波形的不同位置对波形拟合的不同贡献，采用不同的权重。由于 SWH 主要决定于波形上升沿，对于波形上升沿拟合程度的好坏直接影响着反演结果的好坏，它应赋予较高的权重，波形的其他区域应该相对赋予较低的权重。

回波波形参数的问题可转化为以下的优化问题：

$$\min F(t_p, t_s)$$

由于高度计的数据量巨大，为了计算方便，此处采用 BFGS 算法。该算法具有二次终止性，而且迭代有限步，具有较高的收敛速度。

3.2.3 海面风速反演算法

高度计海面风速与后向散射系数 σ_0 之间的物理关系与布拉格散射机理是不同的。入射角较小时后向散射功率几乎全部来自波长为入射波长 3 倍以上的定向的镜面反射。随着风速的增加，海表面粗糙程度增加，导致更多的入射波的反射方向远离卫星高度计的方向。因此，σ_0 与风速近似成反比关系。在入射角较小的情况下，σ_0 对风向并没有很大的依赖，因此，风速可以从高度计数据中推测出来。后向散射系数与海面风速之间的解析关系式称为"地球物理模式函数"，简称"模式函数"。高度计测量的 σ_0 必须通过模式函数才能转换为海面风速。因此，模式函数的质量直接关系到海面风速的反演精度。

模式函数的选取直接影响卫星高度计风速的反演精度。在高度计发展历程中，风速反演方法大部分都是基于 BR 经典模式函数，同时针对不同卫星高度计数据的特点进行了改进，其中包括 SB、CM、GD、CW 以及 MCW 等模型，在算法发展过程中，逐渐引入了海况的影响因素，其中包括 GG、LB 以及 HD 等模型。

目前，卫星高度计使用的风速反演模式函数为改进的 MCW 模型，模型的输入参数为有效波高与 σ_0，经过模型中的一系列运算最终求得风速。

(1) 风速模型

风速模型公式如下：

$$\vec{X} = [1 + \exp(-(\vec{W}_x \vec{P}^{\mathrm{T}} + \vec{B}_x^{\mathrm{T}}))]^{-1} \tag{3.27}$$

$$Y = [1 + \exp^{-(\vec{W}_y \vec{X} + \vec{B}_y)}]^{-1} \tag{3.28}$$

$$U_{10} = \frac{Y - a_{U_{10}}}{b_{U_{10}}} \tag{3.29}$$

风速模型简写为 $U_{10} = f(\sigma_0, SWH)$。

(2) 模型关键参数

模型中的 $\boldsymbol{W}_x$、$\boldsymbol{W}_y$、$\boldsymbol{B}_x$、$\boldsymbol{B}_y$ 即为系数矩阵，算法采用 BP 神经网络，利用卫星高度计 σ_0、有效波高以及风速，经过两层网络拟合，设定的误差限为 0.00001，最终得到了模型采用的系数矩阵，如图 3.2 所示。

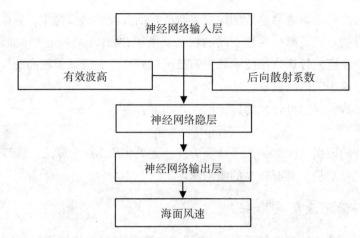

图 3.2 基于神经网络获取海面风速反演模型系数矩阵

3.3 高度计数据应用

卫星高度计可提供海面高度、有效波高和海面风速共三种海洋环境观测数据，这些数据在海浪、潮汐、中尺度涡与环流、海平面变化、重力异常与大地水准面等方面得到了广泛的应用。

3.3.1 高度计数据海浪应用

卫星高度计可获取卫星轨迹星下观测点处的海浪有效波高数据。高度计海浪有效波高数据可用于海浪时空分布与特征分析、谱峰周期分布以及多年一遇极限浪高预测等。

由于高度计观测数据是沿着轨道分布的，且观测时间不同步，利用高度计有效波高开展海浪应用研究时通常需要将时空分布不规则的有效波高数据处理成空间规则分布的网格数据。不过，对于特定区域或特定点的海浪应用研究也可直接采用沿轨有效波高数据。

一般采用反距离加权法进行卫星高度计有效波高数据网格化处理。反距离加权法是目前较为常用的空间插值方法，该方法中观测点离网格点中心越近，其对插值的贡献越大；距离越远，贡献越小。计算公式如下：

$$Z_{ij} = \frac{\sum_{s=1}^{n} Z(x_s) W_s}{\sum_{s=1}^{n} W_s} \tag{3.30}$$

式中，$Z(x_s)$ 为网格点周围第 s 个观测点的观测值；n 为观测点个数；W_s 为对应的权重，计算表达式为 $W_s = 1/d_s^m$，d_s^m 是第 s 个观测点到网格点距离的 m 次方，常取 $m=2$；Z_{ij} 为网格点 (i, j) 处的插值结果。用于网格点处有效波高计算的观测点由数据时空匹配尺度来确定，空间尺度选取为网格数据的空间分辨率，时间尺度选取为网格数据时间分辨率的一半。

　　利用网格化处理后的时间序列有效波高数据可开展海浪有效波高的月、季和年平均空间分布特征分析，总结海浪有效波高的时空分布与变化规律。图3.3是利用2002年1月至2005年12月Jason-1卫星高度计有效波高数据得到的中国近海海浪有效波高季平均分布图。

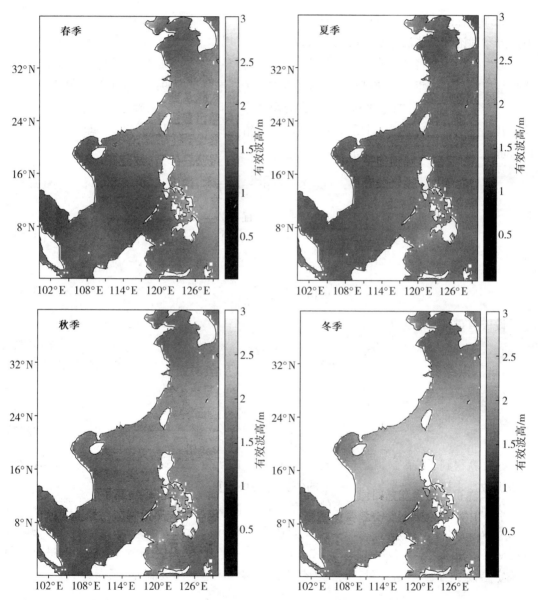

图3.3　基于2015年Jason-2、Cryosat-2和HY-2高度计融合数据的中国近海不同季节海浪有效波高分布图

　　海浪对海洋工程建筑物安全具有重要影响，该影响主要是由海浪的两个内在特征决定的，即海浪的波高和周期。海浪谱峰周期定义为海浪谱中最大谱值所对应的周期，依据高

度计提供的海浪有效波高(SWH)和雷达后向散射截面系数(σ)数据可推算谱峰周期。波浪谱峰周期 T_p 简单的经验关系式为:

$$\log_{10}(T_p) = 0.154 + 1.797 \times \log_{10}(X) \tag{3.31}$$

其中,

$$X = (\sigma \cdot \text{SWH}^2)^{0.25} \tag{3.32}$$

此外,在海洋工程设计中常常需要统计海浪的极值参数。海浪极值推算方法通常采用极值分布理论和适线法,求出海浪在长期内的分布规律,选出一条适合的理论频率曲线,或者通过坐标变换将其化成直线,使其外延以求出多年一遇的极值。三参数 Weibull 分布法是常用的海浪多年一遇波高极值推算方法之一(方国清,1999;纪永刚等,2002)。

三参数 Weibull 分布方法利用所选取的观测序列 $\{x_i\}\{y_i\}$ 来确定三个参数 a、b、c,并由其确定 Weibull 分布。对所选海浪有效波高给定概率 y,用以预报 x,即分析"多年一遇"问题。Weibull 分布的函数形式为:

$$F(x; a, b, c) = 1 - \exp\left[-\left(\frac{x-c}{b}\right)^a \right] (x > c) \tag{3.33}$$

其中,a、b、c 分别为形状参数、尺度参数和位置参数。令

$$P(X > x) = y = 1 - F(x; a, b, c) = G(x; a, b, c) \tag{3.34}$$

则

$$y = \exp\left[-\left(\frac{x-c}{b}\right)^a \right] (x>c) \tag{3.35}$$

设极值重现周期为 T,则

$$T = \frac{1}{y} = \exp\left(\frac{x-c}{b}\right)^{\frac{1}{a}} \tag{3.36}$$

变换形式得到:

$$x = b\left(\ln\frac{1}{y}\right)^{\frac{1}{a}} + c \tag{3.37}$$

这样就得到了波高极值 x 与重现周期 $T = 1/y$ 的函数关系式,然后根据高度计有效波高观测数据来确定三个参数 a、b、c 的值,进而可推算多年一遇波高极值。

以 2002 年至 2005 年共 144 个周期的 Jason-1 高度计有效波高观测数据为例,将所有的有效波高数据由大到小排序,选择前 n 个有效波高值,记为 x_1,x_2,$\cdots$,x_n。这些值对应的 y 值分别为 $y_1 = 1/(n+1)$,$y_2 = 2/(n+1)$,$\cdots$,$y_n = n/(n+1)$,然后利用最小二乘法确定参数 a、b、c,进而可以得到函数来计算多年一遇波高极值。

3.3.2 高度计数据潮汐应用

由于卫星高度计轨道的重复性,卫星高度计可获取星下点处的海面高度时间序列观测数据,该数据可看作是同一地点的时间序列观测数据。因此类似于验潮站潮汐观测数据,利用该时间序列观测数据通过潮汐调和分析可提取海洋潮汐信息。

在高度计海面高度数据用于海洋潮汐信息提取前，需进行数据预处理，包括基于高度计数据的潮汐高度计算和将不同周期观测数据处理到统一的基准轨道上两部分。

基于高度计数据的潮汐高度计算公式为：

$$\begin{cases} h = \text{SSH} - \text{MSS} - \text{SET} - \text{LT} - \text{PT} - \text{INV\_bar} - \text{HF} \\ \text{SSH} = \text{Alt} - \text{Cor\_Range} \\ \text{Cor\_Range} = \text{Range} + \text{Cor\_All} \end{cases} \tag{3.38}$$

式中，h 为潮高，SSH 为原始海面高度，MSS 为平均海表面高度，SET 为固体地球潮高度，LT 为负荷潮高度，PT 为极潮高度，INV_bar 为大气逆压，HF 为海面高频振荡，Alt 为卫星轨道高度，Range 为高度计到瞬时海面的测距，Cor_All 为干对流层、湿对流层、海况偏差、电磁偏差等各项校正，Cor_Range 为经过校正后高度计到瞬时海面的测距。

为了得到某一点处潮高的时间序列，需对高度计数据做如下处理：

①利用卫星高度计地面轨迹表达式获得卫星地面轨迹经纬度信息；

②计算出卫星轨道交叉点，在相邻交叉点之间沿轨道每 3 秒平均给出一个点，得到基准轨道；

③将卫星高度计各周期观测数据（约 1 秒一个观测数据）对应插值到统一的基准轨道。

经过上述处理即可得到高度计基准轨道观测点处的时间序列潮高数据，然后利用调和分析方法提取潮汐信息（方国洪等，1986）。调和分析公式如下：

$$h = H_0 + \sum_{i=1}^{n} f_i H_i \cos\left[\omega_i t + (V_{0i} + u_i) - g_i\right] \tag{3.39}$$

式中，h 为 t 时刻的潮高，H_0 是平均水位，f_i 为分潮交点因子，H_i 为分潮振幅，ω_i 为分潮圆频率，$(V_{0i} + u_i)$ 为标准子午线处的平衡分潮初相位，u_i 为分潮交点订正角，g_i 为分潮格林尼治迟角，i（$i=1\sim8$）代表第 i 个分潮。利用最小二乘法求得各分潮调和常数 H_i 和 g_i。

图 3.4 为基于 19 年（1992—2011）的 T/P 和 Jason-1 卫星高度计数据提取得到的渤海、黄海、东海 M_2、S_2、K_1 和 $O_1$4 个主要分潮的同潮图（仲昌维等，2013）。

3.3.3 高度计数据中尺度涡与环流应用

卫星高度计可获取卫星轨迹星下观测点处的海面高度数据。利用高度计海面高度数据可开展全球海洋中尺度涡与环流应用研究。

由于高度计观测数据是沿着轨道分布的，且观测时间不同步，利用高度计海面高度开展中尺度涡与环流应用研究时通常需要将时空分布不规则的海面高度数据处理成空间规则分布的网格数据。因此首先对海面高度数据进行数据预处理，包括数据质量控制、不同卫星之间的参考基准统一和相互校准，由此得到沿轨海平面高度异常值（SLA）；然后采用时空客观分析法进行高度计海面高度异常数据的网格化处理。

设 $h(\boldsymbol{x})$ 是需估计的网格点位置 $\boldsymbol{x}$ 处的海面高度异常，$H_{\text{obs}}^i(\boldsymbol{x}_i)$（$i=1$，$2$，$\cdots$，$N$）为高度计轨道位置 $\boldsymbol{x}_i$ 处的海面高度异常观测值。基于 N 个海面高度异常观测值，利用 Gauss-Markov 理论的最小二乘最优线性估计，则有

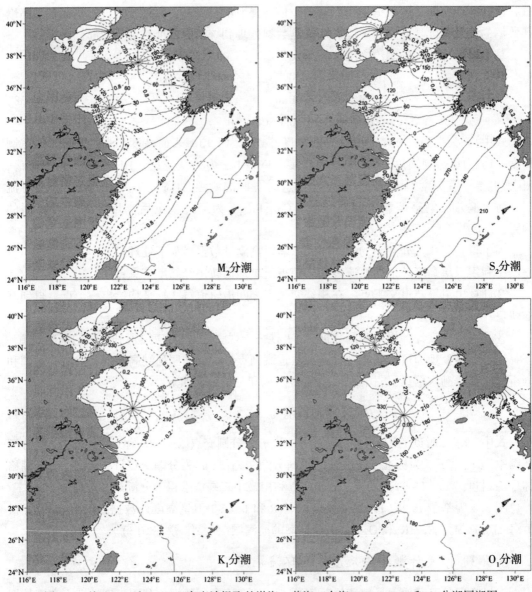

图 3.4 基于 T/P 和 Jason-1 高度计提取的渤海、黄海、东海 M_2、S_2、K_1 和 O_1 分潮同潮图

$$h(\boldsymbol{x}) = \sum_{j=1}^{N} \boldsymbol{C}_{xj} \Big(\sum_{i=1}^{N} \boldsymbol{A}_{ij}^{-1} H_{\mathrm{obs}}^{i} \Big) \tag{3.40}$$

式中，$\boldsymbol{A}$ 是海面高度异常观测值自身的协方差矩阵，$\boldsymbol{C}$ 是海面高度异常观测值与估计值之间的协方差矩阵。海面高度异常观测值 H_{obs}^{i} 可看作真实值 H^i 与观测误差 ε_i 之和，即

$$H_{\mathrm{obs}}^{i} = H^{i} + \varepsilon_{i} \tag{3.41}$$

协方差矩阵 $\boldsymbol{A}$ 和 $\boldsymbol{C}$ 分别为：

$$\boldsymbol{A}_{ij} = \langle H_{\mathrm{obs}}^{i} H_{\mathrm{obs}}^{i} \rangle = F(\boldsymbol{x}_i - \boldsymbol{x}_j) + \langle \varepsilon_i \varepsilon_j \rangle \tag{3.42}$$

$$\boldsymbol{C}_{xj} = \langle h(\boldsymbol{x}) H_{\mathrm{obs}}^{i} \rangle = \langle h(\boldsymbol{x}) H^{i} \rangle = F(\boldsymbol{x} - \boldsymbol{x}_i) \tag{3.43}$$

关联误差协方差为:

$$e^2 = C_{xx} - \sum_{i=1}^{n} \sum_{j=1}^{n} C_{xi} C_{xj} A_j^{-1} \qquad (3.44)$$

将高度计测量误差看作相关噪声,对于给定一个周期,只考虑沿轨的测量误差相关性。这通过调整误差方差 $< \varepsilon_i \varepsilon_j >$ 消除长波误差来实现,具体为:

$$< \varepsilon_i \varepsilon_j > = \begin{cases} \delta_{ij} b^2 & \text{当 } i, j \text{ 不在同一轨道或同一个周期} \\ \delta_{ij} b^2 + E_{LW} & \text{当 } i, j \text{ 在同一轨道和同一个周期} \end{cases} \qquad (3.45)$$

式中,b^2 为测量白噪声的方差,E_{LW} 为长波误差的方差,一般取为高度计信号方差的百分比。高度计海面高度异常数据时空客观分析时采用的时空相关函数为:

$$F(r, t) = \left[1 + ar + \frac{(ar)^2}{6} - \frac{(ar)^3}{6} \right] \exp(-ar) \exp\left(-\frac{t^2}{T^2} \right) \qquad (3.46)$$

式中,r 为距离,t 为时间,$L = 3.34/a$ 是空间相关半径(空间尺度),T 为时间相关半径(时间尺度)。

1. 中尺度涡应用

海洋中尺度涡是指时间尺度在数天到数月、空间尺度在数十到数百千米的涡旋。中尺度涡作为中尺度现象的一个重要组成部分,已成为物理海洋领域的研究热点。中尺度涡携带的海洋能量要比平均流高出一个量级甚至更高,它在海洋动力学和热盐、能量的输运和其他海洋生物化学过程中都起着重要的作用。20 世纪 90 年代以前,由于受到观测手段的限制,对中尺度涡的研究主要基于现场观测,所以对涡旋的形成、传播、消失过程不甚明了。近年来,随着卫星遥感技术的发展,对中尺度涡的研究提升到新的高度。卫星遥感可提供大覆盖、准同步、长时间序列的海洋观测数据,而这些数据都适合用于海洋中尺度现象的研究,为中尺度涡的研究提供了丰富的资料。

中尺度涡分为冷涡(气旋涡)和暖涡(反气旋涡)两种。在北半球,海面高度异常场中暖涡的中心高于其周围,冷涡的中心低于其周围,暖涡作顺时针旋转,冷涡作逆时针旋转。基于这些特征,已发展了多种中尺度涡自动探测方法,目前主流的方法有 Okubo-Weiss 参数法、Winding-Angle 方法和矢量几何 VG 法等。

在早期,海洋中尺度涡自动识别主要是 Okubo-Weiss 参数算法。这种方法是基于物理判定条件的 OW 参数从海面高度异常(SLA)数据中判断识别涡旋,其中 OW 参数是通过流场中的拉伸、剪切以及相对涡度来定义的:

$$W = S_s^2 + S_n^2 - \omega^2 \qquad (3.47)$$

式中,S_n,S_s 以及 ω 分别表示的是剪切变形率,拉伸变形率以及相对涡度。它们的计算方法为:

$$S_n = \frac{\partial u'}{\partial x} - \frac{\partial v'}{\partial y}, \quad S_s = \frac{\partial v'}{\partial x} + \frac{\partial u'}{\partial y}, \quad \omega = \frac{\partial v'}{\partial x} - \frac{\partial u'}{\partial y} \qquad (3.48)$$

式中,u' 和 v' 分别表示海表面异常地转流的速度分量,是由 SLA 梯度通过地转关系计算得到的:

$$u' = -\frac{g}{f} \cdot \frac{\partial(\text{SLA})}{\partial y}, \quad v' = -\frac{g}{f} \cdot \frac{\partial(\text{SLA})}{\partial x} \qquad (3.49)$$

式中，g 为重力加速度，f 为科氏力参数，∂x 与 ∂y 分别为向东以及向北的距离差。涡旋存在于 W 为负值且旋转占主的流场中。具体来说，这个判定标准将流场分为不同的类型：$W>0.2\sigma_w$ 是以拉伸为主，$W<-0.2\sigma_w$ 是以涡度为主，$|W|\leqslant0.2\sigma_w$ 则是背景流场。这里的 σ_w 为 W 的空间标准差。$W<-0.2\sigma_w$ 的区域被认为是涡旋的中心，并按照 SLA 的平均值是负还是正来判断是气旋涡还是反气旋涡。

虽然 Okubo-Weiss(OW)涡旋探测方法在 2000 年之后被广泛应用于从卫星高度计数据来识别涡旋，然而近些年许多研究学者指出 OW 参数法对涡旋的误判概率非常高，有些地区的错误识别率甚至能达到 75.9%，而且还有一些海洋涡旋没有被识别出来。于是一些研究学者进一步提出了直接基于海面高度异常的涡旋自动识别方法——Winding-Angle 法。该方法首先在一个 1°×1°经-纬度移动窗口内通过寻找内部 SLA 最小(最大)值的最大绝对值来判断可能的气旋涡(反气旋涡)中心。之后，对于每一个可能的气旋涡(反气旋涡)中心，从其内部以 1mm 的增幅(减幅)向外寻找 SLA 的等值线。最外那条包含着涡旋中心的等值线即为涡旋的外边缘。为了优化研究结果，在后续的 Winding-Angle 涡旋探测方法中，一般以地转异常流场来代替海表面动力高度场。

矢量几何 VG 法主要依赖于速度矢量的几何学，是基于高度计流场数据进行中尺度涡的探测。涡旋可以直观地定义为流场表现为一个闭合旋转流的区域，也就是说，速度矢量围绕涡旋中心顺时针或者逆时针进行旋转。这个定义和 Okubo-Weiss 算法的假设是一致的，涡被定义成一个旋转支配的区域。基于以上定义，可以从涡旋产生的地转流速度场的一般特点中得到四个约束条件，分别是：①沿着东西方向，当 v 穿过涡中心时，符号必须发生改变，并且当远离涡中心时 v 要变大；②沿着南北方向，当 u 穿过涡中心时，符号也要发生改变，并且当远离涡中心时 u 要变大，旋转方向要和 v 的旋转方向保持一致；③在涡中心处速度要达到局部最小值；④围绕涡中心，速度矢量的方向必须以一个连续的旋转方向发生改变，两个相邻的速度矢量的方向必须在同一个或者是两个相邻的象限里重叠。满足以上四个约束条件的点被认为是涡中心，涡的大小可以从流函数场封闭的等值线中计算出来。

在大洋中，海洋涡旋一旦形成，这种稳定的中尺度结构便可以维持相当长的时间，因此涡旋识别出来之后，可以在连续时间的海面高度场中对其进行追踪，进而分析中尺度涡的产生、变化和消亡过程。方法是对于每一个在时刻 n 从海表面高度异常场中找到的涡旋，在下一个时刻 $n+1$ 的海表面高度异常场中寻找与其距离最近且属性最相似的涡旋，这样就得到一系列时间上连续的涡旋移动轨迹。

当中尺度涡识别出来之后就可以对涡旋的基本性质展开相应的研究，主要包括海洋中尺度涡动能的季节和年际变化、涡旋的传播特性及其热盐运输等方面。

数十年长时间序列的规则的高度计观测数据可以对海洋中尺度涡动能的季节和年际变化进行研究。比如在地中海和比斯开湾对其涡动能研究发现，涡动能的季节变化和海洋季风、洋流密切相关，而且涡动能也表现出了明显的年际变化(Pascual 等，2005)。对南太平洋的涡动能研究发现，高涡动能区域与 20°~29°S 间的 SSTC(南热带逆流)和接近 9°S 的 SECC(南赤道逆流)的年际循环基本一致；并且 25°S 附近 SSTC 的涡动能季节调制与斜压不稳定强度的季节变化密切相关。

尽管海洋是一个复杂的湍流系统，不过长时间序列的全球海洋高度计观测显示涡旋按照一定有组织的方式传播。海面异常变化图像显示几乎所有纬度的海面异常信号都连续地向西传播。彩图 3.5 给出涡旋生命周期超过 90 天的移动轨迹分布图。大部分涡旋都是西向移动，只有少数涡旋东向移动，并且这些东向移动涡旋集中分布在西风漂流区。长时间序列的高度计海面异常数据显示海面异常的传播速度是线性 Rossby 波理论速度的两倍。这个发现促使了对 Rossby 理论的重新修订，进一步考虑了背景场流的垂向剪切以及水深的影响，等等。尽管修订之后的理论速度和观测速度的差别减少了不少，但观测的速度仍然比理论速度要快。尽管涡旋大部分向西传播，长生命周期的暖涡和冷涡轨迹也显示出明显的南北向差异。在东南印度洋海域，暖涡沿着等深线或者强的背景场流向西并且倾向于向赤道方向移动，冷涡向西并且多向极地方向移动。这意味着通过长生命周期的涡旋热量在向赤道方向运输。强有力的证据是南印度洋的背景场流是相当弱的，并且涡旋信号尺度是大的。冷涡向极地方向移动和暖涡向赤道方向移动的趋势可能源于 β 效应。在多种区域同样出现了这种现象，如阿古拉斯海域、太平洋东南部。

西北太平洋具有复杂的环流结构，是中尺度涡活动剧烈且频繁的区域。向西流动的北赤道流(NEC)抵达菲律宾海岸后受地形影响分叉，形成向赤道流动的棉兰老流和向极地方向的黑潮(Kuroshio)。黑潮携带热而咸的赤道水在沿着西边界流动的过程中逐渐增强，这条极具能量的西边界流最终在日本沿岸 35°N 形成黑潮延伸区(Kuroshio Extension)。研究显示在黑潮及其延伸区经常伴随产生海洋涡旋，并且在 18°~25°N 之间的北太平洋副热带逆流区(STCC)也具有显著的中尺度涡活动，彩图 3.6 给出了基于 1993—2014 年高度计数据探测到的西北太平洋生命周期超过 30 天的中尺度涡移动轨迹分布图，可以看出涡旋大部分向西移动，只有少部分在黑潮及其延伸区的涡旋向东移动(崔伟，2016)。另外，李熙泰等(2013)使用 6 年的高度计数据对马里亚纳海沟东西两侧海域的中尺度涡进行了相关研究，发现大部分涡旋具有西向移动的特征，并且低纬区域中尺度涡数量明显少于高纬区域。

图 3.7 给出了西北太平洋每个 1°×1° 网格区域中尺度涡的涡振幅和涡半径属性的地理分布，并给出了这些涡旋属性的纬向平均变化。从图中可以明显地看出，30°~35°N 之间的黑潮延伸区中尺度涡具有更高的涡振幅，这说明这里的中尺度涡强度较强(振幅高)。同时也正是因为这里的海面高度变化剧烈，一旦出现稳定的中尺度涡，就会形成这种高强度的涡旋。涡旋振幅分布显示：除了黑潮延伸区涡振幅较高外，其他区域分布一般较低；而且随着纬度的降低，涡振幅也在减小，尤其对于 20°N 以南的区域涡振幅一般小于 10cm。涡旋半径分布呈现明显的随纬度降低而增大的特点，尤其是在 15°N 以南，涡旋半径基本超过 110 km；涡旋半径的这种变化与第一斜压模态下 Rossby 波变形半径随纬度减小而不断变大的趋势基本一致。同时也可以发现在黑潮延伸区涡旋的半径也倾向于更大，这与涡振幅分布基本一致。

海洋中的运输不仅由大尺度的风生环流和热盐环流主导，随着近些年研究发现，中尺度涡在海洋运输过程中也占据着非常重要的位置。研究表明：仅使用背景的大尺度环流不能解释海洋中的物质运输，中尺度涡旋在热量、可溶性碳、叶绿素、营养盐的运输过程中扮演重要的角色。中尺度涡引起的纬向水体运输可以产生 30~40 Sv 的向西流量和 5~10Sv

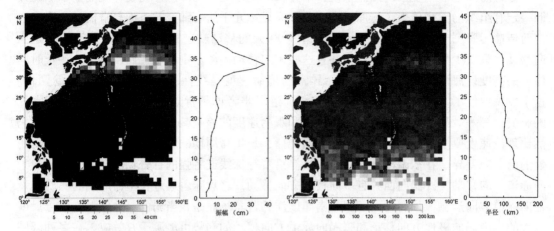

图 3.7　生命周期超过 30 天的涡旋振幅和半径的地理分布及其纬向平均的变化

的向东通量，这种量级的水体运输可以与大洋环流系统中的强流相当(Zhang 等，2014)。中尺度涡将如此巨大的水体向西运输，最终汇入大洋的西边界，这对西边界流的运输起着重要作用。中尺度涡通过向西运输水体的方式影响西边界流的流量和水体性质，因而成为驱动区域甚至全球气候变异的一个关键因素。

此外，多源高度计测高融合数据与现场观测数据结合可以实现对中尺度涡的热盐运输的估算。例如，将 CTD 数据和经过涡旋的 Argo 剖面浮标数据与高度计数据结合，可以对单个涡旋热盐通量进行计算，在厄加勒斯海域的研究发现该区域的暖涡进入南大西洋携带的热盐总量分别约为 0.045 PW 和 3×10^5 kg · s^{-1}(Van Ballegooyen 等，1994)；针对利文流(Leeuwin Current)周边暖涡进入南印度洋携带的热盐通量年际变化的估算研究表明，由西向西北方向运动的长生命周期的暖涡大约贡献了 0.013 PW 和 5×10^5 kg · s^{-1} 的热盐通量，这些印度洋东南部的海洋涡旋的热通量量级约是亚热带大气涡旋热量损失的 3%～10%(Morrow 等，2003)。

2. 环流应用

海洋环流是海水大规模相对稳定的流动，其对海洋中多种物理过程、化学过程、生物过程和地质过程，以及海洋上空的气候和天气的形成及变化，都有重要作用。对海洋环流实施精确的观测能够提高人们对于海洋物质与能量输送、海洋中污染扩散规律等的认识，这对海上贸易和大洋渔业等海洋经济活动具有重要意义。海流运动还是引起海洋垂向混合的重要因素之一，在海洋生态系统和海洋生产力方面扮演着重要角色。由于传统的现场观测手段难以得到全球范围内的海流信息，随着卫星遥感观测的发展，利用遥感资料计算流场逐渐受到了关注。

利用卫星高度计测高数据，根据网格化海面高度异常(SLA)、平均动力地形(MDT)和绝对动力地形(ADT)的关系，利用 SLA 网格数据和 MDT 数据即可计算得到 ADT，其计算公式如下：

$$ADT = SLA + MDT \qquad (3.50)$$

式中，平均动力地形采用 MDT_CNES-CLS09 模型，该模型数据范围为 −89.875°S ~ 89.875°N、0° ~ 360°E，网格分辨率为 0.25°×0.25°。

图 3.8 为 2014 年 1 月 1 日的网格化绝对动力地形分布图。

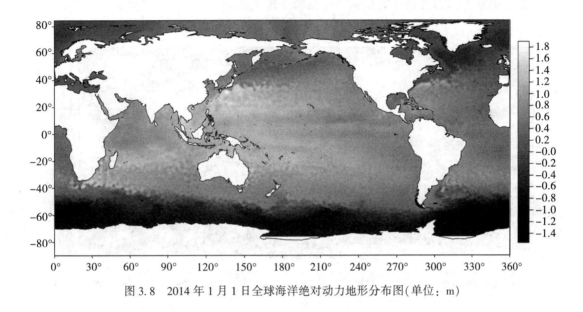

图 3.8　2014 年 1 月 1 日全球海洋绝对动力地形分布图(单位：m)

根据上述计算得到的 ADT 数据以及 SLA 数据，利用地转平衡关系计算得到地转流流速与地转流流速异常数据，在赤道区域之外，采用 f 平面近似计算地转流，其计算公式为：

$$\begin{cases} u_f = -\dfrac{g}{f} \cdot \dfrac{\partial h}{\partial y} \\ v_f = \dfrac{g}{f} \cdot \dfrac{\partial h}{\partial x} \end{cases} \tag{3.51}$$

式中，u、v 分别为地转流(或流速异常)的东向分量和北向分量，f 为科氏参数，g 为重力加速度，h 为绝对动力地形 ADT(或 SLA)。

在低纬度(5°S ~ 5°N)地区内，用式(3.51)计算地转流存在较大误差，利用 β 平面和 f 平面相结合的算法，采用 β 平面近似计算地转流的计算公式为：

$$\begin{cases} u_\beta = -\dfrac{g}{\beta} \cdot \dfrac{\partial^2 h}{\partial y^2} \\ v_\beta = \dfrac{g}{\beta} \cdot \dfrac{\partial^2 h}{\partial x \partial y} \end{cases} \tag{3.52}$$

在低纬度地区，将两种不同近似计算的地转流通过加权平均结合在一起：

$$U_g = W_f \times U_f + W_\beta \times U_\beta \tag{3.53}$$

其中，W_f、W_β 为权重系数，由下列公式来确定：

$$W_\beta = C \cdot \exp\left[-(\theta / \theta_s)^2 \right] \tag{3.54}$$

$$W_f = 1 - W_\beta \tag{3.55}$$

式中，θ_s 是纬向尺度，$\theta_s = 2.2°$，C 是权重因子，取 $C = 0.7$，以符合赤道地区的测流计观测的实际速度。

图 3.9 为 2014 年 1 月 1 日的网格化流场计算结果。

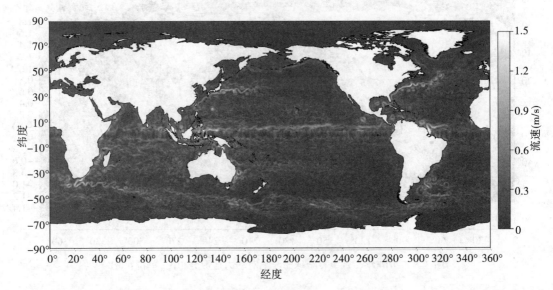

图 3.9　2014 年 1 月 1 日全球海洋流场分布图

大洋环流是高度计数据的重要应用对象之一。高度计数据计算得到的地转流场主要应用于黑潮、湾流等强西边界流和南极绕极流等海洋环流特征研究。此外，也可根据热成风关系或结合其他数据估计三维环流结构。

由高度计测高数据计算得到的地转流数据是黑潮等西边界流特征研究的主要数据来源。确定黑潮流轴和流路是其时空变化研究的关键。赵新华等（2016）基于高度计数据计算得到全球地转流场数据，通过改进特征线方法（Ambe 等，2004）提取黑潮主轴与边界位置，开展黑潮变异特征研究，得到了 1992—2012 年逐月的黑潮主轴和边界位置。图 3.10 给出了 2015 年 2 月和 7 月的黑潮主轴和边界探测结果。从黑潮分布特征可以看出，黑潮以 130°E 和 144°E 两个断面为界线可分为东海、日本以南和黑潮延伸区三个子区域。其中，东海和日本以南区域黑潮的位置随时间变化较为稳定，而在黑潮延伸区域黑潮流路变化较为剧烈。

3.3.4　高度计数据海平面变化研究应用

高度计数据是全球海平面变化研究的重要数据源。利用卫星高度计海面高度观测数据，计算得到海面相对于多年平均海平面的变化即海面异常，利用海面高度异常开展海平面变化应用研究。利用海平面异常数据可分析海平面变化的上升速率、周期特性、季节信号、低频信号和季节内信号等的变化规律，此外结合其他温盐数据、风场数据等可开展海平面变化季节信号和产生机制研究等。目前，已基于多源卫星高度计数据开展了全球海平

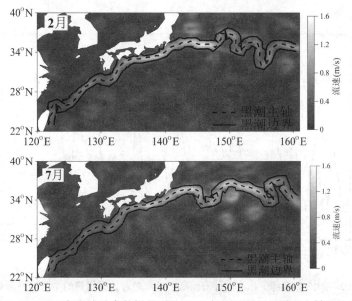

图 3.10 基于高度计融合数据得到的 2015 年 2 月和 7 月黑潮主轴和边界

面上升速率及其空间分布的研究，利用不同高度计得到的海平面上升速度虽有微小差异，但总体变化趋势一致，去除年周期变化信息后得到的全球海平面上升速度约为2.75mm/a，且在不同区域海平面上升的速率存在空间差异（Church 等，2006）。

　　基于高度计数据的海平面变化的研究方法和预测模型主要有：经验正交函数（EOF）分析方法、周期信号的谱分析法、随机动态分析预测模型、灰色系统分析方法、小波变换分析方法、经验模态分解（EMD）方法（欧素英等，2004；乔新等，2008；秦曾灏等，1997；夏华永等，1999）。随机动态分析模型是利用高度计数据研究海平面变化的常用方法之一，利用该模型将时间序列月平均海平面高度分解为如下形式：

$$H(t) = T(t) + P(t) + R(t) + a(t) \tag{3.56}$$

式中，$T(t)$ 为已知的趋势项，$P(t)$ 为已知的周期项，$R(t)$ 为一剩余随机项，$a(t)$ 为白噪声项。

　　上述海平面高度具体分解如下：

$$\text{SLA}(t) = A_a\cos(w_a t - \varphi_a) + A_{sa}\cos(w_{sa}t - \varphi_{sa}) + B + C \times t + \varepsilon_{2-7}(t) + \varepsilon_0(t) \tag{3.57}$$

式中，$\text{SLA}(t)$ 是月平均海平面异常时间序列，$A_a\cos(w_a t-\varphi_a)$ 代表年信号，A_a 是年信号振幅，φ_a 是年信号相位，$A_{sa}\cos(w_{sa}t-\varphi_{sa})$ 代表半年信号，A_{sa} 是半年信号振幅，φ_{sa} 是半年信号相位，B 是时间为 0 时的 SLA，C 是线性速率，$\varepsilon_{2-7}(t)$ 是周期为 2~7 年的低频信号（也称年际间信号），$\varepsilon_0(t)$ 为残余信号。利用最小二乘法计算得到海平面变化中的线性项和周期项，低频信号和残余信号通过滤波获得。

　　图 3.11 和图 3.12 给出了基于 1992—2011 年高度计数据得到的中国近海海平面上升速率及其空间分布图（王龙，2013），分析得出中国近海平均海平面上升速率为4.99mm/a。

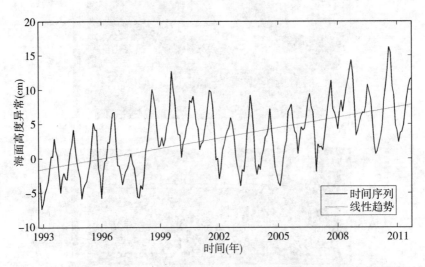

图 3.11　基于 1992—2012 年多源卫星高度计海面高度异常融合数据得到的中国近海海平面时间序列变化

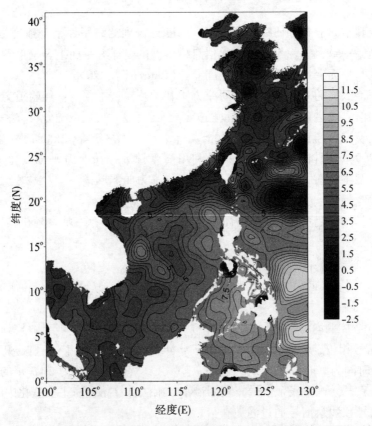

图 3.12　基于 1992—2012 年多源卫星高度计海面高度异常融合数据得到的中国近海平均海平面上升速率空间分布图(单位：mm/a)

3.3.5 高度计数据重力异常与大地水准面应用

自 1973 年测高卫星出现以来，在测高数据的支持下，海洋重力场的确定得到迅速发展。尤其是近 20 年来，在多代卫星测高计划的支持下，海洋重力场成果丰富。美国加利福尼亚大学圣迭戈分校 Scripps 海洋研究所（Scripps Institution of Oceanography，SIO）于 2005 年发布的 V15.1 模型分辨率达到 $1' \times 1'$，并于 2012 年 10 月 5 日发布了最新模型 V20.1；丹麦科技大学空间研究中心在研制全球平均海平面高模型同时，给出了全球重力异常等系列数据模型，其分辨率达到 $1' \times 1'$，空间覆盖达到 $\pm 90°$；David Sandwell 等（2013）利用 CryoSat-2、Envisat 和 Jason-1 大地测量任务等测高数据，提出建立 $1' \times 1'$ 且精度为 1mGal 的全球海洋重力场；我国李建成等（2003）确定了中国近海及邻海 $2' \times 2'$ 海洋重力异常模型，其精度在开阔海域达到 ± 3mgal。

利用卫星测高数据反演海洋重力异常的方法主要有：最小二乘配置法、Stokes 逆运算法和垂线偏差法等。

最小二乘配置法是利用卫星测高数据确定海洋重力异常的经典方法。Moritz 对该理论作了全面深入的介绍，此后，Tscherning、Rapp、Hwang、Rapp 和 Basic 以及 Sandwell 等对其做了进一步的研究和改进，并有效地利用该方法开展了海洋重力异常反演。最小二乘配置法的优点是可以联合不同类型的重力场参量数据确定重力异常，求解的数值稳定性好，结果平滑。在近海、浅滩区域，将船测重力等资料与海洋测高垂线偏差数据联合，用该方法求解重力异常，能有效降低近海海域卫星回波信号受陆地、岛屿等干扰而造成的海面高误差，进而提高海洋重力异常反演精度。由于需要确定相应的协方差函数和协方差矩阵，运算量大，主要适用于局部小范围计算或开阔海区的计算。

Stokes 逆运算法根据 Stokes 公式的逆运算，将大地水准面起伏恢复成重力异常。该方法可利用 FFT 计算，不需要全球积分即可快速给出网格型的重力异常，但计算结果可能不稳定，特别是对一些较小的网格。

垂线偏差法是利用垂线偏差反演海洋重力异常的方法。垂线偏差法不仅可以忽略长波误差影响，还可同时采用多颗卫星测高数据，获得较高精度和分辨率的全球重力异常值。该方法目前应用较为广泛，并取得丰富的成果。另外，海洋垂线偏差为大地水准面计算提供了途径，下文以垂线偏差法为例介绍海洋重力异常和大地水准面计算方法。

1. 垂线偏差计算方法

计算测高剖面垂线偏差的基本原理是根据测高点测高记录中的位置和时间信息，利用测高数据的一次差分计算测高剖面的数据导数，进而计算海洋上的测高垂线偏差。目前由测高数据计算垂线偏差的方法主要有三种：一是由 Sandwell 提出的利用测高点的位置和时间信息，求解交叉点处的垂线偏差子午分量和卯酉分量；二是由 Olgiati 提出的垂线偏差计算方法，首先计算测高卫星地面轨迹的交叉点位置，然后计算交叉点处沿轨方向的垂线偏差，利用交叉点处升轨和降轨沿轨垂线偏差信息，计算交叉点处垂线偏差的子午分量和卯酉分量；三是由 Hwang 提出的根据测高点的位置信息直接计算沿轨方向的垂线偏差，然后采用最小二乘配置方法直接求解网格点处的垂线偏差子午分量和卯酉分量。

（1）Sandwell 方法

Sandwell 方法(Sandwell，1992)是由大地水准面对时间的导数和卫星星下点沿轨迹在纬度和经度方向上的速率来计算交叉点上的垂线偏差分量，然后利用拟合内插的方法计算出网格点上的垂线偏差 (ξ，η) 值，ξ 和 η 分别为垂线偏差的子午分量和卯酉分量。

由卫星测高数据得到的大地水准面高度，分别沿升弧和降弧对时间 t 求导：

$$\dot{N}_a = \frac{\partial N_a}{\partial t} = \frac{\partial N}{\partial \varphi}\dot{\varphi}_a + \frac{\partial N}{\partial \lambda}\dot{\lambda}_a \tag{3.58}$$

$$\dot{N}_d = \frac{\partial N_d}{\partial t} = \frac{\partial N}{\partial \varphi}\dot{\varphi}_d + \frac{\partial N}{\partial \lambda}\dot{\lambda}_d \tag{3.59}$$

式中，下标 a 和 d 分别为升弧和降弧标志，N_a 表示沿升弧计算点的大地水准面高度对时间的导数，N_d 表示沿降弧计算点的大地水准面高度对时间的导数，φ 和 λ 分别为计算点的大地纬度和经度，$\dot{\varphi}$ 和 $\dot{\lambda}$ 分别为卫星星下点沿轨迹在纬度和经度方向上的运动速率。

测高卫星的运行轨道近似圆形，因此，在交叉点处，升弧和降弧的经纬度速率存在以下关系：

$$\dot{\varphi}_a \approx -\dot{\varphi}_d \tag{3.60}$$

$$\dot{\lambda}_a \approx \dot{\lambda}_d \tag{3.61}$$

联合以上各式，解得：

$$\frac{\partial N}{\partial \varphi} = \frac{1}{2|\dot{\varphi}|}(\dot{N}_a - \dot{N}_d) \tag{3.62}$$

$$\frac{\partial N}{\partial \lambda} = \frac{1}{2\dot{\lambda}}(\dot{N}_a + \dot{N}_d) \tag{3.63}$$

式中，$\dot{\varphi}$、$\dot{\lambda}$、$\dot{N}_a$、$\dot{N}_d$ 可由卫星测高记录的时间和位置信息得到。

垂线偏差分量 ξ 和 η 与大地水准面高度之间的关系为：

$$\xi = -\frac{1}{R}\frac{\partial N}{\partial \varphi} \tag{3.64}$$

$$\eta = -\frac{1}{R\cos\varphi}\frac{\partial N}{\partial \lambda} \tag{3.65}$$

式中，R 为平均地球半径。

由此，可得交叉点处垂线偏差分量 ξ 和 η 的计算公式为：

$$\xi = -\frac{1}{2R|\dot{\varphi}|}(\dot{N}_a - \dot{N}_d) \tag{3.66}$$

$$\eta = -\frac{1}{2R\dot{\lambda}\cos\varphi}(\dot{N}_a + \dot{N}_d) \tag{3.67}$$

Sandwell 垂线偏差计算方法理论严密，在交叉点处计算的垂线偏差精度较高，但该方法仅能计算测高卫星交叉点处的垂线偏差分量 (ξ，η)，降低了卫星测高资料的空间分辨率，不能满足利用卫星测高资料反演高分辨率海洋重力场的需求。

（2）Olgiati 方法

Olgiati 方法（Olgiati 等，1995）首先计算测高卫星地面轨迹交叉点处沿轨迹方向的垂线偏差 ε，然后利用交叉点处升轨和降轨两个沿轨迹垂线偏差，根据下式计算交叉点处垂线偏差的子午分量 ξ 和卯酉分量 η。

$$\begin{cases} \varepsilon_d = \eta\cos i - \xi\sin i \\ \varepsilon_a = \eta\cos i + \xi\sin i \end{cases} \tag{3.68}$$

式中，ε_a、ε_d 分别为沿升轨和降轨轨迹方向的垂线偏差，i 为测高卫星地面轨迹的倾角，它是星下点纬度和测高卫星轨道倾角 I 的函数。

$$i = \sin^{-1}\left(\frac{\sin^2 I - \sin^2\varphi}{1 - \sin^2\varphi}\right)^{-\frac{1}{2}} \tag{3.69}$$

如图 3.13 所示，沿轨迹垂线偏差 ε 的计算公式为：

$$\varepsilon(\alpha) = -\frac{\mathrm{d}N}{\mathrm{d}s} \tag{3.70}$$

式中，$\mathrm{d}N$、$\mathrm{d}s$ 分别为沿轨迹方向相邻两个观测点之间的大地水准面高度差和距离。

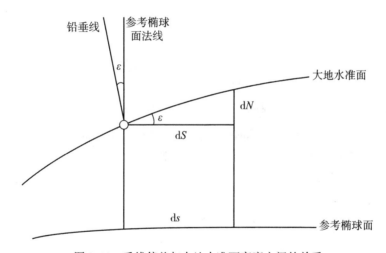

图 3.13 垂线偏差与大地水准面高度之间的关系

为了提高测高垂线偏差的空间分辨率，Olgiati 根据公式（3.65）计算每条弧上逐个观测点的沿轨迹垂线偏差，利用交叉点处两个沿轨迹方向的垂线偏差推算该点在垂直于轨迹方向的垂线偏差，从而利用交叉点在垂直于轨迹方向的垂线偏差，内插逐个观测点在垂直于轨迹方向的垂线偏差，最后利用每个观测点的沿轨迹垂线偏差和垂直于轨迹方向的垂线偏差联合解算该点的垂线偏差子午分量和卯酉分量。

Olgiati 垂线偏差计算方法可以计算每个观测点的垂线偏差分量，提高了空间分辨率，但是，计算过程中需要由交叉点垂线偏差内插出两交叉点之间的观测点在垂直于轨迹方向的垂线偏差，影响了最终垂线偏差子午分量和卯酉分量的反演精度。

（3）Hwang 方法

Hwang 方法(Hwang 等, 1998; Hwang 等, 2002)首先利用测高数据根据公式(3.70)计算各观测点在沿轨迹方向的垂线偏差 ε, 然后根据观测方程(3.71), 直接计算测高垂线偏差子午分量 ξ 和卯酉分量 η 在离散格网上的平均值($\bar{\xi}$, $\bar{\eta}$)。

沿轨垂线偏差 ε 与其子午分量 ξ 和卯酉分量 η 之间的关系为:

$$\varepsilon = \xi\cos\alpha + \eta\sin\alpha \tag{3.71}$$

式中, α 为测高点沿地面轨迹方向的方位角, 如图 3.14 所示, 可以利用相邻测高点的位置信息根据公式(3.72)计算得到。

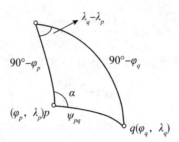

图 3.14 点 p 到点 q 的方位角 α 计算示意图

$$\tan\alpha = \frac{\cos\varphi_q\sin(\lambda_q - \lambda_p)}{\cos\varphi_p\sin\varphi_q - \sin\varphi_p\cos\varphi_q\cos(\lambda_q - \lambda_p)} \tag{3.72}$$

Hwang 方法由观测点沿轨垂线偏差 ε 计算网格点垂线偏差($\bar{\xi}$, $\bar{\eta}$)的观测方程如下:

$$\varepsilon_i + v_i = \bar{\xi}\cos\alpha_i + \bar{\eta}\sin\alpha_i, \quad i = 1, \cdots, n \tag{3.73}$$

式中, n 为该格网及其邻近海域中沿迹海面高观测点的数目; v_i、α_i 和 ε_i 分别为第 i 个观测点的残差、方位角和沿迹垂线偏差。

将式(3.73)写成矩阵形式:

$$V = AX - L \tag{3.74}$$

式中,

$$X = \begin{pmatrix} \bar{\xi} \\ \bar{\eta} \end{pmatrix} \tag{3.75}$$

$$A = \begin{pmatrix} \cos\alpha_1 & \sin\alpha_1 \\ \vdots & \vdots \\ \cos\alpha_n & \sin\alpha_n \end{pmatrix} \tag{3.76}$$

$$L = \begin{pmatrix} \varepsilon_1 & \cdots & \varepsilon_n \end{pmatrix}^{\mathrm{T}} \tag{3.77}$$

采用间接平差的方法计算, 其解为:

$$X = (A^{\mathrm{T}}PA)^{-1}A^{\mathrm{T}}PL \tag{3.78}$$

其中, P 为观测值的权阵。

Hwang 垂线偏差方法理论严密, 避免了计算测高卫星地面轨迹的交叉点, 计算过程简便，提高了网格点垂线偏差（$\bar{\xi}$，$\bar{\eta}$）的空间分辨率和精度。

三种由测高数据反演垂线偏差的方法，Sandwell 方法和 Olgiati 方法得到的垂线偏差结果并不是规则格网结果，还需要采用网格化方法将其内插到规则格网点上，而 Hwang 垂线偏差计算方法采用沿轨大地水准面梯度直接计算网格点垂线偏差，不需要计算测高卫星地面轨迹的交叉点，并且不需要对海面高度进行交叉点平差，这既能保障反演结果的精度，又对联合应用多颗卫星测高数据来说是一个很大的优势，大大简化了数据处理过程。下面以 Hwang 垂线偏差计算方法为例给出计算流程如下：

①将测高点海面高观测值减去 DOT2008A 模型海面地形，得到测高点大地水准面高度；

②移除 EGM2008 模型大地水准面高度，得到测高点剩余大地水准面高度 N_{res}；

③利用相邻测高点残余大地水准面高度的一次差分对距离的导数，计算测高点剩余沿轨垂线偏差 ε_{res}；

④根据 Hwang 垂线偏差计算方法的原理，计算网格点剩余垂线偏差（$\bar{\xi}_{res}$，$\bar{\eta}_{res}$）；

⑤将 EGM2008 模型垂线偏差与剩余垂线偏差相加，得到最终的垂线偏差计算结果。

2. 重力异常计算方法

垂线偏差法是以垂线偏差为观测量，利用逆 Vening-Meinesz 公式来反演海洋重力异常。由于垂线偏差含有丰富的重力场高频成分，有利于恢复高分辨率海洋重力场，并且垂线偏差是通过测高剖面观测值的一次差分求得，求解过程中削弱了长波误差的影响，比由海面高度反演海洋重力异常结果更稳定，更有利于获得较高精度和分辨率的全球重力异常。

自从 1928 年 Vening Meinesz 公布 Vening-Meinesz 公式以来，由于垂线偏差数据很难广泛地获取，很少有人关注用于将垂线偏差转换为重力异常的逆公式。随着卫星测高技术的发展，获取大范围、高精度、高分辨率的海洋垂线偏差已不再困难，因此，逆 Vening-Meinesz 公式开始被广泛地用于由卫星测高数据反演海洋重力异常。Hwang 于 1998 年又推导了用于将垂线偏差转换为重力异常和大地水准面高度的逆 Vening-Meinesz 公式的谱表达方式：

$$\Delta g(p) = \frac{\gamma_0}{4\pi} \iint_\sigma H'(\xi_q \cos\alpha_{qp} + \eta_q \sin\alpha_{qp}) \mathrm{d}\sigma_q \qquad (3.79)$$

式中，γ_0 为平均重力，p 为计算点，q 为流动点，α_{qp} 为 q 点到 p 点的方位角，ξ_q 和 η_q 分别为 q 点垂线偏差的子午分量和卯酉分量，H' 为积分核函数的导数。

γ_0 的计算公式为：

$$\gamma_0 = \frac{GM}{R^2} \qquad (3.80)$$

式中，GM 为地球引力常数，以 T/P 卫星参考椭球为基准，GM 取值为 398600.4415 km^3/s^2，R 为地球平均半径。

α_{qp} 的计算公式为：

$$\tan\alpha_{qp} = \frac{-\cos\varphi_p \sin(\lambda_q - \lambda_p)}{\cos\varphi_q \sin\varphi_p - \sin\varphi_q \cos\varphi_p \cos(\lambda_q - \lambda_p)} \qquad (3.81)$$

逆 Vening-Meinesz 公式的关键是确定一个将垂线偏差转换为重力异常的合适的核函数，Hwang 给出的核函数表达式为：

$$H(\psi_{pq}) = \frac{1}{\sin\dfrac{\psi_{pq}}{2}} + \log\left(\frac{\sin^3\dfrac{\psi_{pq}}{2}}{1 + \sin\dfrac{\psi_{pq}}{2}}\right) \tag{3.82}$$

其导数为：

$$H' = \frac{\mathrm{d}H}{\mathrm{d}\psi_{pq}} = -\frac{\cos\dfrac{\psi_{pq}}{2}}{2\sin^2\dfrac{\psi_{pq}}{2}} + \frac{\cos\dfrac{\psi_{pq}}{2}\left(3 + 2\sin\dfrac{\psi_{pq}}{2}\right)}{2\sin\dfrac{\psi_{pq}}{2}\left(1 + \sin\dfrac{\psi_{pq}}{2}\right)} \tag{3.83}$$

ψ_{pq} 为 p 点到 q 点的球面距离，计算公式如下：

$$\cos\psi_{pq} = \sin\varphi_p\sin\varphi_q + \cos\varphi_p\cos\varphi_q\cos(\lambda_q - \lambda_p) \tag{3.84}$$

核函数 H' 的曲线如图 3.15 所示。

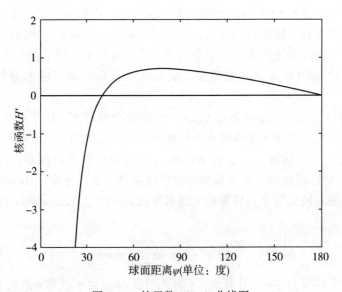

图 3.15　核函数 $H'(\psi)$ 曲线图

由图 3.15 可以看出，当 $\psi = 43°$ 时，$H' = 0$；当 ψ 接近 0 时，H' 变化非常快；当 ψ 很小时，可以用下式代替：

$$H'(\psi) \approx -\frac{2}{\psi^2} \tag{3.85}$$

为方便计算，将公式(3.79)转换成累加求和的形式：

$$\Delta g_{\varphi_p}(\lambda_p) = \frac{\gamma_0\Delta\varphi\Delta\lambda}{4\pi}\sum_{\varphi_q=\varphi_1}^{\varphi_n}\sum_{\lambda_q=\lambda_1}^{\lambda_n}\left[H'(\Delta\lambda_{qp}) \times (\xi_{\cos}\cos\alpha_{qp} + \eta_{\cos}\sin\alpha_{qp})\right] \tag{3.86}$$

式中, $\Delta\varphi$ 和 $\Delta\lambda$ 表示网格间距, $\Delta\lambda_{qp} = \lambda_q - \lambda_p$, $\xi_{\cos} = \xi_q \cos\varphi_q$, $\eta_{\cos} = \eta_q \cos\varphi_q$。

图 3.16 为应用上述方法计算得到的中国近海及其邻域 2′×2′ 分辨率重力异常分布图（王莉娟，2012）。

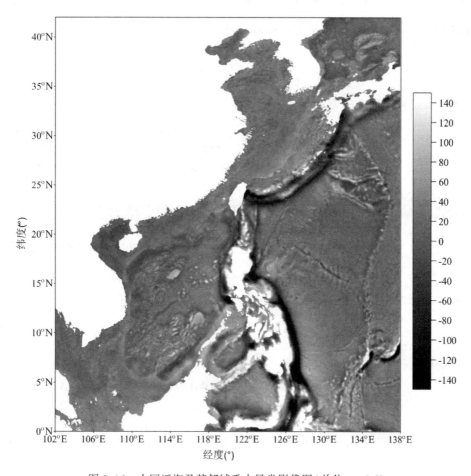

图 3.16 中国近海及其邻域重力异常影像图（单位：mGal）

3. 大地水准面计算方法

卫星测高的主要任务之一是确定海洋的大地水准面，有如下几种方法：①简单求解法，即从平均海平面中简单扣除海面地形模型的影响，从而得到大地水准面，如 Hwang 垂线偏差计算方法中的第一个步骤；②联合求解法，即从卫星轨道力学模型和卫星运动方程出发，同时求解卫星的轨道误差、大地水准面误差以及稳态海面地形；③纯几何求解法，即从卫星测高的观测模型出发，求解大地水准面；④垂线偏差法，即利用 Molodensky 公式由垂线偏差直接反解大地水准面高；⑤最小二乘配置法。各种方法具有不同的优缺点，所得到的大地水准面的精度相差并不大。下面以垂线偏差法为例介绍海洋大地水准面计算方法。

由垂线偏差法计算大地水准面采用 Molodensky 公式，如下：

$$\zeta = -\frac{1}{4\pi}\iint_\sigma \cot\frac{\psi}{2}\frac{\partial N}{\partial\psi}\mathrm{d}\sigma \tag{3.87}$$

式中，ζ 为似大地水准面高，即高程异常；σ 是单位球面；ψ 是计算点 P 与积分流动点间的球面角距，$\dfrac{1}{R}\dfrac{\partial N}{\partial\psi}$ 为 ψ 方向上的垂线偏差分量，且

$$\frac{1}{R}\frac{\partial N}{\partial\psi} = \xi\cos\alpha + \eta\sin\alpha \tag{3.88}$$

式中，α 是 ψ 方向上的方位角，亦即计算点 P 与流动点间的方位角，且

$$\sin\alpha = -\frac{\cos\phi\sin(\lambda_p - \lambda)}{\sin\psi} \tag{3.89}$$

$$\cos\alpha = \frac{\cos\phi_P\sin\phi - \sin\phi_P\cos\phi\cos(\lambda_P - \lambda)}{\sin\psi} \tag{3.90}$$

顾及式(3.89)和式(3.90)，将式(3.88)代入式(3.87)，得

$$\zeta = -\frac{1}{4\pi R}\iint_\sigma \cot\frac{\psi}{2}(\xi\cos\alpha + \eta\sin\alpha)\mathrm{d}\sigma = -\frac{1}{4\pi R}\iint_\sigma \left\{\xi\cos\alpha\cot\frac{\psi}{2} + \eta\sin\alpha\cot\frac{\psi}{2}\right\}\mathrm{d}\sigma \tag{3.91}$$

1 维卷积表达式可写为：

$$\zeta(\phi_P, \lambda_P) = -\frac{1}{4\pi R}\iint_\sigma (\xi I Q_\xi + \eta I Q_\eta)\mathrm{d}\sigma \tag{3.92}$$

式中，

$$I Q_\xi = \cos\alpha\cot\frac{\psi}{2} = \frac{\cos\phi_P\sin\phi - \sin\phi_P\cos\phi\cos(\lambda_P - \lambda)}{\sin\psi}\cot\frac{\psi}{2} \tag{3.93}$$

$$I Q_\eta = \sin\alpha\cot\frac{\psi}{2} = -\frac{\cos\phi\sin(\lambda_P - \lambda)}{\sin\psi}\cot\frac{\psi}{2} \tag{3.94}$$

且

$$\sin\frac{\psi}{2} = \left[\sin^2\frac{1}{2}(\phi_P - \phi) + \sin^2\frac{1}{2}(\lambda_P - \lambda)\cos\phi_P\cos\phi\right]^{\frac{1}{2}} \tag{3.95}$$

式(3.92)的谱表达式为：

$$\zeta(\phi_i, \lambda_p) = -\frac{1}{4\pi R}F_1^{-1}\left\{\int_\phi\left\{F_1[\xi(\phi_i, \lambda)\cos\phi]F_1[I Q_\xi(\phi_i, \phi, \lambda_p - \lambda)] + \right.\right.$$

$$\left.\left. F_1[\eta(\phi_i, \lambda)\cos\phi]F_1[I Q_\eta(\phi_i, \phi, \lambda_p - \lambda)]\right\}\mathrm{d}\sigma\right\} \tag{3.96}$$

令：

$$cs = \cos\phi_P\sin\phi = \frac{1}{2}[\sin(\phi_P + \phi) - \sin(\phi_P - \phi)] = \frac{1}{2}[\sin 2\phi_M - \sin(\phi_P - \phi)]$$

$$\tag{3.97}$$

$$sc = \sin\phi_p\cos\phi = \frac{1}{2}[\sin(\phi_p + \phi) + \sin(\phi_p - \phi)] = \frac{1}{2}[\sin2\phi_M + \sin(\phi_p - \phi)]$$

$$(3.98)$$

2 维球面卷积表达式可写为:

$$\zeta(\phi_p, \lambda_p) = -\frac{R\gamma}{\pi}\iint_\sigma (\xi I Q_\xi + \eta I Q_\eta)\,\mathrm{d}\sigma \qquad (3.99)$$

式中,

$$I Q_\xi = \cos\alpha\cot\frac{\psi}{2} = \left[\frac{\mathrm{cstcos}(\lambda_p - \lambda)}{\sin\psi}\right]\cot\frac{\psi}{2} \qquad (3.100)$$

$$I Q_\eta = -\frac{\sin(\lambda_p - \lambda)}{\sin\psi}\cot\frac{\psi}{2} \qquad (3.101)$$

式(3.99)的谱表达式为:

$$\zeta(\phi, \lambda) = -\frac{1}{4\pi R}F_2^{-1}\{F_2[\xi(\phi, \lambda)\cos\phi]F_2[I Q_\xi(\phi, \lambda)] +$$
$$F_2[\eta(\phi, \lambda)\cos\phi]F_1[I Q_\eta(\phi, \lambda)]\} \qquad (3.102)$$

定义一个平面,它以计算点 P 为原点, X 轴指向北极, Y 指向东,且 XY 平面过 P 点与大地水准面相切,于是有:

$$\sin\frac{\psi}{2} = \frac{l}{2R} = \frac{1}{2R}\sqrt{(x_p - x)^2 + (y_p - y)^2} \qquad (3.103)$$

式中, (x, y) 和 (x_p, y_p) 分别为流动点 Q 和计算点 P 的直角坐标。因此,可得

$$\zeta(x_p,y_p) = -\frac{1}{4\pi}\iint_\sigma [\xi(x,y)I Q_\xi(x_p - x,y_p - y) + \eta(x,y)I Q_\eta(x_p - x,y_p - y)]\,\mathrm{d}x\mathrm{d}y$$

$$(3.104)$$

垂线偏差计算似大地水准面用平面坐标表示的 2 维卷积表达式为:

$$\zeta(x_p, y_p) = -\frac{1}{4\pi}\xi(x, y) * I Q_\xi(x, y) + \eta(x, y) * I Q_\eta(x, y) \qquad (3.105)$$

$$I Q_\xi = \cos\alpha\cot\frac{\psi}{2} = -\frac{x_p - x}{\sqrt{(x_p - x)^2 + (y_p - y)^2}}\cot\frac{\psi}{2} \qquad (3.106)$$

$$I Q_\eta = \sin\alpha\cot\frac{\psi}{2} = -\frac{y_p - y}{\sqrt{(x_p - x)^2 + (y_p - y)^2}}\cot\frac{\psi}{2} \qquad (3.107)$$

以上从 Molodensky 的基本公式出发,给出了由垂线偏差的 2 个分量 ξ 和 η 确定高程异常 ζ 的谱表达式,便于用 FFT 技术实施快速计算,是由垂线偏差数据计算海洋大地水准面的实用公式。图 3.17 为利用简单求解法计算得到的中国近海及其邻域大地水准面影像图。

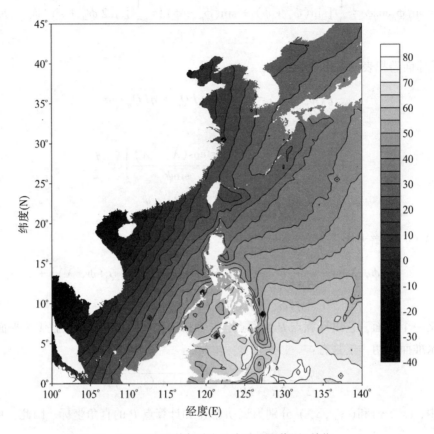

图 3.17 中国近海及其邻域大地水准面影像图(单位：cm)

第4章 微波辐射计海表参量反演技术与应用

4.1 微波辐射计发展历程

1962年，美国发射的水手二号（Mariner 2）金星探测器是历史上首个搭载微波辐射计的航天器。半个世纪以来，用于遥感海面温度、风速、盐度等海气参量的微波辐射计相继发射入轨运行，主要包括：多频率扫描微波辐射计 SMMR（Scanning Multi-frequency Microwave Radiometer）、专用传感器微波成像仪 SSM/I（Special Sensor Microwave/Image）、高级微波扫描辐射计 AMSR（Advanced Microwave Scanning Radiometer）、AMSR-E（Advanced Microwave Scanning Radiometer for EOS）和 AMSR2、热带降雨测量任务微波成像仪 TMI（TRMM Microwave Imager）、GMI（GPM Microwave Imager）、用于风矢量场遥感的全极化微波辐射计 WindSat、我国风云三号（FY-3）系列卫星搭载的微波成像仪及海洋二号 A（HY-2A）卫星搭载的微波辐射计 RM，以及用于海洋盐度遥感的 L 波段星载盐度辐射计 SMOS（Soil Moisture Ocean Salinity）和 Aquarius 等。

SMMR 是美国 Seasat-A 卫星和 Nimbus-7 卫星搭载的微波辐射计，于1978年发射升空，工作频段覆盖6~37GHz。由于 SMMR 6.6GHz 通道的主波束效率较低，波束旁瓣效应导致 SMMR 无法反演近岸600km 内的海表温度 SST（Sea Surface Temperature），大大限制了 SMMR 数据的应用。

SSM/I 和 SSMIS（Special Sensor Microwave Imager Sounder）是美国国防气象卫星计划 DMSP 卫星所携带的星载微波辐射计系列，首星分别在1987年和2003年发射入轨。SSM/I 工作频段为19~85GHz，共4个通道，SSMIS 工作频段覆盖19~183GHz，共24个通道，可实现对海面风速、水汽、云液水和雨率等参量的遥感观测。由于该辐射计未搭载低频 C 和 X 工作波段，因此不能测量 SST。

TMI 为美国热带降雨测量计划搭载的微波成像仪，于1997年发射，2015年4月由于轨道维持的原因而停止工作。由于 TMI 的主要任务为热带降雨测量，因此其轨道为非太阳同步轨道，空间覆盖范围为纬度±40°，可提供 SST、风速、水汽、云液水和雨率数据。

AMSR 和 AMSR-E 为日本研制的高级微波扫描辐射计。其中 AMSR 搭载在 ADEOS-II 卫星上，于2003年4月入轨，半年后失效。AMSR-E 搭载在 EOS-PM（Aqua）卫星上，于2002年5月入轨，在轨运行近10年时间，于2011年10月因天线问题而停止运转。ASMR2 是 AMSR 和 AMSR-E 的后继星，于2012年5月发射，2012年7月开始发布数据。AMSR 系列微波辐射计工作频率覆盖6.9~89GHz，其数据产品包括 SST、海冰密集度、风速、水汽、云液水、雨率、地表积雪深度和土壤湿度等，目前仍在 JAXA（Japan Aerospace

Exploration Agency)和 RSS(Remote Sensing System)网站上业务化发布。

　　Windsat 为美国海军实验室 NRL(Naval Research Laboratory)研制的世界上第一个全极化星载微波辐射计。Windsat 搭载于 Coriolis 卫星平台,于 2003 年 1 月发射入轨,至今仍在轨运行。Windsat 的主要目的用于验证全极化微波辐射计监测海面风场的能力。Windsat 工作频段为 6.8~37GHz,其中 10.7、18.7 和 37GHz 为全极化频段。与双极化微波辐射计不同,Windsat 利用亮温的第三/四斯托克斯分量实现海面风向信息提取。

　　GMI 是全球降水测量 GPM(Global Precipitation Measurement)卫星搭载的微波成像仪,于 2014 年 2 月发射入轨,至今在轨运行。GMI 工作频段覆盖 10.65~183GHz,扫描幅宽 931km,数据产品包括 SST、海面风速、水汽含量、云液水含量和雨率。

　　"风云三号"A/B/C 星(FY-3A/B/C)分别于 2008 年 5 月、2010 年 11 月和 2013 年 9 月发射,其搭载的微波成像仪工作频段覆盖 10.65~89GHz,FY-3 系列微波成像仪没有 6.9GHz 工作频段。

　　我国于 2011 年 8 月发射的第一颗自主海洋动力卫星 HY-2A 上也搭载了用于海气参量遥感的扫描微波辐射计。HY-2A 扫描微波辐射计的工作频段覆盖 6.6~37GHz,刈幅 1600km,可实现对 SST 等主要海气参量的遥感观测。

　　历史上及目前在轨的微波辐射计详见表 4.1。

表 4.1　　　　　　　　　历史上及目前在轨的微波辐射计

名称	卫星平台	在轨时间	工作频段(GHz)与极化
SMMR	美国 Seasat-A 和 Nimbus-7	1978.6—1978.10 1978.10—1987.8	6.63(V/H),10.69(H),18.0(V/H) 21.0(V/H),37.0(V/H)
SSM/I SSMIS	美国国防气象卫星 DMSP	1987.7 至今 2003.10 至今	19.35、37.0、85.5(V/H),23.235(V) 19.35~183.0(V/H)
TMI	美国 TRMM	1997.11—2015.4	10.65(V/H),19.35(V/H),21.3(V) 37(V/H),85.5(V/H)
AMSR-E	美国 EOS-PM(Aqua)	2002.3—2011.10	6.93(V/H),10.65(V/H),18.7(V/H) 23.8(V),36.5(V/H),89.0(V/H)
AMSR	日本 ADEOS-II	2003.4—2003.10	6.93(V/H),10.65(V/H),18.7(V/H) 23.8(V/H),36.5(V/H),50.3(V) 52.8(V),89.0(V/H)
Windsat	美国海军 Coriolis	2003.1 至今	6.8(V/H),10.7(全极化),18.7(全极化) 23.8(V/H),37.0(全极化)
FY-3 微波成像仪	我国风云三号气象卫星 A/B/C	2008.5 至今	10.65(V/H),18.7(V/H),23.8(V/H) 36.5(V/H),89.0(V/H)
HY-2A 微波辐射计	我国海洋二号卫星	2011.8 至今	6.6(V/H),10.7(V/H),18.7(V/H) 23.8(V),37.0(V/H)

名称	卫星平台	在轨时间	工作频段(GHz)与极化
AMSR2	日本 GCOM-W1	2012.5 至今	6.93(V/H),7.3(V/H),10.65(V/H),18.7(V/H),23.8(V/H),36.5(V/H),89.0(V/H)
GMI	美国 GPM	2014.2 至今	10.65(V/H),18.7(V/H),23.8(V),36.5(V/H),89.0(V/H),165.5(V/H),183.31±3(V),183.31±7(V)

2009 年以来，ESA 和 NASA 相继发射了星载 L 波段辐射计 SMOS 和 Aquarius(见表4.2)，专门用于海洋表面盐度遥感。SMOS 卫星搭载了一个 Y 型合成孔径成像微波辐射计(Microwave Imaging Radiometer using Aperture Synthesis，MIRAS)，可实现对同一海域的多角度观测，且产品的空间分辨率较高。Aquarius 则同步搭载了一个 L 波段散射计，利用主/被动同步观测实现海表盐度信息提取。SMOS 和 Aquarius 两颗卫星可在 2~7 天内覆盖全球海域，完成对全球海表盐度的监测。据 NASA 估计，星载盐度计在轨运行的前几个月所获得的观测数据相当于历史上所有盐度数据的总和。SMOS 和 Aquarius 的成功发射，首次实现了从太空对海表盐度这一重要参数的监测，进一步扩展了微波辐射计在海洋遥感领域的应用范围。目前 SMOS 仍在轨运行，但 Aquarius 已于 2015 年 6 月停止工作。NASA 于2015 年 1 月发射了 SMAP(Soil Moisture Active Passive)卫星，也搭载了 L 波段辐射计，但SMAP 卫星的主要目的在于土壤湿度遥感，其用于海洋盐度遥感的能力有待进一步验证。

表4.2　　　　　　　　　　　　**SMOS 和 Aquarius 盐度计参数**

参数	SMOS	Aquarius
轨道	太阳同步轨道	太阳同步轨道
重访周期	2~3 天	7 天
空间分辨率	30~90km	84~126km
工作频率	1.4GHz	1.4GHz
极化方式	全极化和双极化	全极化
刈幅	1050km×640km	390km

纵观星载微波辐射计半个世纪的发展历程，有以下几个重要的里程碑：SMMR 多通道微波辐射计是首个用于地球观测的星载微波辐射计，其工作频段设置为后续星载微波辐射计提供了范例；AMSR-E 是史上最成功的微波辐射计，其在轨时间之长、工作频段之宽、数据产品之丰富，均优于同期的微波辐射计；Windsat 作为首个星载全极化微波辐射计，验证了辐射计遥感观测海面风场的能力，为星载辐射计的发展指明了方向；星载盐度计SMOS 和 Aquarius 的成功发射，扩展了微波辐射计的应用范围。

4.2　微波辐射计海表温度反演技术与应用

海表温度 SST 是重要的海洋物理参量，在大气与海洋间的热量、动力及水汽交换中扮演着重要的角色，它是决定海气相互作用及全球气候变化的重要因素。因此，大范围长期观测 SST 是开展海洋环境、全球气候变化以及防灾减灾等研究的重要前提。微波辐射计是一种被动遥感器，其接收来自地物目标的微波辐射，大气和海面参量（如海表温度 SST）影响了这些微波辐射，因此，可通过辐射计所接收的微波辐射反演这些参量。由于微波能够穿透薄云雾，微波辐射计可以实现全天时、全天候的海表温度观测。

4.2.1　微波辐射计海表温度反演机理

微波辐射计能够反演海表温度的机理在于，海表温度通过菲涅耳方程影响海面反射率和发射率，进而改变海表辐射亮温，并通过微波辐射传输方程影响卫星观测亮温。因此，可通过建立相应的反演算法，从微波辐射计亮温数据中提取海表温度信息。

微波辐射计观测亮温主要受到海洋和大气辐射亮温的影响，可由微波辐射传输方程 RTE(Radiative Transfer Equation)进行描述：

$$\mathrm{TB} = \mathrm{TB}_U + \tau((\mathrm{TB}_{\mathrm{flat}} + \mathrm{TB}_{\mathrm{rough}}) + \mathrm{TB}_D \cdot (1 - \varepsilon) + \tau \cdot T_{\cos}) \tag{4.1}$$

式中，TB_U 为大气上行辐射亮温，TB_D 为大气下行辐射亮温，τ 为大气透射率，以上三项可利用大气剖面数据结合大气辐射模型计算；$T_{\cos}$ 为宇宙背景与天体辐射；$\mathrm{TB}_{\mathrm{flat}}$ 为平静亮温，可由海水介电常数模型计算；$\mathrm{TB}_{\mathrm{rough}}$ 为粗糙海面辐射亮温，其受到辐射计观测角、极化状态、风速、相对风向、风浪谱、泡沫覆盖率等多种参量的共同影响。

由基尔霍夫定律(Kirchhoff Law)可知：如果某介质处于局部热动态平衡条件下，那么其辐射能量的速率和吸收能量的速率相等(刘玉光，2009)，可表示为：

$$e(\lambda) = a(\lambda) \tag{4.2}$$

式中，e 是该介质的发射率(emissivity)，a 是吸收率(absorptance)，λ 是电磁波的波长。该公式是基尔霍夫定律最为普适的表达式，该公式既可以应用于某种介质的内部，也可以应用于两种介质的界面处。

由能量守恒定律可知，介质的吸收率 $a(\lambda)$、反射率 $r(\lambda)$ 和透射率 $t(\lambda)$ 三者之间存在着守恒关系式：

$$a(\lambda) + r(\lambda) + t(\lambda) = 1 \tag{4.3}$$

而对于海洋水体可视为不透明介质，因而有 $t(\lambda) \approx 0$，所以有：

$$a(\lambda) \approx 1 - r(\lambda) \tag{4.4}$$

用菲涅耳反射率 $\rho(\lambda)$ 代替反射率 $r(\lambda)$，由公式(4.2)和公式(4.4)可以得到：

$$e(\lambda) \approx 1 - \rho(\lambda) \tag{4.5}$$

式(4.5)表明，在局部热动态平衡条件下，入射到海面的电磁波能量除了反射的部分以外，所有吸收的能量都将被再次辐射出去。

类似地，对于大气而言，可得大气发射率 $e_A(\lambda)$ 和大气透射率 $t_A(\lambda)$ 之和为 1，即大气发射率 $e_A(\lambda)$ 等于 1 减去大气透射率 $t_A(\lambda)$：

$$e_A(\lambda) = 1 - t_A(\lambda) \tag{4.6}$$

由黑体辐射定律可知，物体微波辐射发射率与其自发辐射辐亮度和相同热力学温度下黑体辐射辐亮度的关系为：

$$e(\lambda, T) = \frac{L(\lambda, T)}{L_B(\lambda, T)} \tag{4.7}$$

即发射率 $e(\lambda, T)$ 为物体自发辐射的辐亮度 $L(\lambda, T)$ 和与之具有相同温度 T 的黑体发射的辐亮度 $L_B(\lambda, T)$ 之比，则有

$$L(\lambda, T) = e(\lambda, T) L_B(\lambda, T) \tag{4.8}$$

普朗克研究了黑体辐射与其热力学温度的关系，通过引入能量量子假设，提出了著名的黑体辐射公式（即普朗克公式）：

$$L_B(\lambda) = \frac{2hc^2}{\lambda^5} \frac{1}{e^{\frac{hc}{k_b \lambda T_B}} - 1} \tag{4.9}$$

式中，λ 为电磁波频率，c 为真空中的光速，h 为普朗克常数，K_b 为波尔兹曼常数，L_B 为黑体辐亮度，T_B 为黑体热力学温度。微波波段电磁波频率低于 300GHz，因此有 $\frac{hc}{k_b \lambda T} \ll 1$，此时将普朗克公式取一阶近似有：

$$L_B(\lambda) = \frac{2k_b}{\lambda^2} T_B \tag{4.10}$$

因此在微波波段，黑体辐射能力与其热力学温度 T 成正比。由式(4.8)可知，在相同热力学温度和电磁波波长条件下，包括海洋等在内的地物灰体的辐射能力相当于黑体的 e 倍($e<1$)，因此其辐亮度与黑体辐亮度的比值为：

$$L = eL_B = \frac{2k_b}{\lambda^2} eT \tag{4.11}$$

式(4.11)表明，热力学温度为 T 的地物，其电磁波辐射能力仅相当于 $eT(eT<T)$ 热力学温度下黑体的电磁辐射能力。因此有亮度温度（简称亮温，Brightness Temperature）定义为：

$$T_B = eT \tag{4.12}$$

式中，T 为地物物理温度，e 为地物发射率。针对海洋表面，其发射率为平静海面发射率和粗糙海面发射率之和。海面发射率是观测角、极化状态、温度、盐度、风速、相对风向、风浪谱、泡沫覆盖率等变量的复杂函数。上式是被动微波遥感海气变量的基本公式，其表明与微波辐射计观测数据直接相关的，并不是地物（海面）的物理温度，而是其等效亮度温度。海表发射率受多种海气变量共同影响，因此微波辐射计测量的亮温数据中包含了相应的海气变量信息，可通过亮温敏感性分析，选择对相应海气变量敏感的亮温频段，实现包括 SST 在内的海气变量信息提取。

由公式(4.5)可知，海表发射率 e 由反射率 ρ 决定，而反射率 ρ 可通过菲涅耳公式计算。由电磁理论可知，电磁波在通过不同介质的交界面时，会发生反射和折射。因此可以使用菲涅耳反射系数（Fresnel reflection coefficient）R 来描述反射和入射之间的关系，用菲涅耳透射系数（Fresnel transmission coefficient）T 来描述折射与入射之间的关系：

$$R = \frac{E_{0r}}{E_{0i}}, \quad T = \frac{E_{0t}}{E_{0i}} \tag{4.13}$$

式中，E_{0i} 是入射电磁波的电场振幅，E_{0r} 是反射电磁波的电场振幅，E_{0t} 是透射电磁波的电场振幅，R 和 T 一般是复数。

对于一般弱磁质(如海水)，介质的相对磁导率约等于 1，根据斯涅耳折射定律(Snell Refraction Law)：

$$\frac{\sin \theta_i}{\sin \theta_t} = \frac{n_2'}{n_1'} \tag{4.14}$$

式中，θ_i 表示入射角，θ_t 表示透射角，n' 为电磁波的折射率，下标 1 和 2 代表着介质 1 和介质 2。

根据电场和磁场在分界面的连续性原理，此时菲涅耳公式有：

$$R_H = \frac{\cos \theta_i - \frac{n_2}{n_1}\sqrt{1 - \left(\frac{n_1'}{n_2'}\right)^2 \sin^2 \theta_i}}{\cos \theta_i + \frac{n_2}{n_1}\sqrt{1 - \left(\frac{n_1'}{n_2'}\right)^2 \sin^2 \theta_i}} \tag{4.15}$$

$$T_H = \frac{2\cos \theta_i}{\cos \theta_i + \frac{n_2}{n_1}\sqrt{1 - \left(\frac{n_1'}{n_2'}\right)^2 \sin^2 \theta_i}} \tag{4.16}$$

$$R_V = \frac{-\cos \theta_i + \sqrt{1 - \left(\frac{n_1'}{n_2'}\right)^2 \sin^2 \theta_i}}{\cos \theta_i + \frac{n_2}{n_1}\sqrt{1 - \left(\frac{n_1'}{n_2'}\right)^2 \sin^2 \theta_i}} \tag{4.17}$$

$$T_V = \frac{2\cos \theta_i}{\cos \theta_i + \sqrt{1 - \left(\frac{n_1'}{n_2'}\right)^2 \sin^2 \theta_i}} \tag{4.18}$$

式中，下标"V"和下标"H"分别代表垂直极化和水平极化；复折射率 $n = n' - in''$，其中 n' 是复折射率的实部，代表电磁波的折射率；n'' 是复折射率的虚部，代表电磁波的衰减。

复折射率 n 和相对电容率 ε_r 的关系可以表示为：

$$n = \sqrt{\varepsilon_r} \tag{4.19}$$

菲涅耳反射率 ρ 的定义为反射电磁波的辐亮度和入射电磁波的辐亮度的比值。由于辐亮度和电场振幅绝对值的平方成正比，因此，菲涅耳反射率 ρ 可以表示成菲涅耳系数 R 模的平方。因此有平静海面的菲涅耳反射率 ρ 的表达式为：

$$\rho_{\mathrm{V}}(\theta) = |R_{\mathrm{V}}(\theta)|^2 = \left| \frac{\varepsilon_r\cos\theta - \sqrt{\varepsilon_r - \left(\dfrac{n}{n'}\right)^2\sin^2\theta}}{\varepsilon_r\cos\theta + \sqrt{\varepsilon_r - \left(\dfrac{n}{n'}\right)^2\sin^2\theta}} \right|^2 \tag{4.20}$$

$$\rho_{\mathrm{H}}(\theta) = |R_{\mathrm{H}}(\theta)|^2 = \left| \frac{\cos\theta - \sqrt{\varepsilon_r - \left(\dfrac{n}{n'}\right)^2\sin^2\theta}}{\cos\theta + \sqrt{\varepsilon_r - \left(\dfrac{n}{n'}\right)^2\sin^2\theta}} \right|^2 \tag{4.21}$$

该菲涅耳反射率 ρ 的公式是普遍适用的公式，可以用于包括微波波段在内的所有电磁波。式中，θ 为入射角，ε_r 为介质的复相对电容率（或称为介电常数），可以利用德拜方程（Debye equation）来计算，德拜方程的表达式是：

$$\varepsilon_r(\omega, T, S) = \varepsilon_\infty + \frac{\varepsilon_S - \varepsilon_\infty}{1 - (i\omega\tau)^{1-a}} + i\frac{\sigma}{\omega\varepsilon_0} \tag{4.22}$$

式中，ε_r 为复相对电容率，无量纲；$\omega = 2\pi f$ 为电磁波的角频率；T 是电介质的温度；S 为电介质的盐度；ε_∞ 代表无限高频相对电容率，无量纲；ε_S 代表无静态相对电容率，无量纲；a 是经验常数，无量纲；τ 是弛豫时间，单位是 s；σ 是离子电导率；ε_0 是真空中的电容率，其值是：

$$\varepsilon_0 = 8.854 \times 10^{-12}[F/m]$$

德拜方程中各参数的值，一般是通过实验得出的。在频率范围小于 10GHz 的情况下，Klein 和 Swift 在 1977 年通过实验测量得到的经验常数 a 和静态相对电容率 ε_S 的公式（Klein, 1977）是：

$$\alpha = 0$$
$$\varepsilon_S(T, S) = \varepsilon_S(T)a(S, T)' \tag{4.23}$$

式中系数的计算公式如下：

$$\varepsilon_S(T) = 87.134 - 1.949 \times 10^{-1}T - 1.276 \times 10^{-2}T^2 + 2.491 \times 10^{-4}T^3$$
$$a(T,S) = 1.000 + 1.613 \times 10^{-5}S \cdot T - 3.656 \times 10^{-3}S + 3.210 \times 10^{-5}S^2 - 4.232 \times 10^{-7}S^3$$

其中，弛豫时间 τ 的定义是：

$$\tau(T, S) = \tau(T, 0)b(S, T) \tag{4.24}$$

式中系数的计算公式如下：

$$\tau(T, 0) = 1.768 \times 10^{-11} - 6.068 \times 10^{-13}T + 1.104 \times 10^{-14}T^2 - 8.111 \times 10^{-17}T^3$$
$$b(S,T) = 1.000 + 2.282 \times 10^{-5}S \cdot T - 7.638 \times 10^{-4}S - 7.760 \times 10^{-6}S^2 + 1.105 \times 10^{-8}S^3$$

无限高频相对电容率 ε_∞ 的取值是：

$$\varepsilon_\infty = 4.9 \pm 20\%$$

Stogryn 在 1972 年得出的离子电导率 σ 的计算公式为（Stogryn, 1972）：

$$\sigma(T, S) = \sigma(25, S)\exp(-\delta\beta) \tag{4.25}$$

式中系数的计算公式如下：

$$\delta = 25 - T$$

$$\sigma(25, S) = (0.182521 - 1.46192 \times 10^{-3}S + 2.09324 \times 10^{-5}S^2 - 1.28205 \times 10^{-7}S^3)S$$

$$\beta = 2.033 \times 10^{-2} + 1.266 \times 10^{-4}\delta + 2.464 \times 10^{-6}\delta^2 -$$

$$(1.849 \times 10^{-5} - 2.551 \times 10^{-7}\delta + 2.551 \times 10^{-7}\delta + 2.551 \times 10^{-8}\delta^2)S$$

以上公式中 T 为温度,以℃为单位; S 代表盐度,单位是 psu(practical salinity unit), 30psu = 30‰。

Ellison 在频率范围为 3GHz~89GHz 时,得出的经验常数 a 和静态相对电容率 ε_s 的计算公式为(Ellison, 1998):

$$\alpha = 0$$

$$\varepsilon_S(T, S) = a_1(T) - S \cdot a_2(T)' \tag{4.26}$$

式中系数的计算公式如下:

$$a_1(T) = 81.820 - 6.0503 \times 10^{-2}T - 3.1661 \times 10^{-2}T^2 + 3.1097 \times 10^{-3}T^3$$
$$- 1.1791 \times 10^{-4}T^4 + 1.4838 \times 10^{-6}T^5$$

$$a_2(T) = 0.12544 + 9.4037 \times 10^{-3}T - 9.5551 \times 10^{-4}T^2 + 9.0888 \times 10^{-5}T^3$$
$$- 3.6011 \times 10^{-6}T^4 + 4.7130 \times 10^{-8}T^5$$

其中,弛豫时间 τ 的计算公式是:

$$\tau(T, S) = c_1(T)S c_2(S, T) \tag{4.27}$$

式中系数的计算公式如下:

$$c_1(T) = 17.303 - 0.66651 \times T + 5.1482 \times 10^{-3}T^2 + 1.2145 \times 10^{-3}T^3$$
$$- 5.0325 \times 10^{-5}T^4 + 5.8272 \times 10^{-7}T^5$$

$$c_2(T) = -6.272 \times 10^{-3} + 2.357 \times 10^{-4}T + 5.075 \times 10^{-4}T^2 - 6.3983 \times 10^{-5}T^3$$
$$+ 2.463 \times 10^{-6}T^4 - 3.0676 \times 10^{-8}T^5$$

无限高频相对电容率 ε_∞ 的取值是:

$$\varepsilon_\infty(T, S) = b_1(T) \tag{4.28}$$

式中

$$b_1(T) = 6.4587 - 4.203 \times 10^{-2}T - 6.5881 \times 10^{-3}T^2 + 6.4924 \times 10^{-4}T^3$$
$$- 1.2328 \times 10^{-5}T^4 + 5.0433 \times 10^{-8}T^5$$

离子电导率 σ 的计算公式为:

$$\sigma(T, S) = d_1(T) + S d_2(T) \tag{4.29}$$

公式中的系数的计算公式如下:

$$d_1(T) = 0.086374 + 0.030606 \times T - 4.121 \times 10^{-4}T^2$$

$$d_2(T) = 0.077454 + 1.687 \times 10^{-3}T + 1.937 \times 10^{-5}T^2$$

以上公式中 T 为温度,以℃为单位; S 代表盐度,单位是 psu(practical salinity unit), 30psu = 30‰。

图 4.1 是根据 Klein-Swift 1977 模型计算的 0°入射角下、0~40℃范围内平静海面辐射 6.9GHz 通道亮温。由图 4.1 可见,该通道亮温基本随 SST 的变化呈线性变化,有利于 SST 信息的反演,亮温对 SST 的敏感度约为 0.35K/K。

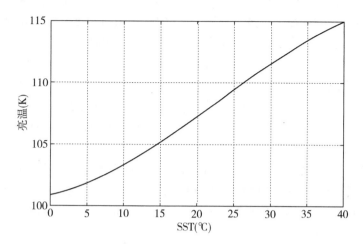

图 4.1　不同海温下的平静海面微波辐射亮温

4.2.2　微波辐射计海表温度反演技术

SST 在低频频率(6GHz 和 10GHz)相对敏感,因此基于星载的微波辐射计观测结果反演海表温度,可忽略大气散射对反演结果的干扰(Martin,2004)。目前,用于海表温度反演的微波辐射计主要有国外的 AMSR2、TMI、Windsat 和国内的 HY-2A 卫星 RM 微波辐射计。对于海表温度反演算法主要有两类:一是基于单通道亮温的海表温度反演,二是基于多通道亮温的反演。

单通道反演算法首先从 6.9GHz(V)和 10.65GHz(V)频段亮温剔除其他信号的干扰,主要是大气和风的影响,从而建立该频段亮温和 SST 之间的关系,AMSR2 的 SST 业务化反演算法即采用 6.9GHz(V)或者 10.65GHz(V)的单通道反演算法。

多通道反演算法采用多个通道的微波辐射计亮温进行 SST 反演,主要包括基于亮温辐射传输模拟的物理反演方法和基于星载辐射计实际观测亮温的统计方法。物理反演方法通过建立数值模拟亮温与待反演参量的关系,得到反演系数,进而进行海表温度的反演。统计方法主要是指发射后现场经验算法,在卫星发射后,用选定的现场校准辐射计的亮温,进而发展一种纯粹的统计方法,使用简单的最小平方回归方法把现场参数与亮温联系起来。该方法由于是统计方法,所以不受亮温模拟误差的影响;但此种算法只有在辐射计发射入轨后才能实现,且必须收集大量覆盖全球范围的遥感-现场同步数据;同时此种算法只能针对特定辐射计,不能直接应用到其他辐射计。

1. 单通道海表温度反演算法

本节以 AMSR2 SST 业务化反演算法为例,介绍单通道海表温度反演方法。

由理论模拟的结果可知,6.9GHz 的垂直极化(以下简称 6V)亮温对 SST 的变化最为敏感,敏感度最高可达 0.5K/K(入射角 50°下)。该频段亮温中除了 SST,还包含其他参量的相关信号,主要有大气的影响,盐度的影响,可能的陆地、海冰污染和太阳耀斑污染的影响。除了上述的这些影响外,还包括辐射计自身的误差,如入射角的微小变化、扫描误差和射频干扰（RFI）等的影响。陆地、海冰、太阳耀斑、射频干扰等因素对亮温的影响，可通过设置相应质量标记位进行剔除。6.9GHz 亮温对盐度变化也不敏感，因此综合考虑到实际情况和辐射计本身参数的设定，对辐射亮温影响最大的主要是大气的影响。

在 6.9 GHz 频率的大气影响主要归因于分子（水蒸气和氧气）和云中液态水。在 AMSR2 业务化算法中，这些影响可以通过 23V 和 36V 通道亮温进行估计（23GHz 通道对水蒸气敏感，而 36GHz 通道对云中液态水敏感）。可通过查表的方式，将大气辐射亮温的估计值从亮温观测值中剔除，从而完成了大气校正（Descriptions of GCOM-W1 AMSR2 Level 1R and Level 2 Algorithms，2013）。

大气校正过程中所使用的数据是采用日本高空气象观测一年的数据进行微波辐射传输模拟所得。微波辐射传输模型将地面 12km 内的大气分为 60 层，其后每一级增加 1km 直到 30km，总共分 78 层。利用微波辐射传输模型模拟的亮温减去平静海面亮温，即可得到大气辐射对亮温的贡献，即有

$$atmos\_effect\_6V(H) = simu\_6V(H) - calm\_ocean\_6V(H) \tag{4.30}$$

式中，$atmos\_effect\_6V$ 代表大气辐射对亮温的贡献，$simu\_6V$ 代表模拟 6V 通道的星载辐射计亮温，$calm\_ocean\_6V$ 代表平静海面亮温。类似地，利用微波辐射传输理论模拟相同海气条件下的 23V 和 36V 通道亮温，即可获得 6V 通道中大气辐射的贡献与 23V、36V 通道亮温的关系，从而建立相应的查找表。

根据 AMSR2 算法报告，日本气象站位于副热带和温带地区，大气水汽含量变化范围为 $3\sim60\text{kg/m}^2$，由于水汽含量的变化使 23V 的值在 190~260K 之间变化。云中液态水值的范围为 $0\sim2\text{kg/m}^2$，导致 36V 的值在 205~260K 之间变化。总体而言，大气对海表温度的影响在 0~35K 之间。但是，在较强降雨条件下，雨滴在 23V 和 36V 通道的微波散射不可忽略，无法使用这些数据进行 6V 通道的大气辐射校正，从而导致无法反演 SST。根据 AMSR 实测数据集，在降雨条件下 6V 的大气的影响将大于 6.6K（Wentz，1997；Wentz，2000）。

在消除了大气影响后，利用菲涅耳公式可得 AMSR2 55°入射角、盐度为 35psu 条件下 6V 和 10V 频段亮温和 SST 之间的关系，如图 4.2 所示，从而可以利用图 4.2 获得相应的 SST 数值。

日本宇宙航空研究开发机构 JAXA 将反演得到的 AMSR2 SST 与浮标海温数据进行比对验证，计算每 3 个像素区域内的 AMSR2 SST 平均值，剔除与浮标数据之间差的绝对值大于 3 倍标准差的点，平均每天的匹配数据 800 对，最后得到 AMSR2 反演 SST 精度大约为 0.5K。图 4.3 显示了 AMSR2 反演的全球海表温度图。

2. 多通道海表温度反演算法

本节以 HY-2A RM 的 SST 业务化反演算法为例，介绍多通道海表温度反演算法。

HY-2A 微波辐射计的 SST 业务化反演算法是一种基于微波辐射传输模型的多通道反演算法，其基于一个包含了大气氧气、水汽和云液水吸收模型以及海面温度、海水盐度和海面风速风向的海面发射率模型的微波辐射传输模型，结合再分析产品提供的大气廓线数据，对 HY-2A 微波辐射计的观测亮温进行数值模拟；进而建立模拟亮温与待反演物理量（如 SST）的经验关系，根据最小二乘回归获得方程的回归系数：

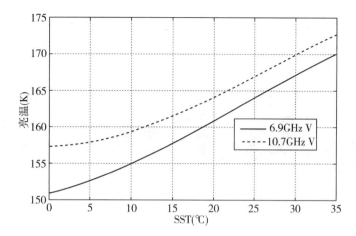

图 4.2　6V 和 10V 通道亮温与 SST 的关系

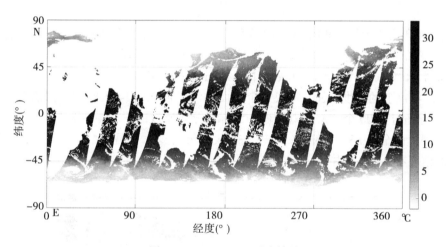

图 4.3　AMSR2 SST 反演结果

$$SST = \sum_{i=1}^{9} c_i F_i + c_{10} \qquad (4.31)$$

$$F_i = TB_i - 150, \ i \neq 7 \qquad (4.32)$$

$$F_i = -\log(290 - TB_i), \ i = 7 \qquad (4.33)$$

式中，i 为 HY-2A 微波辐射计亮温通道序号，TB 为亮温。对于 SST，反演方程中各拟合系数的取值为：3.02、-2.04、0.55、-0.49、-0.51、0.14、18.67、-1.1、0.66 和 297.8(王振占，2014；周武，2013)。

HY-2A 微波辐射计反演海表温度的结果如图 4.4 所示。

对 SST 反演结果进行检验，主要利用锚定浮标数据和 Argo 漂流浮标数据。锚定浮标数据可从国家数据浮标中心(National Data Buoy Center，NDBC)和太平洋环境实验室(Pacific Marine Environmental Laboratory，PMEL)获得，主要包括 TAO 浮标(太平洋海域)、

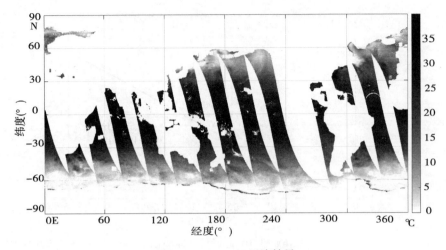

图 4.4　HY-2 SST 反演结果

RAMA 浮标(印度洋海域)和 PIRATA(大西洋海域)浮标,总数约 100 个。锚定浮标测量的是海洋 1m 深的海水温度值,可作为近实时的测量值,通常每隔 10 分钟采样一次。

　　Argo 浮标由 GODAE(Global Ocean Data Assimilation Experiment)提供,可以测量海表 5m~2000m 深度上的温度剖面,完成一个剖面的测量需 10~14 天时间,目前能正常工作的 Argo 浮标超过 3000 个,Argo 观测网中浮标的分布密度的平均距离为 3°×3°。图 4.5 是 Argo 浮标测量的全球 SST 分布图。通过 SST 数据与实测海表温度数据的比较,HY-2A 反演 SST 的精度在 1.7K 左右(Zhao,2014)。

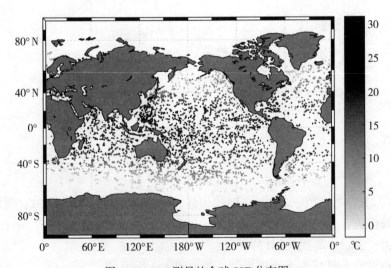

图 4.5　Argo 测量的全球 SST 分布图

4.2.3 微波辐射计数据海表温度应用案例

1. 海表温度在锋面探测方面的应用

海洋锋是特征明显不同的两种或几种水体之间的狭窄过渡带，它们可用温度、盐度、密度等要素的水平梯度来描述。锋区的浮游植物丰富，是海洋生产力较高的区域。此外，锋面对海洋运输、海洋采矿以及防灾减灾等方面都有重要的影响。

锋面的探测方法主要有海表温度梯度法和詹森-香农散度（Jensen-Shannon Divergence，JSD）等方法。JSD 是一个测量两个概率分布相似性的常用方法，通过 JSD 来衡量两个分布的相似程度，可以判定两个概率分布是否有着共同的分布类型（Qiu，2012；Menendez，1997；孙根云，2013）。就当前某一像元，沿水平、垂直、左倾斜 45°、右倾斜 45° 4 个方向设计模板，用于检测不同方向的灰度值变化。JSD 值越大，说明两个水团间的温度差异越大。当 JSD 取 0.75 时，能够将大、中尺度的锋面边缘提取出来。

梯度法（GM）首先计算每个网格点 $x(A，B)$，$y(C，D)$ 方向的温度梯度值，然后计算总的梯度值，即 $GM = \sqrt{\left(\dfrac{\partial T}{\partial x}\right)^2 + \left(\dfrac{\partial T}{\partial y}\right)^2}$，其中，$T$ 代表温度（Qiu，2012；Teruhisa，2005）。

本章作者基于 2013 年 MW-IR SST 融合数据（包括 TMI、AMSR-E、AMSR2、Windsat、Terra MODIS、Aqua MODIS），利用温度梯度法和 JSD 方法开展了以西太平洋为例的锋面多发区域的检测，检测结果如图 4.6 所示。

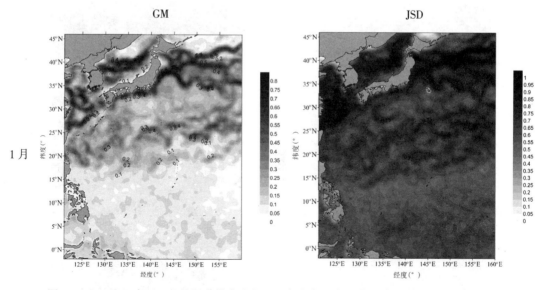

图 4.6（a）　2013 年 1~12 月温度梯度法和 JSD 方法在西太平洋海域的锋面检测结果（一）

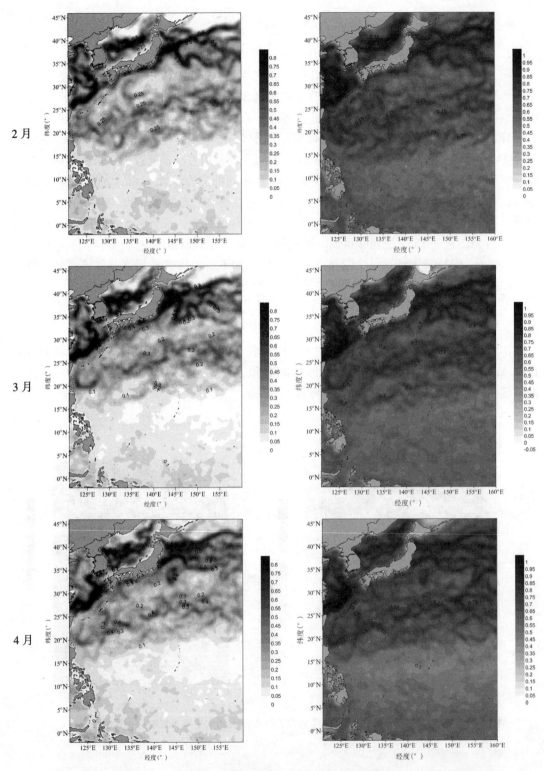

图 4.6(b)　2013 年 1~12 月温度梯度法和 JSD 方法在西太平洋海域的锋面检测结果(二)

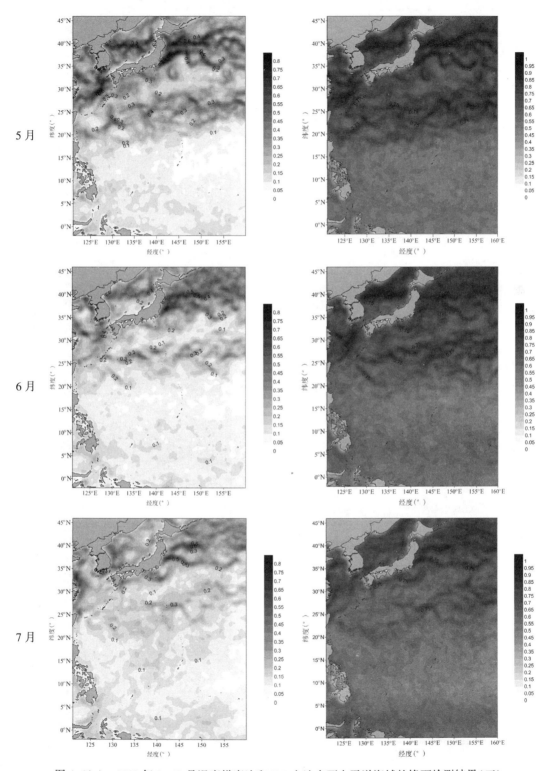

图 4.6(c)　2013 年 1～12 月温度梯度法和 JSD 方法在西太平洋海域的锋面检测结果(三)

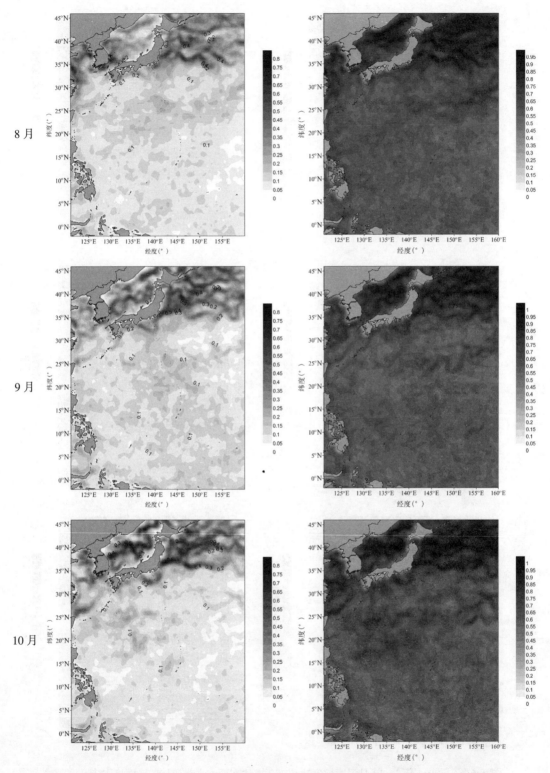

图 4.6(d)　2013 年 1~12 月温度梯度法和 JSD 方法在西太平洋海域的锋面检测结果(四)

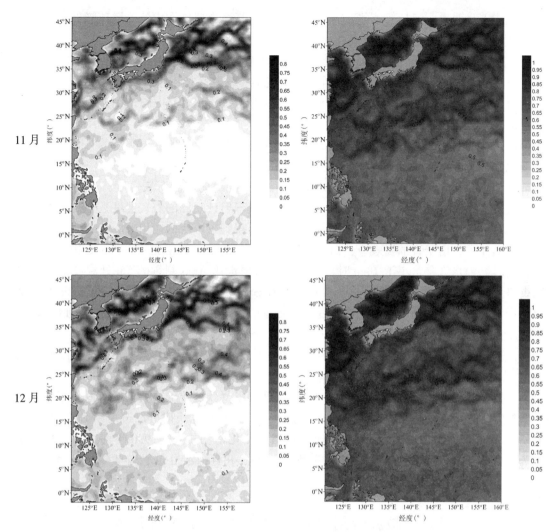

图 4.6(e) 2013 年 1~12 月温度梯度法和 JSD 方法在西太平洋海域的锋面检测结果(五)

图 4.6 2013 年 1~12 月温度梯度法和 JSD 方法在西太平洋海域的锋面检测结果

在西太平洋区域,通过温度梯度法和 JSD 方法的检测结果可以看出,锋面的发生位置以及年变化规律基本一致。由于在中国台湾东部、日本列岛的南部沿岸一带受到黑潮的影响,即在中国台湾东部和日本列岛南部产生了锋面,且发生频率较高,几乎全年存在。在中国渤、黄、东海区域沿岸一带探测到了多条锋面,该区域锋面在 1~3 月期间发生强度最大,4~9 月锋面发生强度逐渐减小,山东半岛沿岸锋面在 7~9 月无法探测到,10~12 月发生强度又逐渐增大。

2. 海表温度在渔业方面的应用

长期以来,海洋渔业资源较多地依赖于常规海上现场观测调查,成本高、速度慢,而且难以实现大范围水域的同步采样测量,获取的数据不能满足对渔业资源进行实时管理的需要。随着渔业环境和渔业资源的破坏日益严重,仅仅依靠传统的海洋渔业资源研究方法已经不能满足要求。卫星遥感能及时准确地掌握包括海表温度在内的渔场环境，是现代海洋渔业发展的重要技术支撑。

研究者在南印度洋区域 Albacore 渔场，利用 AMSR-E SST 数据和渔场捕捞量数据对高捕捞量（CPUE）区域进行了规律性分析，结果表明：冬季高捕捞量区域存在于北副热带锋面附近，并且 95%的高 CPUE 区域的 SST 在 16~18.5℃之间（Hosoda，2012）。

3. 海表温度在其他海洋科学方面的应用

海洋上的气象变化瞬息万变，而气候的变化则是数月、数年甚至更长的时间序列，这些变化都会引起海面参量不同程度的变化，而海表温度则是重要标志参量之一。星载微波辐射计作为一种高精度的定量微波遥感器，可较为准确地反演海表温度，从而满足对气象、气候变化监测和预报方面的需求。如今，微波辐射计观测的海表温度数据与现场实测数据相结合，在海表温度变化以及气象监测等方面得到了广泛的应用。

在大洋中，由于日加温效应，白天 AMSR-E 测量的 SST 数据比 Argo 5m 处测量的温度高；同时，当水汽含量小于 7mm 时，卫星 SST 数据也比 Argo 测量的 5m 处温度高。当时间窗口为 24h 时，可以发现在水面 5m 以下存在 SST 的日循环过程。当纬度增高和混合层厚度增加时，日变化强度减小；同时夏季比冬季的 SST 日变化更明显。在赤道地区，夏季 SST 日变化的幅度为 0.1℃，在纬度 60°处为 0.05℃。在日变化幅度超过 0.04℃的地区，最高温度出现在 16：50±40min（当地时），最低温度出现在 7：50±40min（当地时）（Gille，2012）。

气候监测需要长期且连续的观测，海表温度则是气候变化的重要指标。厄尔尼诺是一种气候异常现象，严重影响了人类的生产生活，掌握其发生规律可以避免不必要的损失。有研究表明，黑潮海表温度变异与全球平均温度变化密切相关。1990 年前，二者相关系数为 0.44；1990 年之后，二者的相关系数为 0.76。并且，在厄尔尼诺事件发展期间，黑潮海表温度通常出现滞后的正异常（孙楠楠，2009）。

4.3　微波辐射计海面风场反演技术与应用

4.3.1　微波辐射计海面风场反演机理

由公式（4.1）可知，星载微波辐射计测量的亮温数据受到海面微波辐射亮温的影响，当存在海面风场时，风场增大了海面的粗糙度，进而改变了星载辐射计观测到的亮温数据。因此微波辐射计通过观测风致海面粗糙度来提取海面风信息。

由表 4.3 可知，星载微波辐射计不同频段亮温对各海气参量的敏感性不同，因此各工作频段的主要用途也存在差异。就海面风速而言，在整个电磁波谱范围内微波辐射对风速的敏感性随着频率的上升而单调上升。利用 36GHz 等高频波段反演风速，空间分辨率高，但是由于采用的波段波长较短，亮温信号容易受到降雨等大气效应的影响，无法反演降雨条件下的风速；若利用 6GHz 和 10GHz 的低频波段反演风速，空间分辨率较低，但是受大气效应影响小，容易实现近全天候的风速反演。

表 4.3   **AMSR2 各亮温通道及其主要用途**

亮温通道	海气参量
6.9GHz	海面温度，土壤湿度
10.65GHz	海面温度，土壤湿度
18.7GHz	大气可降水，海冰密集度，积雪厚度
23.8GHz	水蒸气
36.5GHz	云液态水、风速、海冰密集度、积雪厚度
89.0GHz	大气可降水，海冰密集度

工作于 L 波段的星载盐度辐射计，虽然其主要任务是进行海表盐度和土壤湿度反演，但是由于 L 波段波长远大于 C 波段，其大气效应影响更小，且 L 波段亮温对风速也有一定的敏感性，因此利用星载盐度辐射计进行海面风速观测是海面风速反演的一个新方向。

对于海面风向遥感，微波辐射计各种极化状态亮温中均包含一定的风向信息，但是 H/V 极化亮温中除了风向导致的亮温信号外，还包含着与风向无关的各向同性海面亮温信号，而前者相对后者是一个小量；同时 H/V 极化亮温对大气水汽和云水比较敏感，因此常规的双极化微波辐射计不适用于风向反演。与之对应，亮温中第三、第四斯托克斯量（U、V 分量）中不包含各向同性亮温信号，且对大气效应敏感度低，更适合于风向遥感。美国海军实验室 NRL 于 2003 年 1 月发射了世界上首个全极化微波辐射计 Windsat，验证了利用全极化亮温提取风向信息的能力。

4.3.2 微波辐射计海面风场反演技术

根据风场反演使用的传感器的不同，可将风场反演技术分为扫描微波辐射计和星载盐度计两类。前者采用常规的多通道扫描微波辐射计进行风场反演，又可将其反演算法分为单波段反演算法和多波段反演算法。单波段反演算法的代表为 AMSR2 微波辐射计，其利用 36GHz 通道反演风速；多通道反演算法的代表为 HY-2A 微波辐射计，其采用 9 个通道亮温进行风速反演。

1. 扫描微波辐射计风速反演算法

（1）AMSR2 风速反演算法

对于 AMSR2 微波辐射计，其风速反演算法采用了 36GHz 的高频波段。为了发展风速反演算法，首先需确定亮温对风速的依赖关系。结果表明：36V 通道风致亮温在 6m/s 以下低风速时保持为 0，6m/s 以上高风速时亮温随风速线性增大；36H 通道亮温在低风速条件下也保持了对风速的敏感性，且其对风速的敏感性高于 36V 通道。36H 和 36V 通道亮温均存在风向信号，36V 通道亮温在逆风向达到最大值，顺风向达到最小值；36H 通道亮温在侧风向达到最大值，在顺风和逆风向达到最小值。

AMSR2 风速反演算法首先利用 36GHz 通道亮温计算参数 S36，S36 参数定义为：

$$S36 = (36H - a(36V - b) - c)/f + t \tag{4.34}$$

$$f = 1 - 0.01(36V - 200) \tag{4.35}$$

式中，参数 $b=208$ 为常数，参数 a、c 与 SST 有关，见表 4.4，f 为大气效应的校正项，t 为一个与风速有关的偏移量。

表 4.4　　　　　　　　　　不同 SST 条件下参数 a 和 c 值

SST(℃)	a	c
0	2.23	132.0
5	2.20	132.2
10	2.14	131.5
15	2.07	130.7
20	2.06	128.8
25	2.03	127.4
30	2.06	124.2

S36 参数中也包括风向信号，风速在 5~7m/s 范围内 S36 与风向无关；风速上升时，S36 在顺风向达到最大值，逆风向达到最小值。最终 JAXA 利用 7 个月的数据，建立 S36 与 SeaWinds 散射计风速产品的经验关系，实现了 S36 参数计算海面风速的反演算法，AMSR2 反演的海面风场如图 4.7 所示。AMSR2 的海面风速提取精度可达 1m/s。

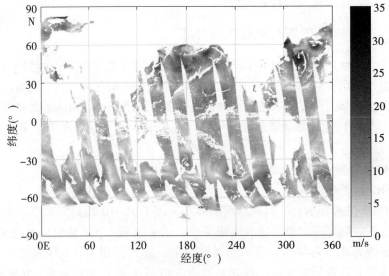

图 4.7　AMSR2 反演的海面风场图

（2）HY-2A 微波辐射计风速反演算法

HY-2A 微波辐射计采用多元回归算法进行包括风速在内的海气参量产品反演（周武，2013）。首先基于物理辐射传输模型进行亮温数值模拟，根据全球数据库得到海水盐度、海面温度、海面风速、风向、水汽含量和云液水含量的组合，利用 RTM 模型计算 HY-2A 微波辐射计 9 个通道的亮温值；进而建立不同海洋大气物理参数与模拟亮温的经验关系，根据最小二乘回归获得反演参量和模拟亮温线性经验方程的拟合系数，最终得到风速反演经验方程如下：

$$WS = \sum_{i=1}^{9} c_i F_i + c_{10} \tag{4.36}$$

$$F_i = TB_i - 150, \; i \neq 7 \tag{4.37}$$

$$F_i = -\log(290 - TB_i), \; i = 7 \tag{4.38}$$

对于海面风速，反演方程中各拟合系数的取值为：−0.33、0.68、0.25、−0.34、0.26、−0.07、−7.98、−1.53、0.95 和 65.14。与 TAO 浮标现场观测数据比较，HY-2A 微波辐射计风速反演均方根误差约为 1.5m/s，HY-2A 微波辐射计反演的海面风速如图 4.8 所示。

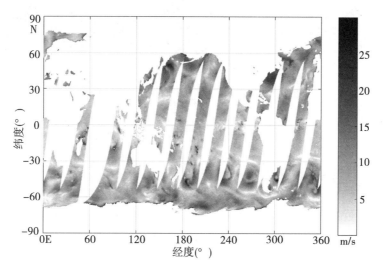

图 4.8　HY-2A 微波辐射计反演的海面风速图

（3）Windsat 微波辐射计风场反演算法

Windsat 使用 18、23、37GHz 通道亮温进行风场反演，其中 18 和 37 通道为全极化通道，23 为双极化通道。各通道亮温可表示为：

$$T_V = T_{Viso} + \tau^2 \cdot \Delta T_V(W, \phi) \tag{4.39}$$

$$T_H = T_{Hiso} + \tau^2 \cdot \Delta T_H(W, \phi) \tag{4.40}$$

$$U_a = \tau^2 U(W, \phi) \tag{4.41}$$

$$V_a = \tau^2 V(W, \phi) \tag{4.42}$$

式中，$T_{H/Viso}$ 为 H/V 极化亮温中的各向同性亮温数据，τ 为大气透射率，$\Delta T_{H, V}(W, \phi)$ 为亮温中的风向信号；U_a 和 V_a 为第三、第四斯托克斯量；$U(W, \phi)$ 和 $V(W, \phi)$ 为第三、第四斯托克斯量中的风向信号（Yueh，2006）。

风场反演过程中，首先利用 18、23 和 37GHz 双极化亮温，结合 AMSR 数据建立的粗糙海面辐射模型,反演风速、水汽、云水含量和大气透射率,SST 采用 Reynolds SST 产品,将风速等反演结果代入(4.41)、(4.42)式的第三、第四斯托克斯量表达式中,获得代价函数的局部最小值,其后将风向模糊解剔除,最终获得风向的最大似然解,Windsat 反演的全球风场分布如图 4.9 所示。

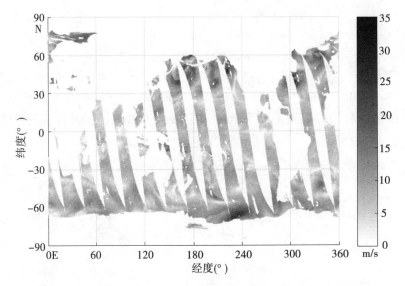

图 4.9　Windsat 反演的全球风场分布图

2. 星载盐度计风速反演算法

目前对海面风速的微波遥感,主要采用 C 波段以上的频段。事实上,星载盐度计工作的 L 波段电磁波波长较长,其大气透明度高,受天气条件影响小;而且 L 波段亮温对风速的敏感性可达 $0.3K/ms^{-1}$,因此,L 波段微波辐射更适用于非常规气象条件下的风速反演。

（1）SMOS 风速反演算法

利用 SMOS 亮温遥感海面风速,首先从 SMOS 亮温中提取风致粗糙海面亮温信号,结果表明其风致粗糙海面亮温的空间分布与风场相似,进而将风速数据与粗糙海面亮温进行线性拟合,从而建立风速反演算法(Reul,2012):

$$\Delta I = \frac{\Delta(T_H + T_V)}{2} = 0.35\, U_{10} - 1.3 \qquad (4.43)$$

$$\Delta I = 0.75\, U_{10} - 14.5 \qquad (4.44)$$

式中,ΔI 为提取的 H 极化和 V 极化粗糙海面亮温之和,U_{10} 为海面 10m 高处风速。利用该算法 SMOS 反演的风场结构与 H∗Wind 风场吻合,验证了 L 波段辐射计反演风速的能力。

（2）Aquarius 风速反演算法

Aquarius 是采用真实孔径天线的星载盐度计,受工作体制的限制,其幅宽仅 400km,但是其工作频段与 SMOS 相同,也可进行海面风速测量。利用 Windsat 微波辐射计、

NDBC 浮标数据和 Aquarius 亮温数据，针对海表温度低于 15℃ 和高于 15℃ 两种情况，基于神经网络方法分别发展 L 波段风速反演算法，并与 Windsat 的全天候风速产品进行比较，发现 Aquarius 的风速反演精度约 1m/s。在 0.5～10mm/h 雨率范围内，对风速反演精度进行了研究，结果表明：在降雨条件下算法反演精度良好，低海温条件下算法的反演均方根误差约 1.0～2.0m/s，高海温下算法的反演均方根误差在 1.4～2.4m/s 之间。通过与 NDBC 浮标实测数据比较，Aquarius 反演风速的精度约 1m/s（Wang 等，2015）。风速反演散点图以及反演误差与降雨率的关系如图 4.10 所示。

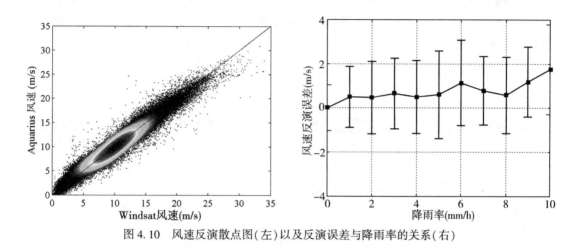

图 4.10 风速反演散点图（左）以及反演误差与降雨率的关系（右）

4.3.3 微波辐射计数据海面风场应用

　　星载微波辐射计反演的海面风场，可以用于对海面飓风的监测。飓风是一种典型的灾害性天气系统，高风速伴随着高海况与强降雨。当大气中存在降雨时，雨滴将改变大气的吸收特性，降低大气对微波辐射的透过率，同时雨滴还会改变海面的粗糙度与后向散射特性，因此常规的 C 波段以上的微波辐射计、散射计在飓风条件下提取海面风速信息存在困难。另外，在这种极端气候和海况条件下也难以采用现场观测的手段对海面参量进行测量。盐度遥感卫星的工作频率为 1.4GHz，远低于常规的 C 波段辐射计和散射计，其大气透射率更高，受大气条件的影响更小，为飓风监测提供了一种新的技术手段。

　　法国海洋开发研究院（IFREMER）开发的海面风速测量算法在 2013 年 10 月成功地应用于 SMOS 卫星对"Phailin"、"Nari" 和 "Wipha" 三个台风的观测，最大观测风速达到了 140km/h。对于三个台风，SMOS 卫星均成功观测到了风速，虽然台风会造成大浪和白帽，影响海表的微波辐射，从而使得盐度反演难以实现，但辐射亮温的变化也提供了海面风速的强度信息。SMOS 可提供飓风风速信息的能力，对于业务化用户非常重要，这些观测为研究人员和业务气象中心改进台风路径跟踪和预报台风强度提供了宝贵信息，ESA 正准备业务化地提供该项服务。

4.4　微波辐射计海表盐度反演技术与应用

海洋盐度是海洋动力学中起到关键作用的基本参数，是影响海洋动力环境和海-气相互作用的一个关键因子。快速、大范围地监测全球海洋中盐度的分布具有重要意义。在星载盐度计发射之前，对海洋盐度数据的获取主要依赖海洋科考船、系留浮标、Argo 等现场观测数据，其观测数据的时空覆盖率很低。据统计，从 19 世纪 70 年代英国皇家海军科考船"挑战者"号对全球海洋进行科学调查以来，只对不到 24% 的海洋区域进行过盐度调查，且区域覆盖大多处于陆地周边近海。L 波段微波辐射对于海表盐度变化比较敏感，自 2009 年以来，ESA 和 NASA 相继发射了星载盐度计 SMOS 和 Aquarius，实现了海表盐度的卫星遥感观测。

4.4.1　微波辐射计海表盐度反演机理

星载微波辐射计反演海表盐度的机理在于：海水介电常数受包括海表盐度在内的多种参数共同影响；当海表盐度变化时，海水介电常数的变化引起海水反射率和发射率的变化，进而改变了海面微波辐射亮温。因此可以选择对海表盐度变化敏感的电磁波频段，通过测量海表亮温数据，提取海表盐度信息。

亮温对盐度的敏感性与盐度反演精度直接相关，更高的亮温敏感性意味着亮温数据中盐度变化信号更强，盐度信号的"信噪比"更高，盐度反演误差也更小。数值模拟的结果表明，L 波段电磁波对盐度变化相对比较敏感；同时 L 波段电磁波是国际电信联盟规定的保留波段，有利于排除地面射频干扰源的影响，因此目前在轨的盐度观测卫星 SMOS 和 Aquarius 均采用 L 波段作为工作频段。各种温盐条件下 H/V 极化亮温对盐度变化的敏感性为 $0.2 \sim 0.8 \text{K/psu}$，考虑到全球绝大部分大洋区域的盐度范围为 $32 \sim 38 \text{psu}$，因此盐度计观测数据中的盐度信号只有几开尔文，与之对应的，在 $30°$ 入射角时 L 波段亮温的动态范围为 $75 \sim 110 \text{K}$，因此盐度信息提取是一种弱信号探测。

L 波段海面亮温除了受海面盐度影响之外，还受到海表温度 SST 的影响。利用海水介电常数模型，可以获取不同温盐条件下 L 波段亮温对盐度变化的敏感性变化趋势，如图 4.11 所示。结果表明：亮温敏感性随 SST 的上升而增高。相对于 SST 变化而言，亮温敏感性受盐度影响较小，表明亮温在各种盐度条件下对盐度变化敏感性稳定。当 SST 在 $15℃$ 以下时，高盐条件下亮温敏感性略高于低盐条件；$15 \sim 20℃$ 范围内，亮温敏感性与盐度基本无关；$20℃$ 以上亮温敏感性在低盐时较高。

由于 SMOS 和 Aquarius 均没有搭载 SST 观测仪器，因此两颗卫星的盐度反演算法中使用的 SST 数据来自 ECMWF 和 NCEP 等再分析数据，未来盐度卫星计划可能会搭载 C 波段微波辐射计进行 SST 观测。目前星载辐射计的 SST 测量精度约 0.5K，基于蒙特卡洛方法可以获得温度误差对盐度反演精度的影响，如图 4.12 所示。结果表明在 $15 \sim 20℃$ 范围内，0.5K 的 SST 反演误差导致的盐度误差仅为 0.05psu；当 SST 下降时，亮温对 SST 的敏感性上升，同时亮温对盐度的敏感性下降，导致反演误差由 0.05psu 上升到 0.3psu；而当 SST 升高时，虽然亮温对 SST 变化的敏感性随之上升，但是高水温下亮温对盐度变化的敏感性

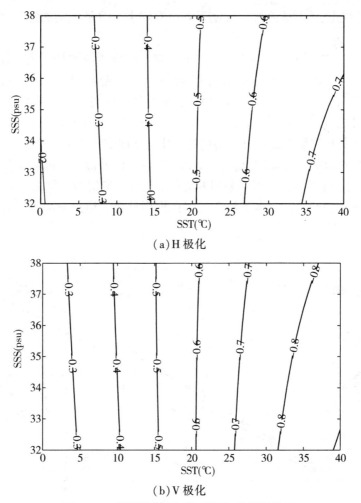

（a）H 极化

（b）V 极化

图 4.11　亮温敏感性与海面温度/盐度的关系

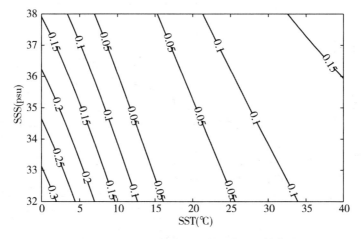

图 4.12　SST 误差导致的盐度反演误差等值线

也在提高，导致在温暖水域的盐度反演误差虽有增大，但是增大的趋势明显小于低温水域，约 0.05~0.15psu。

　　海面风场是 L 波段亮温另一重要的影响因素。海面风场增加了海面粗糙度，影响了海面发射率与辐射亮温，产生了风致海面亮温信号。当风速达到一定阈值后，海面波浪破碎将出现泡沫与白冠，泡沫的黑体辐射特性接近黑体，使得海面辐射亮温进一步增大。L 波段亮温对风速的敏感性为 $0.3\mathrm{K/ms^{-1}}$，考虑到海面风速变化范围远大于海表盐度，因此海面风速等海表粗糙度影响因素导致的亮温变化与盐度信号相当，甚至更高。海面风场对 L 波段辐射亮温的影响，是盐度反演算法中一个重要误差源。Camps 等（2004）于 2000—2001 年期间在西班牙外海开展了一系列 L 波段辐射计现场实验，并根据实验数据得到了 L 波段亮温与风速的回归关系，本节作者采用该模型计算了风速对亮温的贡献，如图 4.13 所示。

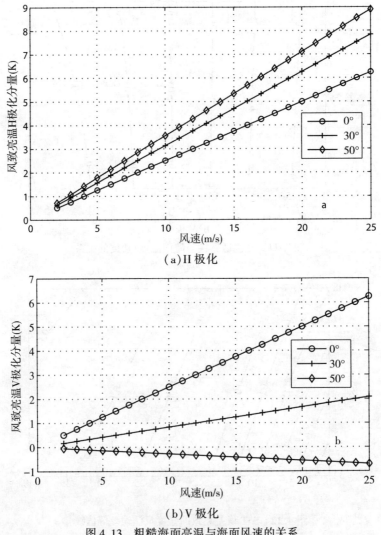

（a）Ⅱ极化

（b）Ⅴ极化

图 4.13　粗糙海面亮温与海面风速的关系

基于蒙特卡洛方法可以获得风速误差对盐度反演精度的影响，如图 4.14 所示。结果表明，2m/s 风速误差导致的盐度反演误差可达 0.6~1.6psu；由于亮温对盐度敏感性在高海温条件下较高，因此高海温条件下反演精度明显优于低海温条件。

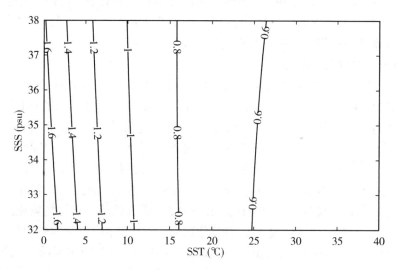

图 4.14　风速误差导致的盐度反演误差与海表盐度和温度的关系

4.4.2　微波辐射计海表盐度反演技术

1. SMOS 卫星盐度反演算法

2009 年 11 月欧空局盐度遥感卫星 SMOS 的成功发射，使人类第一次拥有了从太空监测海洋表面盐度的能力。SMOS 是欧空局地球探索者机遇任务的组成部分，整个任务计划由 8 颗卫星组成，SMOS 是该任务的第 2 颗卫星，其唯一的载荷为 L 波段合成孔径成像微波辐射计（Microwave Imaging Radiometer using Aperture Synthesis，MIRAS）。MIRAS 具有三个径向臂，呈"Y"形分布，每个径向臂分成三段，入轨后展开。MIRAS 三个径向臂和中央结构上均匀分布 69 个天线单元（Light Cost Effective Front-end，LICEF），以测量 L 波段地球微波辐射能量，测量的信号送入中央数字相关器，以生成干涉信号。由于采用了干涉成像技术，SMOS 在其视场中心的空间分辨率可达 30km。

　　SMOS 盐度反演是基于模拟亮温与实测亮温比较的最大似然估计方法。SMOS 数据处理系统中，根据海面盐度、SST 和风速等海面参数的初猜值，采用海面粗糙度模型对粗糙海面亮温进行数值模拟，将亮温模拟值、亮温测量值、海面参数的初猜值以及各数值的误差估计值代入一个代价函数，通过非线性迭代方法使代价函数达到最小值，从而获得海面盐度数据，其反演结果很大程度上依赖于粗糙海面发射率模型的准确性。SMOS 辐射计 L2 数据产品处理过程中采用了三种粗糙海面发射率模型：①双尺度模型（Two-Scale Model，TSM）；②小斜率方法/微扰法（Small Slope Approximation/Small Perturbation Method，SSA/SPM）；③L 波段海面发射率的经验模型，分别进行盐度反演。

　　SMOS 入轨后，其实测亮温与模拟亮温存在着较大的系统误差，视场 FOV 范围内模拟亮温与实测亮温的偏差可达数开尔文。因此目前利用 SMOS 亮温反演盐度之前首先进行 OTT(Ocean Target Transformation)修正，即采用某段时间(1 个月)内 SMOS 在某大洋区域的亮温数据，利用三种海面粗糙度模型进行亮温模拟，分别计算 SMOS 视场内三种模型的模拟亮温与实测亮温的平均偏差，在 SMOS 实测亮温中减去此平均偏差，再进行海洋盐度反演(Yin，2012)。此外 SMOS 入轨运行后，利用其实际的观测数据，也开展了对 SMOS 数据地面处理系统中使用的粗糙海面模型的优化研究。

2. Aquarius 盐度反演算法

Aquarius(宝瓶座)是 2011 年 6 月发射的星载 L 波段主被动联合观测遥感器，由 NASA、阿根廷航天局(Comision Nacional de Actividades Espaciales，CONAE)合作开发研制；CONAE 负责提供卫星平台和卫星的运行；NASA 负责星上辐射计、散射计等主要有效载荷的研制，并负责卫星的发射和数据处理系统。另外，意大利、法国和加拿大也负责为卫星提供部分有效载荷。Aquarius 主要载荷是 L 波段辐射/散射计(辐射计为 1.413GHz，散射计为 1.26GHz)。微波辐射计用来测量海表亮温，进而反演盐度；散射计测量海表粗糙度，用于亮温修正。辐射计和散射计共用一个 2.5m 直径的三馈源抛物面天线。3 个波束呈交轨推扫工作方式，3 个波束的入射角分别为 29.36°、38.44°和 46.29°，其平均天线足印分别为 84km、102km 和 126km，扫描幅宽为 390km。由于供电系统的问题，Aquarius 盐度遥感卫星已于 2015 年 6 月 7 日停止工作，其在轨时间近四年，在轨期间提供了 3 年 9 个月的盐度产品(2011 年 8 月 25 日—2015 年 6 月 7 日)。

Aquarius 盐度反演方法与 SMOS 的不同在于，Aquarius 算法中利用 L 波段地球物理模型 GMF，剔除风致粗糙海面亮温辐射，再进行盐度反演。基于此模型计算风致粗糙海面亮温贡献时，首先剔除后向散射系数中的风向信号，获得风速对后向散射系数的贡献；而后将剔除了风向信号的后向散射系数以及 NCEP 的风速数据输入一个查找表，得到当前条件下风速对亮温的贡献；最后将 NCEP 风速、风向代入亮温的地球物理函数，得到风向对亮温的贡献，将以上两项求和即可获得风致粗糙海面亮温。

由于缺少星载盐度计观测数据，Aquarius 地面处理系统中的 GMF 函数采用的是 2010 年机载 L 波段实验数据建立的，机载辐射计入射角与 Aquarius 存在差异，带来了一定的盐度反演误差。Aquarius 发射后，陆续有研究者利用其实际的观测数据，对 GMF 函数进行了后续研究，其利用 Aquarius 盐度卫星数据，结合 SSM/I 和再分析数据，开展了海表辐射特性研究，建立了描述 L 波段海面辐射/散射特性的半经验模型，将其应用于海面盐度和风速反演算法，并针对降雨条件下的海面辐射特性和盐度反演算法开展了初步研究。星载盐度计测量的全球海表盐度分布如图 4.15 所示。

SMOS 和 Aquarius 在发射前确定的盐度精度指标为 0.1 ~ 0.2psu(10 ~ 30 天，150 ~ 200km 平均)。各国研究者采用现场浮标数据或者模式数据，在全球主要海域对 SMOS 和 Aquarius 盐度遥感数据产品的精度进行了验证，结果表明 SMOS 和 Aquarius 在开阔海域与现场观测数据的标准差为 0.3 ~ 0.6psu，且在高纬度、高海况、低温和存在降雨的海域反演误差较大；由于陆地射频干扰 RFI 等因素的影响，盐度数据在近海的精度较大洋区域低，为 1psu 左右；并且盐度遥感结果存在升轨和降轨差异。

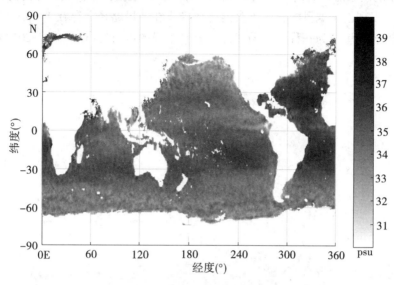

图 4.15　星载盐度计测量的全球海表盐度分布图

4.4.3　微波辐射计数据海表盐度应用

1. 全球降水与蒸发研究

海洋区域的蒸发与降水是海水盐度的重要影响因素之一。蒸发导致海洋盐度上升，降水导致海洋盐度下降。因此，海洋表面盐度的空间分布与海表蒸发-降水差的空间分布非常相似。在主要受赤道低气压控制的热带区域，由于强烈的降水，海洋呈现低盐度分布的特点，海表盐度一般低于 35psu；而在副热带高压控制的区域，蒸发量大于降水量，海表盐度可达 36~37psu。海洋上空剧烈的降水过程甚至会在海洋表面形成一层淡水层，即"淡水透镜"，进而被盐度遥感卫星观测到。研究发现 SMOS 卫星每天可以观测到 3~4 个位于大气锋面系统下方的反常海面淡水带，以澳洲西南部海域存在的一个淡水带为例，其表面盐度较周围海水低 4psu，并位于一个降雨量为 5.6mm/d 的大气锋面系统下方，其淡水透镜的厚度可达海洋表面下 15cm（McCulloch，2012）。由于海-气耦合模式的垂直分辨率较低，通常无法模拟这种浅层淡水透镜，从而导致模拟的海面热量交换值产生误差。盐度遥感卫星可为海洋降水研究提供一种新的观测手段。

2. 河口冲淡水研究

地表径流对海洋的注入，即河口冲淡水是海陆水循环中的重要构成因素。由于河流淡水与海水是两种不同性质的水团，在两种水体界面附近，水体的物理性质（温度、盐度、浊度、速度、颜色等）、化学性质和生物性质的水平梯度达到最大值，形成河口羽状锋。由于河口的径流量及几何形态的不同，羽状锋可形成在河口，也可形成在河口外海域；羽状锋的空间和时间尺度主要取决于入海径流量的大小和变化类型。美国的密西西比河河口和哥伦比亚河河口羽状锋影响口外长度约 400km，而南美洲的亚马孙河河口由于径流特丰，故影响长度可达千余千米，最大面积可覆盖 $1 \times 10^6 km^2$，进而在西热带大西洋表层形

157

成超过 1m 厚的淡水层。有研究利用 Aquarius 和 SMOS 数据，分析亚马孙河河口锋对 Katia 飓风的响应，发现由于飓风导致的垂直混合效应，在飓风路径上存在 1.5psu 的高盐度带，验证了盐度遥感卫星作为一种新的羽状锋面监测手段的可行性（Grodsky，2012）。

第5章　海洋水色遥感

海洋光学遥感是利用遥感器接收的光学信号进行海洋信息探测的技术。按照是否发射光束,可将海洋光学遥感分为主动光学遥感和被动光学遥感,其中前者主要是指海洋激光雷达遥感,其主动发射激光束,通过接收激光与海洋相互作用后返回至遥感器的信号进行海洋信息提取;后者则以太阳为光源,通过接收被海洋后向散射(或反射)后传输至遥感器的太阳光,进行海洋信息提取,通常称作水色遥感。本章主要对发展更为成熟的海洋水色遥感进行介绍。

第一节简要介绍海洋水色卫星的发展历程;第二节介绍海洋水色遥感机理,包括光在大气和水体中的辐射传输理论;第三节介绍卫星水色遥感数据处理,主要包括辐射定标和大气校正;第四节介绍卫星水色遥感信息提取,包括海洋光学参量、水色组分浓度、浅海水深等;第五节介绍卫星水色遥感在海洋灾害、全球气候变化、海洋动力/生态过程等领域的典型应用案例。

5.1　海洋水色卫星发展历程

在海洋卫星水色遥感发展的近 40 年时间里,世界各国陆续发射了几十颗用于水色遥感的卫星。1978 年,美国国家航空与航天局(NASA)发射的雨云卫星上搭载了全球首个用于海洋水色观测的传感器——海岸带水色扫描仪 CZCS(Coastal Zone Color Scanner),开创了海洋水色卫星遥感时代。1986 年,CZCS 停止运行,在随后的 10 年间,美、欧、印、日、韩等和我国均积极推动各自的海洋水色卫星计划,海洋水色遥感技术进入了快速发展时期。该时期具有代表性的水色遥感器是美国的宽视场水色扫描仪 SeaWiFS(Sea-Viewing Wide Field-of-View Sensor)、中分辨率成像光谱仪 MODIS(Moderate-resolution imaging spectra-radiometer),以及欧空局的中等分辨率成像光谱仪 MERIS(Medium-spectral Resolution Imaging Spectrometer),这些水色遥感器为海洋科学研究提供了长时间序列的水色遥感数据。我国于 2002 年发射了首颗自主研制的海洋光学卫星 HY-1A,2007 年发射了其后继星 HY-1B,推动了我国水色卫星事业的发展。此外,我国极轨气象卫星——FY-3 系列卫星上搭载的中分辨率光谱成像仪 MERSI(Medium Resolution Spectral Imager)也设置了专门的水色波段。

近几年发射的水色卫星主要有:2010 年韩国发射的全球首个静止轨道水色遥感器 GOCI(Geostationary Ocean Color Imager),美国和欧空局分别于 2011 年和 2016 年发射的极轨水色遥感器 VIIRS(Visible infrared Imaging Radiometer)和 Sentinel-3A OLCI(Ocean and Land Color Instrument)。图 5.1 给出了 20 世纪 90 年代以来的主要水色卫星遥感器及在轨

运行情况。

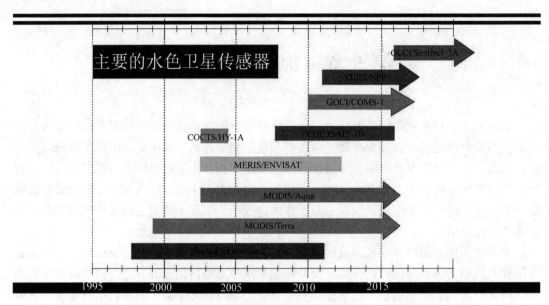

图 5.1　20 世纪 90 年代以来主要的卫星水色遥感器

5.1.1　第一个卫星水色遥感器——CZCS

1978 年 10 月，NASA 发射了第一个卫星水色遥感器 CZCS，共有 6 个波段，中心波长分别为 443nm、520nm、550nm、670nm、750nm 和 11.5μm。卫星轨道高度 955km，倾角 99.3°；成像幅宽 1566km，空间分辨率 825m(参数详见表 5.1)。

表 5.1　　　　　　　　　　　　CZCS 遥感器的主要技术指标

波段	波长范围(μm)	信噪比	应用目标
1	0.433~0.453	260	黄色物质(CDOM)
2	0.510~0.530	260	叶绿素
3	0.540~0.560	233	CDOM、悬浮物
4	0.660~0.680	143	叶绿素、大气校正
5	0.700~0.800	267	地面植被
6	10.5~12.5		热辐射

CZCS 的设计初衷是进行海岸带区域的水色遥感探测，但实际上在开阔大洋海域的遥感探测中取得了成功。虽然设计寿命只有一年，但直到 1986 年才停止工作。CZCS 在轨运行期间，获取了大量的观测资料，充分验证了卫星水色遥感探测技术的可行性，开创了海洋水色卫星遥感时代，为后续水色遥感技术的发展奠定了坚实基础。

5.1.2 水色卫星遥感器的里程碑——SeaWiFS

1997 年 9 月，NASA 发射了水色卫星 Orbview-2，其上搭载了宽视场水色扫描仪（SeaWiFS）。SeaWiFS 在波段设置上吸取了 CZCS 的经验教训，共设置了 8 个可见光-近红外波段，中心波长分别为 412nm、443nm、490nm、510nm、555nm、670nm、765nm 和 865nm。卫星轨道高度 705km，倾角 98.2°；成像空间分辨率 1.1km，刈幅宽度 2800km。为了提高水色探测的准确性，星上配备了太阳定标和月亮定标系统，同时研制了海洋光学浮标用于系统的替代定标。表 5.2 给出了 SeaWiFS 的主要技术参数。

表 5.2　SeaWiFS 遥感器的主要技术指标

波段	波长范围(μm)	饱和辐亮度（$W \cdot m^{-2} \cdot \mu m^{-1} \cdot sr^{-1}$）	信噪比	应用目标
1	0.402~0.422	136.3	499	CDOM
2	0.433~0.453	132.5	674	叶绿素
3	0.480~0.500	105	667	色素、K_d(490)
4	0.500~0.520	90.8	640	叶绿素
5	0.545~0.565	74.4	596	色素、光学性质、悬浮物
6	0.660~0.680	42	442	大气校正、叶绿素
7	0.745~0.785	30	455	大气校正、叶绿素
8	0.845~0.885	21.3	467	大气校正、叶绿素

SeaWiFS 于 2010 年停止工作，在轨 10 余年间实现了长期稳定运行，获取了长时间序列、高质量的全球海洋观测资料，这些宝贵的观测数据在全球海洋碳循环研究等诸多领域得到了广泛应用，将海洋水色卫星遥感技术的发展提升到了一个全新的高度，因而具有里程碑式的意义，也为后续海洋卫星的发展提供了参考和借鉴。

5.1.3 应用最广泛的多功能光学遥感器——MODIS

1999 年 12 月和 2002 年 5 月，NASA 分别发射了 Terra 和 Aqua 卫星，其上均搭载了中分辨率成像光谱仪 MODIS。MODIS 最大的特点是波段多，在 400nm 到 14400nm 的可见光-热红外范围内设置了 36 个波段，用于海洋、大气、陆地等的综合探测，其中有 9 个波段专用于水色遥感，光谱范围为 405nm~877nm，见表 5.3。卫星轨道高度 705km，倾角98.2°；MODIS 成像幅宽 2330km；波段 1 和 2 的空间分辨率为 250m，波段 3~7 的空间分辨率为 500m，波段 8~36 的空间分辨率为 1km。Terra 在地方时上午过境，Aqua 在地方时下午过境，二者结合可在一天之内对同一目标进行两次观测。

表 5.3　　　　　　　　　　　　　**MODIS 遥感器的主要技术指标**

波段	波长范围(μm)	信噪比	应用目标
1	0.620~0.670	128	陆地、云、气溶胶边界
2	0.841~0.876	201	
3	0.459~0.479	243	陆地、云、气溶胶性质
4	0.545~0.565	228	
5	1.230~1.250	74	
6	1.628~1.652	275	
7	2.105~2.155	110	
8	0.405~0.420	880	水色、浮游植物、生物地球化学
9	0.438~0.448	838	
10	0.483~0.493	802	
11	0.526~0.536	754	
12	0.546~0.556	750	
13	0.662~0.672	910	
14	0.673~0.683	1087	
15	0.743~0.753	586	
16	0.862~0.877	516	
17	0.890~0.920	167	大气层水汽
18	0.931~0.941	57	
19	0.915~0.965	250	
20	3.660~3.840		地球地表、云温度
21	3.929~3.989		
22	3.929~3.989		
23	4.020~4.080		
24	4.433~4.498		大气温度剖面
25	4.482~4.549		
26	1.360~1.390	150	卷云、水汽、水汽剖面
27	6.535~6.895		
28	7.175~7.475		
29	8.400~8.700		云性质
30	9.580~9.880		臭氧

续表

波段	波长范围(μm)	信噪比	应用目标
31	10.780~11.280		地球地表、云温度
32	11.770~12.270		
33	13.185~13.485		云顶高度、大气温度剖面
34	13.485~13.785		
35	13.785~14.085		
36	14.085~14.385		

MODIS 目前仍在轨运行，获取了全球大气、海洋、陆地、冰川雪盖等多种环境信息的长时间序列、高质量观测资料，在全球变化等诸多领域得到了非常广泛的应用。

5.1.4 首个静止轨道水色遥感器——GOCI

2010 年 6 月，韩国发射了静止轨道卫星 COMS，其上搭载的 GOCI(Geostationary Ocean Color Imager)是全球首个静止轨道(地球同步轨道)水色遥感器，见表 5.4。GOCI 的轨道高度为 35857km，空间分辨率 500m，成像范围为 2500km×2500km，成像中心位置为东经 130°、北纬 36°。GOCI 的最大优势是在每天 8:30~15:30(北京时间)的时间范围，每隔 1 小时提供一景遥感影像(一天共 8 景)，这使得海洋-大气的逐时变化监测成为可能。

表 5.4 **GOCI 遥感器的主要技术指标**

波段	波长范围 (μm)	饱和辐亮度 (W·m^{-2}·μm^{-1}·sr^{-1})	应用目标
1	0.402~0.422	150.0	CDOM
2	0.433~0.453	145.8	叶绿素
3	0.480~0.500	115.5	叶绿素、其他色素
4	0.545~0.565	85.2	悬浮物
5	0.650~0.670	58.3	色素、悬浮物、水体光学性质
6	0.675~0.685	46.2	大气校正、荧光
7	0.735~0.755	33.0	大气校正、荧光基线
8	0.845~0.885	23.4	大气校正、离水辐亮度

5.1.5 最新的卫星水色遥感器

2011 年 10 月，美国发射的新一代对地观测卫星 Suomi NPP 搭载了 VIIRS 遥感器。作为 NASA 的第二代中分辨率影像辐射计，VIIRS 主要用于陆地、大气、冰和海洋的监测。

卫星轨道高度 824km，成像宽度 3000km，每天可覆盖全球两次。VIIRS 共设置了 22 个波段，其中 9 个波段位于可见光和近红外，12 个波段位于中红外和远红外，1 个波段为 DNB（Day/Night Band）波段，见表 5.5。VIIRS 的 22 个波段中，17 个波段的空间分辨率为 750m，其余波段为 375m。

表 5.5　　　　　　　　　　　　　VIIRS 遥感器的主要技术指标

	波段	波长范围（μm）	饱和辐亮度（$W \cdot m^{-2} \cdot \mu m^{-1} \cdot sr^{-1}$）	信噪比	应用目标
可见光和近红外	M1	0.402~0.422	135	1283	海洋水色、气溶胶
	M2	0.436~0.454	127	1028	海洋水色、气溶胶
	M3	0.478~0.498	127	1115	海洋水色、气溶胶
	M4	0.545~0.555	64	976	海洋水色、气溶胶
	I1	0.600~0.680	718	423	对地成像
	M5	0.662~0.682	59	606	海洋水色、气溶胶
	M6	0.739~0.754	41	703	大气
	I2	0.850~0.880	349	541	植被指数
	M7	0.846~0.885	29	927	海洋水色、气溶胶
	DNB	0.500~0.900			对地成像
中红外	M8	1.230~1.250	165	480	云粒子大小
	M9	1.371~1.386	77	449	卷云、云覆盖
	I3	1.580~1.640	73	281	云图
	M10	1.580~1.640	71	1097	雪
	M11	2.230~2.280	32	29	云
	I4	3.550~3.930			对地成像
	M12	3.610~3.790			海面温度
	M13	3.970~4.130			海面温度、火灾
远红外	M14	8.400~8.700			云顶性质
	M15	10.260~11.260			海面温度
	I5	10.500~12.400			云成像
	M16	11.540~12.490			海面温度

　　2016 年 2 月 16 日，欧空局成功发射了"哨兵-3A"（Sentinel-3A）卫星，星上搭载了水色传感器 OLCI，主要用于海洋水色和陆地表面监测。卫星运行轨道高度为 815km，成像

幅宽 1270km，空间分辨率包括 300m 和 1200m 两种，在 400～1020nm 光谱范围内共设置了 21 个波段(见表 5.6)。

表 5.6　　　　　　　　　　　**OLCI 遥感器的主要技术指标**

波段	波长范围(μm)	信噪比
Oa1	0.392～407	2188
Oa2	0.407～0.417	2061
Oa3	0.437～0.447	1811
Oa4	0.485～0.495	1541
Oa5	0.505～0.515	1488
Oa6	0.555～0.565	1280
Oa7	0.615～0.625	997
Oa8	0.660～0.670	883
Oa9	0.670～0.677	707
Oa10	0.677～0.685	745
Oa11	0.704～0.714	785
Oa12	0.742～0.750	605
Oa13	0.757－0.760	232
Oa14	0.762～0.766	305
Oa15	0.766～0.769	330
Oa16	0.771～0.786	812
Oa17	0.855～0.875	666
Oa18	0.875～0.885	395
Oa19	0.895～0.905	308
Oa20	0.930～0.950	203
Oa21	1.000～1.040	152

5.1.6　自主海洋水色遥感器

2002 年 5 月，我国发射了第一颗用于海洋环境探测的水色卫星 HY-1A。星上搭载了水色水温扫描仪 COCTS(Chinese Ocean Color and Temperature Scanner)和 CCD 成像仪两个传感器。COCTS 的空间分辨率为 1100m，共有 10 个波段，光谱范围为 402nm～12500nm(见表 5.7)。CCD 成像仪具有蓝、绿、红和近红外 4 个波段，空间分辨率为 250m。HY-1A 轨道高度为 798km，倾角为 98.8°，COCTS 的刈幅为 1600km，CCD 的刈幅为 500km。

HY-1A 实现了我国海洋水色卫星零的突破，为我国的海洋水色卫星的发展奠定了技术基础。

表 5.7   **COCTS 遥感器的主要技术指标**

波段	波长范围(μm)	饱和辐亮度 ($W \cdot m^{-2} \cdot \mu m^{-1} \cdot sr^{-1}$)	信噪比	应用目标
1	0.402~0.422	121	349	CDOM
2	0.433~0.453	110	472	叶绿素
3	0.480~0.500	94	467	色素、$K_d(490)$
4	0.510~0.530	82	448	叶绿素
5	0.555~0.575	69	417	色素、光学性质、悬浮物
6	0.660~0.680	49	309	大气校正、叶绿素
7	0.730~0.770	29	319	大气校正、叶绿素
8	0.845~0.885	23	327	大气校正、叶绿素

2004 年 3 月 HY-1A 停止运行，其后续星 HY-1B 于 2007 年 4 月发射升空。HY-1B 搭载了 10 波段的海洋水色水温扫描仪 COCTS 和 4 波段的海岸带成像仪 CZI(Coastal Zone Imager)。HY-1B COCTS 沿用了 HY-1A COCTS 的技术参数，但 HY-1B CZI 的波段宽度比 HY-1A CCD 窄，中心波长也有所调整。2016 年 1 月，HY-1B 卫星停止运行。

除自主的海洋水色卫星外，FY-3 系列气象卫星上搭载的传感器也具有海洋水色探测能力。FY-3 卫星是我国第二代极轨气象卫星，共有 A、B、C 三颗卫星，其中 A 星发射于 2008 年 5 月，B 星发射于 2010 年 11 月，C 星发射于 2013 年 9 月。其上均搭载了中分辨率光谱成像仪 MERSI，可实现海洋水色、气溶胶、水汽含量、云特性等信息的综合探测。MERSI 的扫描角度为 ±55°，刈幅宽度为 2900km，星下点分辨率为 1km，在可见光、近红外、短波红外和热红外光谱范围内共设有 20 个通道，其中有 9 个通道用于海洋水色探测，见表 5.8。

表 5.8   **FY-3 MERSI 遥感器的主要技术指标**

波段	中心波长(μm)	波段宽度(μm)	空间分辨率(m)
1	0.470	0.05	250
2	0.550	0.05	250
3	0.650	0.05	250
4	0.865	0.05	250
5	11.250	2.50	250
6	1.640	0.05	1000

续表

波段	中心波长(μm)	波段宽度(μm)	空间分辨率(m)
7	2.130	0.05	1000
8	0.412	0.02	1000
9	0.443	0.02	1000
10	0.490	0.02	1000
11	0.520	0.02	1000
12	0.565	0.02	1000
13	0.650	0.02	1000
14	0.685	0.02	1000
15	0.765	0.02	1000
16	0.865	0.02	1000
17	0.905	0.02	1000
18	0.940	0.02	1000
19	0.980	0.02	1000
20	1.030	0.02	1000

5.2 海洋水色遥感机理

水色遥感器接收到的光信号主要包括以下几部分：一是下行太阳光被大气分子和气溶胶散射后进入遥感器的辐射贡献；二是下行太阳直射光被海面镜面反射进入遥感器的辐射贡献；三是进入水中的光与水体内部各种组分(如水分子、浮游植物色素、溶解有机物、悬浮颗粒物等)相互作用后，穿过水气界面重新回到大气中并传输至遥感器的辐射贡献，即离水辐射。

海洋水色遥感技术，需要从遥感器观测的水色信号中提取真正携带海洋信息的离水辐射信号，进而得到海水光学性质、水色组分浓度、浅海水深等相关参数，就需要对光在大气和海洋中的传输过程进行深入的理解和准确的刻画。以下分别就大气辐射传输和水体辐射传输过程进行简要介绍。

5.2.1 大气辐射传输

通常用辐射传输方程描述电磁波与介质的相互作用。辐射传输方程如下所示：

$$\frac{\mathrm{d}I_\lambda}{k_\lambda \rho \mathrm{d}s} = - I_\lambda + J_\lambda \tag{5.1}$$

式中，I_λ 为辐射强度，ρ 为物质密度，$\mathrm{d}s$ 为沿传输方向的传输距离，k_λ 为质量消光截面，J_λ 为代表多次散射和发射的源函数。当忽略多次散射和发射时，该方程可简化为比尔-布格-朗伯定律，即在均匀介质中辐射强度随距离的增加指数衰减。

假设大气平行分层，设 z 代表向上垂直方向的距离，则公式(5.1)可表示为：

$$\cos\theta \frac{\mathrm{d}I(\tau,\ \theta,\ \varphi)}{k\rho \mathrm{d}z} = -I(\tau,\ \theta,\ \varphi) + J(\tau,\ \theta,\ \varphi) \tag{5.2}$$

式中，θ 为天顶角，φ 为方位角。

大气层的光学厚度可表示为：

$$\tau(z) = \int_z^\infty -k\rho \mathrm{d}z \tag{5.3}$$

观测天顶角余弦为 $\mu = \cos\theta$，将式(5.3)代入式(5.2)，则辐射传输方程表达如下：

$$\mu \frac{\mathrm{d}I(\tau,\ \theta,\ \varphi)}{\mathrm{d}\tau} = I(\tau,\ \theta,\ \varphi) - J(\tau,\ \theta,\ \varphi) \tag{5.4}$$

若只考虑可见光和紫外波段，不考虑红外热辐射，则源函数 J 可表示为单次散射和多次散射之和：

$$J(\tau,\ \Omega) = \frac{\omega}{4\pi} F_0\, \mathrm{e}^{-\frac{\tau}{\mu_0}} P(\Omega,\ \Omega_0) + \frac{\omega}{4\pi} \int I(\tau,\ \Omega') P(\Omega,\ \Omega') \mathrm{d}\Omega \tag{5.5}$$

式中，Ω 代表辐射观测方向(θ, ϕ)，Ω_0 代表太阳方向(θ_0, ϕ_0)，Ω' 代表散射方向(θ', ϕ')；ω 为单次散射反照率，F_0 为太阳常数，μ_0 为太阳天顶角余弦，P 为散射相函数。

用斯托克斯矢量 $\vec{I}$ 代替式(5.4)中的辐射量 I，用单次散射相矩阵 $\vec{M}$(Mueller 矩阵)代替式(5.5)单次散射相函数 P，则可得到矢量辐射传输方程。

大气介质对光的辐射传输作用主要包括吸收和散射。

1. 吸收

大气对某些波段的电磁波有弱吸收作用，辐射传输计算时可将其作为折射率虚部合并到散射的计算过程中；而对于大气有强吸收作用的波段(即强吸收带)，遥感器在进行波段设置时通常要避开，因此其辐射传输过程可暂不做考虑。

在紫外到红外光谱范围内，大气主要吸收水汽、二氧化碳、臭氧和氧，以及一氧化碳、甲烷和氧化二氮等微量元素。

2. 散射

根据散射体粒径大小，可将大气对光的散射分为大气分子散射和气溶胶散射。

大气分子粒径远小于水色遥感关注的波长范围(紫外-红外)，因此满足瑞利散射理论。其散射光的能量与波长的 4 次方成反比，前向和后向散射对称。

$$\beta_{sca} = 1.048 \times \frac{32\,\pi^3}{3\rho_0^2 N \lambda^4} (m_0 - 1)^2 \tag{5.6}$$

式中，β_{sca} 为大气分子的瑞利散射系数，ρ_0 为海平面上的分子质量密度，N 为分子数密度，λ 为波长，m_0 为海平面上的空气折射率(Peck 和 Reeder，1972)。

气溶胶是指悬浮在大气中的固态和液态颗粒物的总称，直径在 0.001～100μm 之间，其对光的散射近似满足 MIE 散射理论，前向和后向散射不对称。

大气气溶胶粒子主要分布在对流层和平流层。平流层的气溶胶时空分布较为稳定，对流层气溶胶粒子的组成和来源复杂，具有时空多变性。气溶胶粒子按成分可划分为6种：水溶性粒子、沙尘性粒子、海洋性粒子(主要成分为海盐)、煤烟、火山灰、75%硫酸水溶液液滴，其中煤烟气溶胶吸收性强，其复折射指数的实部和虚部随波长增大而增大，沙尘和海盐气溶胶复折射率虚部随波长增大而减小。前四种气溶胶按比例混合，构成了不同的气溶胶模型，主要的气溶胶模型有乡村型、城市型、海洋型等。

粒径在$0.1 \sim 10\mu m$的粒子对光传输的影响最大，而粒径小于$0.2\mu m$的气溶胶粒子(称为爱根核)，仅对可见光的短波波段和紫外波段光的传输有少量影响。由于气溶胶粒径分布范围大，因此通常利用粒子谱分布函数$(\mathrm{d}N/\mathrm{d}r)$来表示各粒子半径附近单位粒子半径内的粒子数，以描述气溶胶粒子的总体分布特征。常用的粒子谱分布函数为容格谱(Junge谱)：

$$\frac{\mathrm{d}N}{\mathrm{d}r} = 0.4343Cr^{-(v+1)} \tag{5.7}$$

式中，C为与气溶胶粒子浓度有关的常数，v一般取$2 \sim 4$。此外还有伽玛谱、修正伽玛谱、对数正态谱和双对数正态谱等。

气溶胶对光的衰减作用通常用气溶胶光学厚度$\tau(\lambda)$描述，$\tau(\lambda)$为气溶胶消光系数$c(\lambda)$沿路径方向的积分，通常利用垂直方向上的积分表示：

$$\tau(\lambda) = \int_{r1}^{r2} c(\lambda)\mathrm{d}r \tag{5.8}$$

在满足容格谱分布情况下，气溶胶光学厚度与波长之间的关系满足下式：

$$\tau(\lambda) = \beta\lambda^{-\alpha} \tag{5.9}$$

式中，α为Angstrom指数，与粒子大小的变化趋势相反；β为浑浊度系数。

5.2.2　水体辐射传输

卫星接收到的离水辐射信号通常用遥感反射率表示，其定义如下：

$$R_{rs}(\lambda) = \frac{L_w(\lambda)}{E_d(\lambda,\ 0^+)} = \frac{L_{wn}(\lambda)}{\overline{F_0}(\lambda)} \tag{5.10}$$

式中，R_{rs}为遥感反射率，单位为sr^{-1}；$L_w(\lambda)$为离水辐亮度，$E_d(\lambda,\ 0^+)$为海面之上的下行辐照度，$L_{wn}(\lambda)$为归一化离水辐亮度，$\overline{F_0}(\lambda)$为平均日地距离处大气层外的太阳辐照度。

遥感反射率是表观量，与水体的吸收和散射性质以及入射光场有关，表达式如下：

$$R_{rs} = q\frac{r_{rs}}{1 - \Gamma r_{rs}} \tag{5.11}$$

$$r_{rs} = \left(g_0 + g_1\frac{b_b(\lambda)}{a(\lambda) + b_b(\lambda)}\right)\frac{b_b(\lambda)}{a(\lambda) + b_b(\lambda)} \tag{5.12}$$

r_{rs}代表刚好海面之下处(0^-)的遥感反射率，q代表海-气界面的透过率，Γ代表光从海水进入大气时的海面反射率，q和Γ的取值分别为0.52和1.7。g_0和g_1是模型系数，取值与观测几何有关，与波长无关，星下点观测时，$g_0 \approx 0.0949\ \text{sr}^{-1}$，$g_1 \approx 0.0794\ \text{sr}^{-1}$，对于不同海域，$g_0$ 和 g_1 的取值会有所差别。$a(\lambda)$ 为水体的总吸收系数，$b_b(\lambda)$ 为水体的后向散射系数。

1. 吸收

吸收主要包括纯海水吸收、浮游植物吸收、黄色物质吸收和非藻类颗粒物吸收：

$$a(\lambda) = a_w(\lambda) + a_{ph}(\lambda) + a_{cdom}(\lambda) + a_{nap}(\lambda) \qquad (5.13)$$

式中，$a_w(\lambda)$ 代表纯海水的吸收，$a_{ph}(\lambda)$ 代表浮游植物色素的吸收，$a_{cdom}(\lambda)$ 代表黄色物质(溶解有机物)的吸收，$a_{nap}(\lambda)$ 代表非藻类颗粒物的吸收。

(1)纯海水的吸收

纯海水包括纯水、溶解的无机盐(如 NaCl、KCl、$MgCl_2$、$MgSO_4$ 和 $CaSO_4$ 等)和溶解的气体(如 N_2、O_2，CO_2)。无机盐和气体的吸收作用非常微弱，所以通常认为纯海水的吸收为常量。

由纯海水的吸收曲线(图 5.2)可以看出，在 $400 \sim 500$ nm 波段范围内，纯海水的吸收较小，基本小于 $0.02\ \text{m}^{-1}$；580nm 之后，海水的吸收迅速增加，在 700nm 处已达 $0.62\ \text{m}^{-1}$。

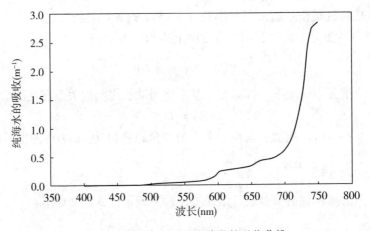

图 5.2　纯海水在可见光波段的吸收曲线

(2)浮游植物色素的吸收

浮游植物色素是大洋水体中吸收可见光的最主要组分，主要包括叶绿素 a、叶绿素 b、叶绿素 c、胡萝卜素、叶黄素等，其中以叶绿素最为普遍。由于色素的吸收与色素浓度、组成、细胞粒径，以及色素在细胞内的分布等均有关，因此色素的吸收并非常量，具有明显的时空变化。

图 5.3 是我国近海观测的浮游植物色素吸收光谱，从中可以看出，浮游植物色素吸收在可见光波段的主要特点是"两峰一谷"：吸收峰的位置在 440nm 和 670nm 附近，吸收谷的位置在 600nm 附近。

表 5.9 给出了几种常见色素的吸收峰值位置。

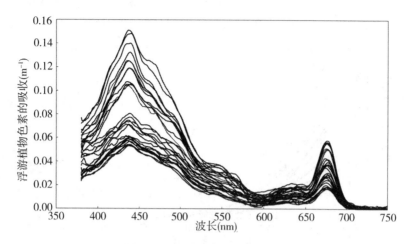

图 5.3 浮游植物色素吸收曲线

表 5.9 几种常见色素的吸收峰位置

色素类型	吸收峰大致位置(nm)
叶绿素 a	440、670
胡萝卜素	480
藻红蛋白	500、570
岩藻黄素	510
多甲藻素	530
藻青蛋白	620

(3)黄色物质的吸收

黄色物质是有色溶解有机化合物的统称(一般粒径小于 $0.2\mu m$),主要的物质组成为棕黄酸和腐殖酸。大洋水体中的黄色物质主要来源于浮游植物降解物,浓度较低;近岸水体中则主要来自陆源物质,浓度通常较高。

随波长的增加,黄色物质的吸收呈指数衰减,如图 5.4 所示。

$$a_{cdom}(\lambda) = a_{cdom}(\lambda_0)\exp[-S_g(\lambda - \lambda_0)] \tag{5.14}$$

λ_0 为参考波段,一般取 440nm,S_g 为黄色物质的光谱吸收斜率,不同的海区取值不同。

黄色物质的吸收系数依赖于水中黄色物质的浓度,不同海区的黄色物质吸收系数的变化范围较大(Bricaud,1981;Carder,1989;Hojerslev,2001)。表 5.10 给出了不同水体中黄色物质在 440nm 处吸收系数的典型值。需要特别注意的是,即便是同一海区,由于黄色物质浓度具有较强的变异性,其黄色物质吸收系数也可能发生显著变化。

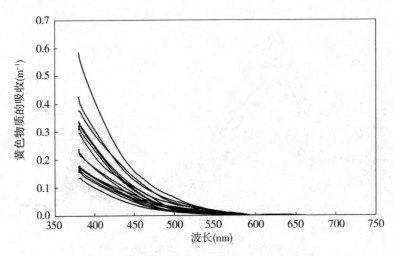

图 5.4　黄色物质在可见光波段的吸收曲线

表 5.10　　　　　各种水体黄色物质在波长为 **440nm** 的吸收系数（**Krik，1983**）

海域	$a_{cdom}(440)$（m^{-1}）
百慕大沿岸	0.01
北大西洋	0.02
加拉帕戈斯群岛	0.02
毛里塔尼亚上升流	0.034~0.075
秘鲁沿岸	0.05
波罗的海	0.24
波的尼亚湾	0.41

（4）非藻类颗粒物的吸收

非藻类颗粒物主要是指粒径大于 0.2μm，除去藻类颗粒物后的剩余部分，通常包括陆源碎屑、矿物粒子和各种微生物的分解产物。二类水体的非藻类颗粒物质主要为无机悬浮物和有机碎屑，一类水体则主要为有机碎屑。

非藻类颗粒物质的吸收光谱与黄色物质类似，随波长的增加呈指数衰减（图 5.5），表达式为（Bricaud，1981）：

$$a_{nap}(\lambda) = a_{nap}(\lambda_0)\exp[-S_d(\lambda-\lambda_0)]\tag{5.15}$$

式中，λ_0 为参考波段，通常为 440nm，S_d 为非藻类颗粒物光谱吸收斜率，不同海区由于非藻类颗粒物的主导物质不同，所以 S_d 的取值通常也不同。

2. 后向散射

后向散射包括纯海水的后向散射和悬浮颗粒物的后向散射，即

$$b_b(\lambda) = b_{bw}(\lambda) + b_{bp}(\lambda)\tag{5.16}$$

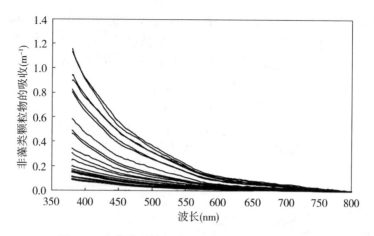

图 5.5 非藻类颗粒物质在可见光波段的吸收曲线

式中，$b_{bw}(\lambda)$ 为纯海水的后向散射，$b_{bp}(\lambda)$ 为悬浮颗粒物的后向散射。

（1）纯海水的后向散射

纯海水的后向散射包括两部分，即纯水和无机盐的后向散射。

纯水的散射通常被认为是"瑞利"散射，有如下主要特征（Morel，1974；Shifrin，1988）：① 由于水的折射率较小，因此与其他液体相比，纯水的散射较弱；② 散射的角度分布在前向（$\psi = 0$）和后向（$\psi = \pi$）取得最大值，在侧向（$\psi = \pi/2$）取得最小值；③ 纯水的后向和前向散射相等，所以后向散射是总散射的一半；纯水的散射通常是常数。

纯海水（盐度为 35～39psu）的后向散射系数，随着波长的增加呈指数衰减（$\lambda^{-4.32}$），如图 5.6 所示。在可见光波段，纯海水的散射系数比纯水高 30%，400nm 为 0.0038m⁻¹，700nm 迅速减小至 0.00035m⁻¹（Morel，1974；Smith 和 Baker，1981）。纯海水的后向散射占总后向散射的比例较低（<10%），有时甚至可以忽略（<1%）。

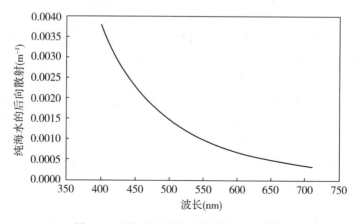

图 5.6 纯海水在可见光波段的后向散射

（2）颗粒物的后向散射

颗粒物的后向散射是海水总后向散射的主要贡献来源。开阔大洋中的颗粒物主要由有机颗粒物组成；而在近岸水体中，无机颗粒物后向散射的占比可达 40%~80%。

颗粒物的后向散射系数随波长的增加呈指数衰减，如图 5.7 所示：

$$\frac{b_{bp}(\lambda)}{b_{bp}(\lambda_0)} = \left(\frac{\lambda_0}{\lambda}\right)^{-n} \tag{5.17}$$

式中，λ_0 为参考波长，通常取为 440 nm；n 表示后向散射系数随波长变化的经验参数，取值随水体的不同而发生变化，对于大洋一类水体，通常为 1。

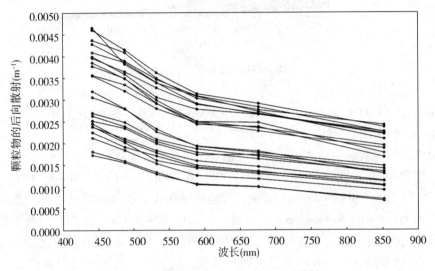

图 5.7 颗粒物在可见光波段的后向散射

5.3 卫星水色遥感数据处理

卫星水色遥感器接收到的光学信号，在用于海洋信息提取之前，须进行必要的数据处理。而数据处理的优劣程度将直接影响海洋信息提取的准确性和可靠性。

本节主要对辐射定标和大气校正这两个最为重要的卫星水色遥感数据处理环节进行介绍。其中，辐射定标是将遥感器记录的原始计数值（Digital Number，DN）转换为真实的辐射值（物理量）的过程；大气校正则是从遥感器观测的辐射值中去除大气辐射影响，从而得到真正包含海洋信息的离水辐射的过程。除此之外，水色遥感数据的处理通常还包括几何校正、云检测/掩膜、陆地掩膜等，受篇幅所限，在此不做介绍。

5.3.1 辐射定标

随着卫星遥感定量化应用的不断深入，及时发现并校正遥感器辐射响应的变化，并评价遥感器自身辐射特性，成为卫星遥感应用与发展的重要环节。遥感器辐射定标是从遥感数据中精确估计地表信息的关键环节。卫星发射前，须对星载遥感器进行绝对辐射定标；卫星升空后，由于仪器本身光学和电子系统的衰变，其辐射性能必将发生改变，导致与发射前的定标结果存在一定的偏差，因此还需要进行在轨辐射定标。

根据星载遥感器定标阶段的不同，可将辐射定标分为实验室定标、在轨星上定标和在轨替代定标。

1. 实验室定标

卫星遥感器发射前的定标是实现遥感定量化的重要环节，也是在轨星上定标和替代定标的基础。根据定标光源的不同，可将发射前定标分为：实验室定标和外场定标。实验室定标以人造光源为主，对遥感器的各项基本参数进行观测及定标。

在实验室定标中，又可将定标工作分成光谱定标和辐射定标两个方面。光谱定标主要是获得遥感器基本光谱特征，如波段的中心波长、波段宽度、光谱响应、半高宽以及带外响应等。辐射定标是指可见光-近红外波段的绝对辐射定标，两者定标光源分别为积分球和黑体。遥感器各谱段的入瞳处辐亮度与输出计数值为线性关系，定标方程为：

$$DN(m, n, l) = G(m, n)L_e(m, n) + DN_0(m, n) \tag{5.18}$$

式中，DN 是遥感器计数值，m 为遥感器谱段号，n 为谱段的探测器元数号，l 为辐亮度档位号，G 为遥感器谱段辐射响应度，L_e 为遥感器入瞳处等效辐亮度，DN_0 为遥感器谱段的零位计数值。辐射定标就是通过不同的 L_e 和 DN 值用最小二乘法进行拟合，计算出定标系数 G 和 DN_0。

在实验室定标过程中，还需对遥感器的稳定性、均匀性、暗电流、线性度、杂散光和动态范围等进行测量(李家仓，2003)，用以分析仪器的性能。

稳定性表征遥感器在一定时间内测量值的重复精度，通常采用相对标准偏差 RSD 作为评价指标，计算公式如下：

$$RSD = \frac{\sqrt{\frac{1}{n-1}\sum_{i=1}^{n}\left(DN_i - \frac{1}{n}\sum_{i=1}^{n}DN_i\right)}}{\frac{1}{n}\sum_{i=1}^{n}DN_i} \tag{5.19}$$

式中，n 为重复测量的次数，DN_i 是每次测量的计数值。

均匀性检测是在测量条件不变的条件下，检验遥感器对于亮度均匀的输入所输出图像的均匀性。光电响应的不均匀性可以用仪器各探元在 50% 饱和曝光条件下，各自输出信号的标准差与其平均响应的比值来表示：

$$\sigma = \frac{\sqrt{\frac{1}{N \times M - 1}\sum_{i=1}^{N}\sum_{j=1}^{M}(DN_{i,j} - DN_m)^2}}{DN_m} \tag{5.20}$$

式中，σ 是光电响应的不均匀性，$N \times M$ 表示仪器总探元数，DN_m 是所有像元的平均响应。

实验室定标是一项复杂且难度较大的工作，其定标结果会受到光源不均匀性、镜头成像、杂散光等的影响。

2. 星上定标

卫星在运输、发射等过程当中，由于振动、加速度冲击以及环境变化等因素的影响，

175

会使遥感器光学和电子系统发生变化。此外，遥感器在轨长期运行期间，其光学元件效率的下降、电子器件的老化等也使得遥感器响应发生改变，因此沿用发射前的定标系数会产生较大的误差。

星上定标又称为在轨定标或飞行定标，其作用与实验室定标类似。根据光源的不同可以分为：内置灯定标、太阳定标和月球定标。

（1）内置灯定标

内置灯定标是采用星载标准灯作为星上定标的光源，对其进行辐射定标。对于可见光、近红外波段，小型钨丝灯通常作为星上内置光源。钨丝灯功耗低且发射光谱很精确，但内置灯的发射通常会随着时间的推移而减弱，通常采用反馈电路来控制电流以保持辐射恒定。

内置灯定标法一般又分为两种形式：灯和漫射板组合方式、灯和积分球组合方式。前者是利用漫射板反射的辐亮度对遥感器进行定标，早期的 CZCS 和 Landsat5 TM 都采用这种定标方式，该方式难以实现对遥感器全孔径、全视场定标。灯和积分球组合方式是利用积分球将点光源转化为均匀性更好的面光源，从而实现对遥感器全孔径、全视场的定标。

定标灯位于卫星平台内部，可以通过指令进行频繁的定标操作（Thome 等，1997），缺点是只能对整个光路中的部分器件进行定标；同时，标准灯的光谱与太阳差异较大，在定标时还需进行光谱匹配校正，从而增加了定标不确定度。随着时间的推移，定标灯自身也会发生衰变，但这是无法识别和溯源的，因此需要增加其他的星上定标设备。

（2）太阳定标

太阳定标是一种基于反射辐亮度的定标方法，定标源为太阳辐射，一般用于遥感器的可见光和近红外波段的定标。太阳是均匀且高度稳定的朗伯光源，实测资料表明，太阳辐射的变化不超过 0.2%。在大气层外，太阳辐照度的光谱分布是确定的，其光谱积分值可以认为是一个常数，即太阳常数。太阳定标是通过星载定标器将太阳辐射引入卫星遥感器，并将太阳辐射调节到遥感器测量的动态范围内，从而实现绝对定标。

星上太阳定标主要采用"太阳+漫射板"和"太阳+衰减板+漫射板"两种定标方式。"太阳+漫射板"的星上定标方式是将漫射板置于卫星外部整个光路的最前方，利用太阳辐射实现星上辐射定标。太阳漫射板是一个全孔径、端对端的定标器，为太阳光反射波段提供太阳光的测量值。漫射板在可见光、近红外、中红外光谱区域具有近似朗伯体的反射谱。这种方法很好地解决了全光路和光谱分布差异的定标问题，但是也存在缺点：一是漫射板直接暴露在外太空，经太阳长期直晒后会出现严重的衰减；二是太阳漫射板反射的大部分波段的辐亮度接近遥感器动态范围的上限值，会出现饱和现象。为减缓漫反射板的衰减，延长其工作寿命，同时使探测器不出现饱和现象，一般会在漫射板的前方增加一个衰减板，构成"太阳+衰减板+漫射板"的星上定标方式，可以认为它是"太阳+漫射板"定标方式的一种改进。在定标结束后，太阳漫射板孔径屏蔽门将关闭，以防止太阳漫射板长期暴露于太阳直晒之下。

总体来看，MODIS（Moderate-resolution Imaging Spectroradiometer）星上定标系统因其具备很高的准确性得到广泛应用，其星上定标设备主要包括：太阳漫射板监测仪、太阳漫射板、光谱辐射定标装置和黑体等。太阳漫射板监测仪主要用于太阳漫射板衰变的监测；光谱辐射定标器主要用于跟踪 MODIS 从发射前至在轨运行期间的定标变化情况；黑体主要用于红外波段的定标工作。

相较于其他定标方法，太阳定标能对整个光路中的所有光学元件进行定标，实现全光路定标，且太阳漫射板定标源可充满遥感器孔径，实现全孔径定标。但是，太阳定标也有自身的局限性。由于定标时太阳漫射板直接暴露在太阳高能紫外辐射照射下，漫射板反射极易衰减；由于受几何位置约束，不便于频繁进行定标操作，只能在轨道的某几个固定位置进行定标。虽然存在一些缺点，但由于其定标精度高，目前仍被认为是最好的星上定标方法而受到重视和广泛应用。

（3）月球定标

目前，月球是除了太阳以外所能观测到的亮度最大的光源。利用月球进行定标，不会受大气的干扰，而且月球的反射可认为是不变的（Kieffer 等，1997）。美国国家航空航天局在"月球自动观测"（Robotic Lunar Observatory）计划下，利用地球辐射计从多年的月球辐照度观测当中获得了 ROLO 模型（Kieffer 等，2005）。卫星遥感器在运行轨迹方向观测到的月球图像会出现拉伸现象，这会使月球表观辐照度值增大，但该影响可以进行校正。

NASA 也通过地球静止业务环境卫星 GOES（Geostationary Operational Environmental Satellite）探索了月球定标的可行性。GOES 采用统计方法得到月球积分亮度，不同方法的统计结果与地面模型结果之间存在差异，显示其还不能用于绝对定标。

与内置灯定标和太阳定标相比，开展月球定标的优势在于：光源长期稳定，不同卫星上的遥感器都可观测月球，不需要进行发射前特性分析，遥感器不需要额外的设计费用，不需要复杂的星上机械机构。但是，其定标方法也存在缺点：卫星平台需要经常调整姿态，每个月仅有一到两次观测的机会，需要精确的月球辐射模型等。

3. 替代定标

在轨替代定标是指卫星运行期间，选择地面某一区域作为替代目标，通过对替代目标的观测以实现卫星遥感器的辐射定标。不同于星上定标系统，替代定标是将卫星遥感器和大气校正算法作为整个系统来加以考虑的，是星上定标的有效补充和扩展。20 世纪 80 年代以来，国内外提出了多种在轨替代定标方法，以提高辐射定标的精度，主要分为场地定标法、场景定标法和交叉定标法三类。

（1）场地定标法

场地定标法从 20 世纪 80 年代开始就应用于遥感器的辐射定标，经过多年的发展，其技术已经日趋成熟，目前绝大多数卫星遥感器的可见光近红外通道都采用该方法进行过辐射定标。以美国亚利桑那大学光学研究中心 Slater 教授为代表的一批科学家提出了利用地球表面大面积均匀稳定的地物目标，实现在轨卫星遥感器的辐射校正。由于这些场地足够大、均一、无云，且能够很好地了解其地面特性，因此被用来作为辐亮度和反射率定标的参考目标。场地定标主要包括三种方法：反射率法（Reflectance-based method）、辐照度法（Irradiance-based method）和辐亮度法（Radiance-based method）。目前，在场地定标法当中，应用最广的是反射率法。

反射率法是在卫星遥感器飞越辐射校正场的同时，准同步进行地面目标反射率、大气光学参数、探空和常规气象观测，通过对地表及大气观测数据的处理及星-地光谱响应匹配，获取大气辐射传输模型所需的输入参数，利用模型计算卫星遥感器入瞳处各波段的辐亮度或反射率，从而建立图像计数值与对应辐亮度或反射率之间的关系，实现辐射定标。反射率法的定标流程如图 5.8 所示。

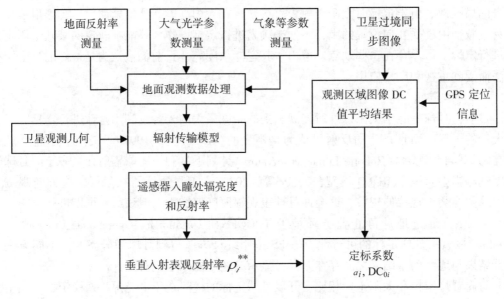

图 5.8　反射率法定标流程

卫星入瞳处各波段的反射率可表示为：

$$\rho_i^*(\theta_s,\ \theta_v,\ \varphi_s,\ \varphi_v) = \frac{\pi L_i(\theta_s,\ \theta_v,\ \varphi_s,\ \varphi_v)}{\alpha E_0 \mu_s} \tag{5.21}$$

式中，$L_i(\theta_s,\ \theta_v,\ \varphi_s,\ \varphi_v)$ 是辐亮度，α 是日地距离校正因子，E_0 是大气层顶太阳辐照度，μ_s 是太阳天顶角余弦。

对于朗伯特性较好的地面目标，反射率可表示为：

$$\rho_i^*(\theta_s,\ \theta_v,\ \varphi_s,\ \varphi_v) = \left[\rho_{Ai}(\theta_s,\ \theta_v,\ \varphi_s,\ \varphi_v) + \frac{(\tau_i(\mu_s)\rho_i\tau_i(\mu_v))}{1-\rho_i s_i}\right] T_{gi} \tag{5.22}$$

式中，$\rho_{Ai}(\theta_s,\ \theta_v,\ \varphi_s,\ \varphi_v)$ 是大气向上散射反射率，τ_i 是大气透过率，ρ_i 是地表反射率，s_i 是大气球面反照率，T_{gi} 是吸收气体透过率。在平均日地距离处且太阳垂直入射条件下，反射率 ρ_i^{**} 与卫星观测计数值之间的关系为：

$$\rho_i^{**}(\theta_s,\ \theta_v,\ \varphi_s,\ \varphi_v) = a_i(DC_i - DC_{0i}) \tag{5.23}$$

式中，a_i 为增益，DC_i 为遥感器计数值，DC_{0i} 为计数值的偏移量。反射率法需要开展定标场区的反射率观测，定标误差小于 5%。该方法的局限性在于需要花费较大的人力物力，且定标次数受到大气条件和过境时间限制，可能无法及时检测到遥感器的变化。

(2) 场景定标法

稳定场景定标法是从某种均匀稳定地表区域的长时间序列图像中，剔除无效、云干扰和大角度观测图像，选择符合替代定标的多幅遥感图像，依据试验场地历史及准同步光谱数据，经过辐射传输模拟和地表方向性校正等，实现遥感器的辐射定标。稳定场景法根据地表下垫面的不同，又可分为：沙漠场景法、极地场景法、海洋场景法和云场景法等。

海洋场景法是指选择海洋作为研究区域，实现遥感器的绝对辐射定标。具体又可以分为：瑞利散射法、海洋耀光法、气溶胶散射法和系统定标法。

瑞利散射法主要是对蓝绿波段进行绝对辐射定标，选择清洁的大洋水体，通过瑞利散射模拟计算出大气中瑞利散射的大气层顶辐亮度理论值，同真实图像的数字值进行比较，确定定标系数。大气分子瑞利散射(单次散射)计算公式如下：

$$L_r(\theta_s, \theta_v, \varphi_s, \varphi_v) = E_0 \omega_0 \tau_r \frac{[P_r(\alpha^-) + (\rho(\theta_v) + \rho(\theta_s))P_r(\alpha^+)]}{\cos\theta} \qquad (5.24)$$

式中，$L_r(\theta_s, \theta_v, \varphi_s, \varphi_v)$ 是瑞利散射辐亮度，E_0 是大气层顶太阳辐照度，ω_0 是单次散射反照率，τ_r 是瑞利散射光学厚度，P_r 是瑞利散射相函数，ρ 是水气界面反射率。

利用海洋进行绝对定标时，遥感器接收的总信号中还包含离水辐亮度、海面白冠辐射及大气气溶胶散射等辐射成分。为减小这些因素的影响，需要对观测条件进行限制。具体包括：选择大洋深海区、增加大气路径和后向散射方向观测等。当太阳天顶角或观测天顶角增大时，离水辐亮度、白冠等的贡献将会减小，但瑞利散射和气溶胶散射都会增加，因此气溶胶散射影响不能仅靠观测几何的调整来消除(Vermote & Kaufman，1995)。

(3)交叉定标法

20世纪90年代起，交叉定标方法逐渐被用于缺少星上定标装置的遥感器的在轨定标。该方法利用已经精确定标的遥感器作为参考，对目标遥感器进行绝对辐射定标。根据定标场地的不同，可分为基于辐射校正场的交叉定标和基于各类场景的交叉定标。目前，交叉定标是替代定标研究的热点之一。

在交叉定标过程当中，需要对目标遥感器和参考遥感器进行光谱匹配和辐照度匹配。遥感器各波段的等效辐亮度 L_i 可表示为：

$$L_i = \frac{\int_{\lambda_1}^{\lambda_2} S_i(\lambda) L(\lambda) d\lambda}{\int_{\lambda_1}^{\lambda_2} S_i(\lambda) d\lambda} \qquad (5.25)$$

式中，$L(\lambda)$ 是卫星入瞳处光谱辐亮度，$S_i(\lambda)$ 是波段 i 的光谱响应函数，在 λ_1 至 λ_2 范围外，响应为零。卫星高度处太阳等效辐照度可定义为：

$$E_i = \frac{\int_{\lambda_1}^{\lambda_2} S_i(\lambda) E_s(\lambda) d\lambda}{\int_{\lambda_1}^{\lambda_2} S_i(\lambda) d\lambda} \qquad (5.26)$$

式中，$E_s(\lambda)$ 是大气层顶太阳辐照度，在确定其辐照度值时，需要进行日地距离校正。

假设目标遥感器 A 为线性响应，且参考遥感器 B 的大气层顶反射率的定标系数已知，可采用遥感器 B 的表观反射率对遥感器 A 进行定标。遥感器 Ai 通道归一化表观反射率的交叉定标公式为：

$$\frac{DC_{Ai} - DC_{A0i}}{c_{Ai}} = \frac{(\rho_{Ai}^* / \rho_{Bi}^*)(DC_{Bi} - DC_{B0i})}{b_i} \qquad (5.27)$$

式中, DC_{Ai} 和 DC_{A0i} 分别是遥感器 A 通道 i 的数字计数值和计数值偏移量, c_{Ai} 是遥感器 A 通道 i 的反射率增益, ρ_{Ai}^* 和 ρ_{Bi}^* 分别为遥感器 A 和遥感器 B 通道 i 的归一化表观反射率, DC_{Bi} 和 DC_{B0i} 分别是遥感器 B 通道 i 的数字计数值和计数值偏移量, b_i 是遥感器 B 通道 i 的反射率增益。

交叉定标的关键是建立参考遥感器与目标遥感器图像之间的关系, 利用参考遥感器的定标系数, 来推导出目标遥感器图像的表观辐亮度或反射率, 从而得到目标遥感器各通道的辐射定标系数。参考遥感器的高精度定标是实现交叉定标的前提, 参考遥感器与目标遥感器应具有相近的光谱响应函数, 两者的空间分辨率也应接近。为了获得更多的同步观测图像, 两者最好还具有较高的时间分辨率和较大的幅宽。

5.3.2　大气校正

卫星水色遥感器对海观测信号中的约 90% 来自于大气光散射的贡献, 大气校正就是将水色传感器接收总信号中的大气散射贡献剔除, 从而获取离水辐射信息的过程。

卫星传感器接收到的总信号 ρ_t 可表达为下式:

$$\rho_t(\lambda) = \rho_r + \rho_a + T(\lambda)\rho_g(\lambda) + t(\lambda)\rho_{wc}(\lambda) + t(\lambda)\rho_w(\lambda) \tag{5.28}$$

式中, ρ_r 为大气分子的(瑞利)散射贡献, ρ_a 为大气中气溶胶的散射贡献, 包括气溶胶与大气分子的相互作用, ρ_g 为海面耀斑的辐射贡献, ρ_{wc} 为海面白冠的辐射贡献, T 和 t 分别为直射透射率和漫射透射率, ρ_w 为离水辐射信息, 包含了海洋中叶绿素、黄色物质、悬浮物等信息。白冠贡献可通过风速资料辅助进行计算, 耀斑是水面对太阳直射光镜面反射引起的, 耀斑区的数据通常不采用。在忽略白冠和耀斑影响的前提下, 总反射率 ρ_t 可表示为:

$$\rho_t(\lambda) = \rho_r(\lambda) + \rho_a(\lambda) + t_v(\lambda)\rho_w(\lambda) \tag{5.29}$$

从式(5.29)可以看出, 想要得到真正反映水体信息的离水辐射信号 ρ_w, 瑞利散射校正和气溶胶散射校正是大气校正的两个主要步骤。

1. 瑞利散射校正

瑞利散射计算方法主要包括大气辐射传输方程数值求解方法和单次散射近似算法。

辐射传输方程数值求解计算精度高, 但计算复杂, 目前有多种辐射传输方程的计算方法, 如离散坐标法(DISORT)、倍加法(Adding-Doubling)、逐次散射法和Monte Carlo模拟等。

单次散射近似算法计算相对简单, 但是精度有限。根据 Gordon 单次散射推导, 瑞利散射辐亮度满足:

$$L_r(\theta, \varphi, \theta_0, \varphi_0) = \frac{F_0 \omega_0 \tau_r}{\cos\theta}(P_r(\alpha_-) + [\rho(\theta) + \rho(\theta_0)] P_r(\alpha_+)) \tag{5.30}$$

其中, 分子散射相函数为:

$$P_r(\alpha) = \frac{3}{16\pi}(1 + \cos^2\alpha) \tag{5.31}$$

$$\cos(\alpha_\pm) = \pm\cos\theta\cos\theta_0 + \sin\theta\sin\theta_0\cos(\varphi - \varphi_0) \tag{5.32}$$

式中, θ 和 φ 是卫星传感器天顶角和方位角, θ_0 和 φ_0 分别为太阳天顶角和方位角, α 为两个向量之间的夹角。

在非吸收波段 $\omega_0 = 1$。

τ_r 为大气分子散射光学厚度：

$$\tau_r = 0.008569 \lambda^{-4}(1 + 0.0113\lambda^{-2} + 0.00013\lambda^{-4})\frac{P}{P_0} \tag{5.33}$$

$$F_0 = \langle F_0 \rangle \left\{ 1 + 0.0167\cos\left[\frac{2\pi(D-3)}{365}\right] \right\}^2 \tag{5.34}$$

式中，F_0 为平均日地距离处的大气层外太阳辐照度，D 为儒略日。ρ 为水气界面反射率。

2. 气溶胶散射校正

由于大气分子的散射贡献可精确计算，因此大气校正的关键问题是如何实现气溶胶辐射贡献的准确剔除。对于清洁大洋水体，目前已有较为成熟的大气校正算法，如业务化应用的近红外波段(NIR)暗像元大气校正方法，现已集成到相应的水色卫星数据处理软件 SeaDAS 中。

NIR 暗像元大气校正方法，假设近红外波段的离水辐射为零，从而估算得到近红外波段的气溶胶辐射贡献，然后选择与研究区最为接近的气溶胶模型，计算得到其他波段的气溶胶散射贡献，最终实现气溶胶散射贡献的剔除。

(1)NIR 暗像元气溶胶散射校正算法流程

在忽略白冠和耀斑影响的前提下，卫星观测的总反射率剔除大气分子瑞利散射贡献后为：

$$\rho_{rc}(\lambda) = \rho_t(\lambda) - \rho_r(\lambda) = \rho_a(\lambda) + t_v(\lambda)\rho_w(\lambda) \tag{5.35}$$

假设清洁水体 NIR 波段离水辐射近似为零(即"暗像元")，则

$$\rho_{rc}(\lambda_1) = \rho_a(\lambda_1) \tag{5.36}$$

$$\rho_{rc}(\lambda_2) = \rho_a(\lambda_2) \tag{5.37}$$

将 ρ_a 代入预先设定的多个气溶胶模型中，计算近红外波段 λ_1 和 λ_2 处的单次散射反射率 ρ_{as} 及其比值：

$$\rho_{as} = \frac{\rho_a}{K} \tag{5.38}$$

$$\varepsilon(\lambda_2, \lambda_1) = \frac{\rho_{as}(\lambda_2)}{\rho_{as}(\lambda_1)} \tag{5.39}$$

式中，K 为气溶胶多次散射和单次散射的比例系数。

取各气溶胶模型 $\varepsilon(\lambda_2, \lambda_1)$ 的均值，基于迭代方法不断剔除与均值相差较大的气溶胶模型，最终遴选出与均值最为接近的两个气溶胶模型，并认为真实的气溶胶模型介于这两个预先设定的气溶胶模型之间。

利用上述遴选出的两个气溶胶模型，分别计算其他水色波段 λ_i 处的单次散射率比值：

$$\varepsilon(\lambda_i, \lambda_1) = \exp\left(\frac{\lambda_1 - \lambda_i}{\lambda_1 - \lambda_2}\ln\varepsilon(\lambda_2, \lambda_1)\right) \tag{5.40}$$

由两个气溶胶模型的计算结果，根据某一比例进行插值得到该波段处实际的 $\varepsilon(\lambda_i, \lambda_1)$，进而计算出各波段的气溶胶反射率 ρ_a，完成大气校正过程。

NIR 暗像元气溶胶散射校正算法流程如图 5.9 所示。

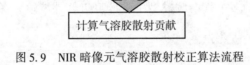

图 5.9　NIR 暗像元气溶胶散射校正算法流程

（2）NIR 大气校正算法中的气溶胶模型

大气校正中采用的气溶胶模型是根据气溶胶粒径分布、复折射率等特征得到的。SeaDAS 软件早期采用的气溶胶模型是由 Gordon 和 Wang 发展的，包括了 12 种气溶胶模型，考虑了湿度影响，是在 Shettle 和 Fenn 发展的气溶胶分类（oceanic、maritime、coastal、tropospheric）基础上基于 LOWTRAN 辐射传输模型得到的，见表 5.11。

表 5.11　　　　　　　　**SeaDAS 软件早期采用的 12 种气溶胶模型**

序号	代码	描述
1	C50	湿度 50%情况下的近岸海洋气溶胶
2	C70	湿度 70%情况下的近岸海洋气溶胶

续表

序号	代码	描述
3	C90	湿度90%情况下的近岸海洋气溶胶
4	C99	湿度99%情况下的近岸海洋气溶胶
5	M50	湿度50%情况下的海洋气溶胶
6	M70	湿度70%情况下的海洋气溶胶
7	M90	湿度90%情况下的海洋气溶胶
8	M99	湿度99%情况下的海洋气溶胶
9	O99	湿度99%情况下的大洋气溶胶
10	T50	湿度50%情况下的对流层气溶胶
11	T90	湿度90%情况下的对流层气溶胶
12	T99	湿度99%情况下的对流层气溶胶

2009年，SeaDAS采用了新的气溶胶模型集，共包括80个气溶胶模型，见表5.12。在考虑湿度影响的同时，还对于粗模态和细模态的气溶胶进行了考虑。

表5.12　　　　　　　　　**2009年后SeaDAS采用的新气溶胶模型集**

序号	描述
1~10	RH30F95，RH30F80，RH30F50，RH30F30，RH30F20，RH30F10，RH30F05，RH30F02，RH30F01，RH30F00
11~20	RH50F95，RH50F80，RH50F50，RH50F30，RH50F20，RH50F10，RH50F05，RH50F02，RH50F01，RH50F00
21~30	RH70F95，RH70F80，RH70F50，RH70F30，RH70F20，RH70F10，RH70F05，RH70F02，RH70F01，RH70F00
31~40	RH75F95，RH75F80，RH75F50，RH75F30，RH75F20，RH75F10，RH75F05，RH75F02，RH75F01，RH75F00
41~50	RH80F95，RH80F80，RH80F50，RH80F30，RH80F20，RH80F10，RH80F05，RH80F02，RH80F01，RH80F00
51~60	RH85F95，RH85F80，RH85F50，RH85F30，RH85F20，RH85F10，RH85F05，RH85F02，RH85F01，RH85F00
61~70	RH90F95，RH90F80，RH90F50，RH90F30，RH90F20，RH90F10，RH90F05，RH90F02，RH90F01，RH90F00
71~80	RH95F95，RH95F80，RH95F50，RH95F30，RH95F20，RH95F10，RH95F05，RH95F02，RH95F01，RH95F00

（注：RH表示相对湿度，F表示细模态比例）

对于受陆源物质影响显著的近海浑浊水体，由于其近红外波段的离水辐射不为零，而且气溶胶光学性质复杂多变且吸收性明显，NIR 大气校正算法并不适用。近海浑浊水体的大气校正成为水色遥感的热点和难点。目前已发展了短波红外暗像元法、生物-光学模型迭代方法、神经网络方法等。此外，鉴于近岸气溶胶复杂多变，且具有较强的吸收性，已有的气溶胶模型不能很好地予以描述，需要基于实测数据建立有针对性的气溶胶模型。

5.4　卫星水色遥感信息提取

卫星水色遥感可提取的信息众多，本节主要对发展较为成熟的海洋光学参数、水色组分浓度、浅海水深等信息提取研究方法进行介绍，主要包括统计回归方法和半分析方法两大类，二者的主要区别在于是否以辐射传输模型为基础进行建模。

5.4.1　海洋光学参量

水体光学性质可分为两类：固有光学特性（IOPs）和表观光学特性（AOPs）。IOPs 只依赖于介质的特性，与介质周围的光场环境无关，包括吸收系数（a）、后向散射系数（b_b）和体散射函数（β）等；AOPs 既依赖于介质本身也依赖于周围光场环境特性，包括遥感反射率（R_{rs}）和漫衰减系数（K_d）等。

海洋光学遥感反演的光学参数主要包括吸收系数 a、后向散射系数 b_b 和漫衰减系数 K_d。

1. 固有光学参数反演方法

半分析方法是反演固有光学参数的主要方法，可分为以下两类（Lee 等，2014）：

自下而上方法（BUS），首先模拟海水主要组分的吸收和后向散射光谱，进而得到遥感反射率的模拟值，将模拟值与观测的遥感反射率真实值进行比较，利用优化法进行数值求解。该类方法的代表性算法为 GSM（Garver-Siegel-Maritorena）（Maritorena 等，2002）。

自上而下方法（TDS），采用循序渐进的方法，首先获取海水的总吸收和总后向散射，然后将总吸收进一步分解为海水主要组分的吸收。该方法的代表性算法为 QAA（Quasi-analytical Algorithm）（Lee 等，2002）。

二者相比，BUS 需要更精确的 IOPs 光谱模型，而 TDS 更加依赖于 R_{rs} 的可靠性。下面简要介绍 GSM 和 QAA 算法。

（1）GSM

GSM 半分析模型是 Maritorena（2002）在 Garver 和 Siegel（1997）模型基础上发展得到的，可反演叶绿素 a 浓度、443nm 黄色物质和碎屑颗粒物（CDM）吸收系数、颗粒物后向散射系数。

GSM 模型的基础是 Gordon 等（1988）建立的遥感反射率（$\tilde{R}_{rs}(\lambda)$）与吸收、后向散射系数之间的关系，具体如下：

$$\tilde{R}_{rs}(\lambda) = \frac{t^2}{n_w^2} \sum_{i=1}^{2} g_i \left(\frac{b_b(\lambda)}{b_b(\lambda) + a(\lambda)} \right)^i \tag{5.41}$$

$$a(\lambda) = a_w(\lambda) + a_{ph}(\lambda) + a_{cdm}(\lambda) \tag{5.42}$$

$$b_b(\lambda) = b_{bw}(\lambda) + b_{bp}(\lambda) \tag{5.43}$$

式中，t 为海-气交界的透过率，n_w 为海水的折射率；g_1、g_2 为几何因子，与波长无关，通常的取值分别为 0.0949 和 0.0794（Gordon 等，1988）。吸收系数 $a(\lambda)$ 分为海水吸收 $a_w(\lambda)$、浮游植物吸收 $a_{ph}(\lambda)$ 以及 CDM（碎屑颗粒物和溶解有机物）的吸收 $a_{cdm}(\lambda)$。后向散射系数 $b_b(\lambda)$ 由海水 $b_{bw}(\lambda)$ 和悬浮颗粒 $b_{bp}(\lambda)$ 后向散射两部分组成。而纯海水的吸收和后向散射被认为是常量，对于非水吸收和后向散射的计算公式如下：

$$a_{ph}(\lambda) = Chl a_{ph}^*(\lambda) \tag{5.44}$$

$$a_{cdm}(\lambda) = a_{cdm}(\lambda_0) \exp(-S(\lambda - \lambda_0)) \tag{5.45}$$

$$b_{bp}(\lambda) = b_{bp}(\lambda_0) \left(\frac{\lambda_0}{\lambda}\right)^\eta \tag{5.46}$$

式中，$a_{ph}^*(\lambda)$ 是单位叶绿素 a 浓度的浮游植物色素吸收系数，S 是 CDM 吸收系数的光谱斜率，η 是颗粒后向散射系数的幂指数，λ_0 是参考波长（443nm），η、S 和 $a_{ph}^*(\lambda)$ 均为常量（Maritorena 等，2002），见表 5.13。通过非线性最小二乘法，可得到叶绿素 a 浓度 Chl、$a_{cdm}(443)$ 和 $b_{bp}(443)$。

表 5.13   **GSM 算法的有关参数取值**

波段(nm)	$a_{ph}^*(\lambda)\ [m^2 mg^{-1}]$	$S[nm^{-1}]$	η
412	0.00665		
443	0.05582		
490	0.02055	0.0206	1.0337
510	0.01910		
555	0.01015		

（2）QAA（Quasi-Analytical Algorithm）

QAA 是 Lee 等（2002）发展的固有光学量反演半分析方法。该方法的第一步是由遥感反射率 $R_{rs}(\lambda)$ 反演总吸收系数 a 和颗粒物后向散射系数 b_{bp}，第二步是将总吸收系数分解为浮游植物色素吸收系数 a_{ph} 以及黄色物质和碎屑的吸收系数 a_{cdm}。与 GSM 算法不同，QAA 算法在反演总吸收系数时，并不事先假设 a_{ph} 和 a_{cdm} 服从某种特定的模型，而是在反演得到总吸收系数之后，利用 a_{ph} 和 a_{cdm} 的吸收光谱特征进一步将其分解为 a_{ph} 和 a_{cdm}，算法的两部分之间相互独立。

1）总吸收和后向散射系数反演

首先，计算参考波长 λ_0（555 或 640nm）处的总吸收系数 $a(\lambda_0)$，如下：

$$a(\lambda_0) = a_w(\lambda_0) + \Delta a(\lambda_0) \tag{5.47}$$

式中，$a_w(\lambda_0)$ 为水分子的吸收系数（Pope & Fry，1997），而 $\Delta a(\lambda_0)$ 表示溶解有机物和悬浮物的贡献。对于波长大于 550 nm 的波段，$a(\lambda_0)$ 完全由 $a_w(\lambda_0)$ 主导，$\Delta a(\lambda_0)$ 很小。

Lee 等(2015)推荐了两个 λ_0 用于 IOP 反演：对大洋水体用 55X nm(MODIS 547 nm, SeaWiFS 555 nm)，对近岸浑浊水体用 670 nm($Rrs(670) > 0.0015\ sr^{-1}$)。在 QAA v5 版本中，$a(\lambda_0)$ 计算公式如下：

$$a(\lambda_0) = a_w(\lambda_0) + 10^{-1.146 - 1.366x - 0.469x^2} \tag{5.48}$$

$$x = \log\left(\frac{r_{rs}(443) + r_{rs}(490)}{r_{rs}(\lambda_0) + 5\frac{r_{rs}(667)}{r_{rs}(490)}r_{rs}(667)}\right) \tag{5.49}$$

式中，r_{rs} 是刚好在水面之下处的遥感反射率。

$r_{rs}(\lambda)$ 可由 $R_{rs}(\lambda)$ 计算得到，也可表示为 $u(\lambda)$ 的函数(Gordon 等，1988；Lee 等，1998)，公式如下：

$$r_{rs}(\lambda) = \frac{R_{rs}(\lambda)}{0.52 + 1.7R_{rs}(\lambda)} \tag{5.50}$$

$$r_{rs}(\lambda) = g_0 u(\lambda) + g_1 \left[u(\lambda)\right]^2 \tag{5.51}$$

$$u(\lambda) \equiv \frac{b_b(\lambda)}{a(\lambda) + b_b(\lambda)} \tag{5.52}$$

在一类水体中，$g_0 = 0.0949$，$g_1 = 0.0794$(Gordon 等，1988)；近岸二类水体中，$g_0 = 0.084$，$g_1 = 0.17$(Lee 等，1999)。在 QAA 版本 V5 中，$g_0 = 0.089$，$g_1 = 0.125$(http://www.ioccg.org/groups/Software_OCA/QAA_v5.pdf)。

由此可得 $u(\lambda)$：

$$u(\lambda) \equiv \frac{-g_o + \left[(g_o)^2 + 4g_1 r_{rs}(\lambda)\right]^{1/2}}{2g_1} \tag{5.53}$$

已知 $a(\lambda_0)$ 后，利用式(5.51)和式(5.52)可得到 $b_b(\lambda_0)$，并进而得到 $b_{bp}(\lambda_0)$。

其他波段处的 $b_{bp}(\lambda)$ 可计算如下：

$$b_{bp}(\lambda) = b_{bp}(\lambda_0)\left(\frac{\lambda_0}{\lambda}\right)^Y \tag{5.54}$$

波长指数 Y 由下式计算(Lee 等，2002)：

$$Y = 2.0\left[1 - 1.2\exp\left(-0.9\frac{r_{rs}(443)}{r_{rs}(\lambda_0)}\right)\right] \tag{5.55}$$

由式(5.54)和式(5.55)可求得任意波长的 $b_b(\lambda)$，然后将 $b_b(\lambda)$ 代入 $u(\lambda)$ 计算公式即可得到波长 λ 处的总吸收系数 $a(\lambda)$：

$$a(\lambda) = \frac{\left[1 - u(\lambda)\right]b_b(\lambda)}{u(\lambda)} \tag{5.56}$$

2) 总吸收系数的分解

首先，利用上述过程中得到的 $a(411)$ 和 $a(443)$，求解 $a_{cdm}(443)$，然后计算 $a_{ph}(\lambda)$。

$$\begin{cases} a_{cdm}(443) = \frac{(a(411) - \zeta a(443))}{\xi - \zeta} - \frac{(a_w(411) - \zeta a_w(443))}{\xi - \zeta} & (5.57) \\ a_{ph}(\lambda) = a(\lambda) - a_w(\lambda) - a_{cdm}(443)e^{-S(\lambda - 443)} & (5.58) \end{cases}$$

式中，$\zeta = a_{ph}(411)/a_{ph}(443)$，$\xi = a_{cdm}(411)/a_{cdm}(443)$，可由 $R_{rs}(443)/R_{rs}(55x)$ 估算得到(Lee 等，2015)：

$$\zeta = \frac{a_{ph}(411)}{a_{ph}(443)} = 0.74 + \frac{0.2}{0.8 + r_{rs}(440)/r_{rs}(\lambda_0)} \tag{5.59}$$

$$\xi = \frac{a_{cdm}(411)}{a_{cdm}(443)} = \exp(S(443 - 411)) \tag{5.60}$$

$$S = 0.015 + \frac{0.002}{0.6 + r_{rs}(440)/r_{rs}(\lambda_0)} \tag{5.61}$$

2. K_d 反演方法

K_d 经验反演方法通常采用蓝绿波段比，如 MODIS 的 $K_d(490)$ 计算方法：

$$X = \log_{10}\left(\frac{R_{rs}(488)}{R_{rs}(547)}\right); \quad K_d(490) = 0.0166 + 10^{\sum_{i=0}^{4}\zeta_i X^i} \tag{5.62}$$

式中，ζ_{0-4} 分别为 -0.8813、-2.0584、2.5878、-3.4885 和 -1.5061。

K_d 半分析反演方法，通过由半分析方法反演的吸收系数 a 和后向散射系数 b_b 来进一步求解 K_d。K_d 与 a 和 b_b 的关系如下(Lee 等，2005b；Maffione，1998)：

$$K_d = m_0 a + v\, b_b \tag{5.63}$$

为了便于使用，上述公式可通过辐射传输模拟加以参数化(Lee 等，2005；Mobley 和 Sundman，2013)：

$$K_d = (1 + 0.005\theta_a)a + 4.18(1 - 0.52e^{-10.8a})b_b \tag{5.64}$$

式中，θ_a 为太阳天顶角。

为了进一步区分水分子和颗粒物散射的影响，Lee 等对上述公式进行了改进(Lee 等，2013)：

$$K_d = (1 + 0.005\theta_a)a + 4.259(1 - 0.265\eta_w)(1 - 0.52e^{-10.8a})b_b \tag{5.65}$$

$$\eta_w = \frac{b_{bw}}{b_{bw} + b_{bp}} \tag{5.66}$$

5.4.2 水色组分浓度

1. 叶绿素 a 浓度

叶绿素是水体中浮游植物进行光合作用的重要色素，其中叶绿素 a 是浮游植物普遍含有的色素，其浓度可以在一定程度上反映浮游植物的生物量、水体营养化程度。

目前，大洋水体的叶绿素 a 浓度反演主要采用经验算法，如 OC2、OC3、OC4 算法等，反演误差约为 35%。OC4 算法是其中最具有代表性的蓝绿波段比值法：

$$\log_{10}(C_{chla}) = a_0 + a_1 R_4 + a_2 R_4^2 + a_3 R_4^3 + a_4 R_4^4 \tag{5.67}$$

$$R_4 = \log_{10}\left(\frac{R_{rs}(\lambda_{blue})}{R_{rs}(\lambda_{green})}\right) \tag{5.68}$$

式中，C_{chla} 表示叶绿素 a 浓度，$a_0 \sim a_4$ 为系数，$R_{rs}(\lambda_{blue})$ 是 440nm 到 520nm 波段遥感反射率的最大值，$R_{rs}(\lambda_{green})$ 是绿光波段的遥感反射率。将 OC4 算法应用于 SeaWiFS 遥感

数据时，$a_0 \sim a_4$ 取值依次为 0.3272，－2.9940，2.7218，－1.2259 和－0.5683，$\lambda_{green} =$ 555nm，$R_{rs}(\lambda_{blue}) = \max\{R_{rs}(443)，R_{rs}(490)，R_{rs}(510)\}$。

以 2009 年为例，图 5.10 给出了基于 SeaWiFS 数据和 OC4 算法反演得到的全球叶绿素 a 浓度分布。由图可见，全球海洋叶绿素 a 浓度的分布具有明显的区域特征，近岸叶绿素 a 浓度高，开阔大洋的叶绿素 a 浓度较低。南北半球在中高纬度海域的叶绿素 a 浓度较高(大于 0.3mg/m³)，赤道附近海域的浓度略高于中低纬度海域，而在南美洲西部的南太平洋海域，叶绿素 a 浓度基本表现为低浓度特征(<0.03mg/m³)。

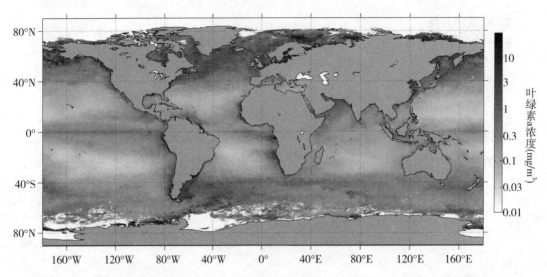

图 5.10　利用 SeaWiFS 数据和 OC4 算法制作的 2009 年年平均全球叶绿素 a 浓度分布图

开阔大洋水体的叶绿素 a 浓度反演精度相对较高，其原因在于这类水体的光学性质主要由浮游植物主导，通常将这类水体称为一类水体。而沿岸水体则受陆源物质排放的影响比较严重，其光学性质由浮游植物、悬浮颗粒物和黄色物质共同决定，叶绿素 a 浓度的反演受到悬浮物和 CDOM 的影响，反演精度相对较低。

Tassan(1994)等建立了二类水体叶绿素 a 浓度统计模型，该模型的特点是在传统的蓝绿波段比值基础上进行模型优化，以进一步消除黄色物质和悬浮泥沙对叶绿素反演的影响。在该经验模型的基础上，Sun 等(2005)建立了针对 MODIS 的中国近海叶绿素 a 浓度反演算法：

$$\lg(C_{chla}) = 0.118445 - 3.05761\lg X_c + 3.098626\lg^2 X_c \tag{5.69}$$

$$X_c = \frac{R_{rs}(443)}{R_{rs}(555)}\left(\frac{R_{rs}(412)}{R_{rs}(488)}\right)^a \tag{5.70}$$

式中，区域系数 $a = -0.8$。

2. 悬浮物

悬浮物浓度是重要的水质参数之一，包括水中的有机颗粒和无机颗粒，其含量直接影响水体透明度、浑浊度、水色。图 5.11 为在我国近海观测的光谱数据，从中可以看出，随着悬浮物浓度的增加，海水光谱可发生非常显著的变化。

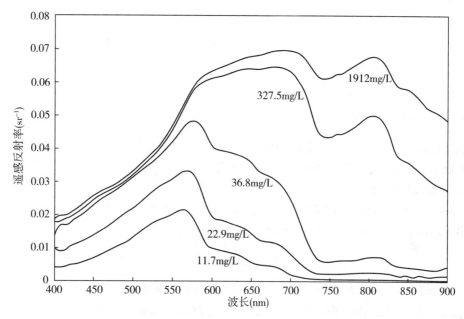

图 5.11 不同悬浮物浓度的水体遥感反射率光谱曲线

由于大洋中悬浮物浓度较低，因此悬浮物浓度遥感反演方法的研究主要集中在近岸海域(特别是河口区)和内陆水体。Tassan 提出的悬浮物浓度反演模型为：

$$\lg(C_{\text{SPM}}) = s_0 + s_1 X_s \tag{5.71}$$

$$X_c = (R_{\text{rs}}(555) + R_{\text{rs}}(670))\left(\frac{R_{\text{rs}}(490)}{R_{\text{rs}}(555)}\right)^b \tag{5.72}$$

式中，b 为区域系数。唐军武等(2004)发展了适用于我国黄东海近岸二类水体的统计反演模型：

$$\lg(C_{\text{SPM}}) = 0.6382 + 23.9344(R_{\text{rs}}(555) + R_{\text{rs}}(670)) - 0.5311\left(\frac{R_{\text{rs}}(490)}{R_{\text{rs}}(555)}\right) \tag{5.73}$$

除上述的经验模型外，半分析方法也得到了一定的发展。比较典型的算法(Nechad 等，2010)是：

$$C_{\text{SPM}} = \frac{A^p \rho_w}{1 - \rho_w/C^p} + B^p \tag{5.74}$$

式中，$A = a_{\text{np}}/b_{\text{bp}}^*$，$C = b_{\text{bp}}^*/a_p^*$，$A^p = A/\gamma$，$C^p = \gamma C/(1 + C)$，$\gamma$ 为系数，$C^p\gamma = \pi Rf/Q$，悬浮物浓度反演的最优波段范围为 730~832nm。

3. 黄色物质

黄色物质，也称有色溶解有机物(CDOM)，其浓度通常采用355 nm、375 nm、440 nm等波长的吸收系数表示；吸收系数越大，对应的 CDOM 浓度就越高。CDOM 是一类重要的光吸收物质，其吸收光谱从紫外到可见光随波长的增加大致呈指数下降趋势。

通常采用波段比建立 CDOM 吸收系数的遥感反演模型，如 Shanmugam（2011）利用 $R_{rs}(443)$ 和 $R_{rs}(555)$ 建立的 $a_{CDOM}(350)$ 和 $a_{CDOM}(412)$ 反演模型：

$$a_{CDOM}(350) = 0.5567 \left(\frac{R_{rs}(443)}{R_{rs}(555)} \right)^{-2.0421} \tag{5.75}$$

$$a_{CDOM}(412) = 0.1866 \left(\frac{R_{rs}(443)}{R_{rs}(555)} \right)^{-1.9668} \tag{5.76}$$

5.4.3　浅海水深

水深是保障船舶航行、开展港口码头和海洋工程建设、制定海岸和海岛相关规划的重要基础数据。利用水色遥感反演浅海水深的方法主要有以下几种：

1. 对数线性模型

Lyzenga（1978、1981、1985）在假定不同波段间的底质反射率比值为一常数情况下，推导出了适用于两个或多个波段的水深遥感反演公式：

$$Z = a_0 + \sum_{i=1}^{N} a_i \ln(L(\lambda_i) - L_\infty(\lambda_i)) \tag{5.77}$$

式中，$a_i(i = 0, 1, \cdots, N)$ 为常数，N 为波段数，$L(\lambda_i)$ 是波段 i 经过大气校正后的辐亮度值，$L_\infty(\lambda_i)$ 是光学深水的辐亮度值，上述公式也被称为对数线性模型，是目前应用最为广泛的一种水深遥感反演模型。

2. 对数转换比值模型

传统的对数模型对于具有较低辐亮度值的水域而言是不适用的，因为该区域水体辐亮度值在去除极深值后一般为负数，无法完成对数转换。为了解决此问题，有学者提出了对数转换波段比值模型：

$$Z = a_0 \frac{\ln(nR_w(\lambda_i))}{\ln(mR_w(\lambda_j))} + a_1 \tag{5.78}$$

式中，a_0、a_1 为回归系数，m、n 为调节因子，上述 4 个参数均为模型参数。该模型最早是由 Stumpf（2003）提出的。该模型不需要进行光学深水辐亮度值的去除，因而避免了负值的出现，所以在辐亮度值较低的区域也一样适用。

林征等（2012）利用对数转换比值水深反演模型，开展了极地湖泊水深的遥感反演，通过对研究区 16380km² 范围内分布的 3187 个湖泊的验证，发现水深反演结果的平均绝对误差和均方根误差分别为 0.37m 和 0.54m。

3. HOPE（Hyperspectral Optimization Process Exemplar）水深反演算法

自 20 世纪 90 年代以来，高光谱遥感水深反演技术获得迅猛发展，国内外的众多学者在高光谱遥感水深反演领域开展了大量研究，其中 Lee 发展的 HOPE（Hyperspectral Optimization Process Exemplar）算法应用最为广泛。该方法于 1999 年首次提出，是在对水体光学辐射传输过程进行模拟并简化参数后提出的，可直接用以反演浅海水深和固有光学性质。

$$R_{rs}(\lambda) = f[a(\lambda), b_b(\lambda), \rho(\lambda), H, \theta_\omega, \theta, \varphi] \tag{5.79}$$

式中，$a(\lambda)$ 是海水吸收系数，$b_b(\lambda)$ 是海水后向散射系数，$\rho(\lambda)$ 是海底光谱反射率，

H 是水深, θ_{ω} 是次表层处的太阳天顶角, θ 是次表层观测天底角, φ 是观测方位角。

对模型进行参数化后, 上述方程组可改写为仅有 5 个未知量的方程组:

$$R_{rs}(\lambda) = F[a_w(\lambda), b_{bw}(\lambda), P, G, X, B, H] \tag{5.80}$$

利用非线性光谱优化算法求解, 调整 5 个变量的数值, 使目标误差函数达到最小。目标误差函数定义如下:

$$\mathrm{err} = \frac{\left[\sum\limits_{400}^{675}(R_{rs} - \hat{R}_{rs})^2 + \sum\limits_{750}^{830}(R_{rs} - \hat{R}_{rs})^2\right]^{0.5}}{\sum\limits_{400}^{675}\hat{R}_{rs} + \sum\limits_{750}^{830}\hat{R}_{rs}} \tag{5.81}$$

式中, $\hat{R}_{rs}$ 为模型计算的遥感反射率, R_{rs} 为高光谱图像获取的遥感反射率。

该模型的优势在于效率较高, 此外还无需先验知识或实测水深作为输入, 因而受到了国内外众多学者的青睐。Lee 等(2005)使用 Hyperion 高光谱遥感影像反演了佛罗里达州近岸海域的水深, 并将反演结果与 LiDAR 测深数据进行了比对, 反演结果的平均相对误差为 15%。

5.4.4 其他

1. 初级生产力

海洋初级生产力, 是指浮游植物、底栖植物及自养细菌等通过光合作用或化学合成制造有机物的能力, 一般用单位时间单位面积所固定的有机碳或能量来表示。海洋初级生产力是海洋生态系统物质和能量循环的基础, 对于深刻理解海洋生态系统及其环境特征、海洋生物地球化学循环过程以及海洋在全球气候变化中的作用, 均具有重要意义。有研究表明, 海洋浮游植物为全球生物圈贡献了近一半的净生产力。因此, 研究海洋初级生产力也是实现全球碳循环定量化的一项基本任务。图 5.12 给出了全球海洋年平均初级生产力的空间分布。

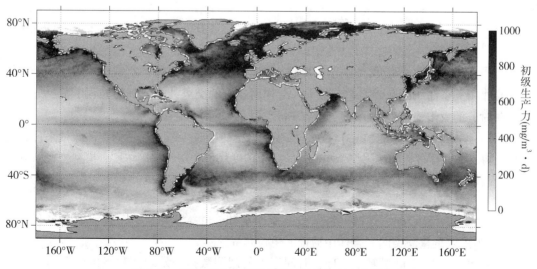

图 5.12　2015 年全球海洋年平均初级生产力空间分布

在一定的光照条件下，海域初级生产力与叶绿素浓度呈线性相关，这是海洋初级生产力遥感估算的基本原理。基于此原理，研究者在海洋初级生产力估算方面开展了大量的研究工作，目前初级生产力的遥感估算模型大致可分为经验模型和生态学数理模型两类。

经验模型：通过海洋初级生产力与叶绿素浓度以及温度、光照、营养盐等多种因素线性统计关系，来实现初级生产力的估算。1970 年，Lorenzen 利用表层叶绿素浓度建立了初级生产力的经验模型：

$$\ln P = 0.427 + 0.475 \ln C \tag{5.82}$$

式中，P 为海洋初级生产力，单位为 $g \cdot m^{-2} \cdot d^{-1}$；$C$ 为表层叶绿素浓度，单位为 $mg \cdot m^{-3}$。1985 年，Eppley 等（1985）在模型中加入了海表面温度和昼长因子：

$$\ln P = 3.06 + 0.5 \ln C - 0.24T + 0.25 D_L \tag{5.83}$$

式中，P 为初级生产力，C 为表层叶绿素浓度，T 为海表温度，D_L 为昼长。

经验模型在海洋初级生产力遥感研究的初期应用较为广泛，但随着研究的深入，研究者发现不同海域内的地理环境、气象水文条件、海洋动力过程等不同，导致海洋初级生产力与叶绿素浓度之间的关系存在差异，经验公式的参数需要根据研究海域和时间进行调整，而这种参数的调整往往没有规律可循。另外，遥感反演仅能得到表层的叶绿素浓度，无法得到叶绿素浓度的垂向分布，且两者之间也没有显著的关系，上述不足导致经验模型的精度相当有限，近年来已经较少使用。

生态学数理模型：通过分析海水中光与浮游植物光合作用的响应，找出初级生产力和影响它的各项因子之间的数理关系，属于半经验半理论模型。利用遥感手段获取生态学数理模型中的某些参数，进行相应处理后，用来估算海洋初级生产力，这是目前海洋初级生产力遥感模型的主要技术途径。此类模型中比较有代表性的模型有 BPM（Bedford Productivity Model）模型、LPCM（Laboratoire de Physique et Chimie Marines）模型、VGPM（Vertically Generalized Production Model）模型等。

1995 年，Longhurst 等提出 BPM 模型，该模型假设叶绿素在垂直方向上均匀分布，光强呈正弦函数分布，模型的公式为：

$$P = B P_m^B \int_0^D \int_0^{Zeu} \left[1 - \exp\left[\frac{-\alpha^B I_0^m \mathrm{Sin}\left(\frac{\pi t}{D}\right) e^{-kz}}{P_m^B} \right] \right] dz dt \tag{5.84}$$

式中，B 是叶绿素浓度，P_m^b 是最大光合作用速率，D 为昼长，Z_{eu} 是真光层深度，α 是由光合作用关系曲线的起始斜率与最大光合作用速率的交点计算得到的光强倒数，I_0^m 是晴空正午时分的太阳辐射强度，单位为 $W \cdot m^{-2}$，k 是海水的光衰减系数。

1996 年 Antoine 等提出 LPCM 模型，该模型基于每吸收 1 摩尔光所固定的碳量来计算初级生产力，在计算过程中利用整个水柱的叶绿素浓度代替表层叶绿素浓度。模型公式如下：

$$P = \frac{1}{J_c} \times C_{TOT} \times E_0 \times \Psi^* \tag{5.85}$$

式中，J_c 为光合作用等效能量，C_{TOT} 为整个水柱的叶绿素浓度，E_0 为海面光合有效辐射，Ψ^* 为单位重量藻类的光合作用截面，单位是 m^2/g。

1997 年，Behenfeld 等基于全球长时间序列的观测数据，发现在初级生产力的计算过程中将叶绿素浓度、光照周期和光学深度归一化后，所有实测初级生产力具有相同形式的垂向分布，由此提出 VGPM 模型。模型公式为：

$$PP_{eu} = 0.66125 \times P_{opt}^{B} \times \frac{E_0}{E_0 + 4.1} \times Z_{eu} \times C_{opt} \times D_{irr} \tag{5.86}$$

式中，PP_{eu} 为表层到真光层的初级生产力，单位为 $mg \cdot m^{-2} \cdot d^{-1}$，表示每天每平方米面积上所产生的碳（毫克）；$P_{opt}^{B}$ 为水柱的最大固碳速率，单位是 $mg \cdot mg^{-1} \cdot h^{-1}$，表示每小时每毫克叶绿素所固定的碳（毫克）；$E_0$ 为海面光合有效辐射，单位是 $mol \cdot m^{-2} \cdot d^{-1}$；$Z_{eu}$ 为真光层深度，单位是 m；C_{opt} 为 P_{opt}^{B} 处的叶绿素浓度，单位是 $mg \cdot m^{-3}$，可用卫星反演的叶绿素浓度代替；D_{irr} 为光照时长，单位为 h。

研究表明，即使利用现场实测的叶绿素 a 浓度作为输入，初级生产力的估算精度最高也仅为 50%~60%，倘若利用卫星反演的叶绿素 a 浓度作为输入，初级生产力的估算精度会更低。

2. 透明度

透明度是最基本的海洋水文参数，反映水体的浑浊程度，与海水中悬浮物、叶绿素、黄色物质的含量密切相关，可用于识别水团和流系等。

在透明度半分析反演算法方面，Doron 等针对欧洲二类水体发展的透明度反演模型为：

$$Z_{SD} = \frac{\ln C_0 / C_e}{P[K_d(490) + c(490)]} \tag{5.87}$$

式中，Z_{SD} 为水体透明度；$\ln C_0 / C_e$ 为常数，表示透明度盘对比度与肉眼观测对比度阈值的比，取值范围是 5~10；P 是 490nm 处漫衰减系数 $K_d(490)$ 与光束衰减系数 $c(490)$ 的函数，计算公式如下：

$$P(x) = 0.0989x^2 + 0.8879x - 0.0467 \tag{5.88}$$
$$x = K_d(490) + c(490) \tag{5.89}$$

$K_d(490)$ 和 $c(490)$ 可由水体吸收系数 $a(490)$ 和后向散射系数 $b_b(490)$ 进行估算，$a(490)$ 和 $b_b(490)$ 可通过水体遥感反射率反演得到，因此透明度的反演归结为 $a(490)$ 和 $b_b(490)$ 的计算。图 5.13 给出了利用 MODIS 数据和上述半分析算法反演得到的渤海、黄海透明度分布。

3. 颗粒有机碳（POC）

颗粒有机碳是海水中有机颗粒物的碳含量，其中有机颗粒物包含浮游植物、浮游动物细胞及其相应的非生命碎屑、陆源有机颗粒物等。颗粒有机碳是碳在海水中的主要存在形式之一，是海洋碳循环研究中重要的参数，其分布受物理、化学、生物过程等众多因素的影响。

研究表明，POC 浓度与海水中悬浮颗粒物的光学后向散射具有较好的相关性。利用这种相关关系结合后向散射系数的反演，可以建立 POC 反演算法。

作者所在团队基于黄河口海域 2011 年开展的光学观测实验，建立了该海域的 POC 反演模型：

$$\log_{10}(POC) = a \times R_{rs}(680) + b \tag{5.90}$$

实测值与反演值的散点图如图 5.14 所示，平均相对误差（APD）为 25.8%，均方根误差（RMSE）为 $27mg/m^3$。

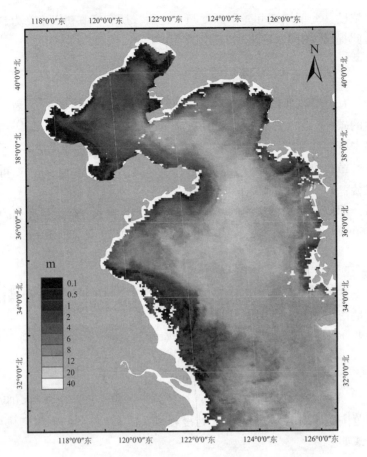

图 5.13　2015 年 3 月渤海、黄海透明度分布图

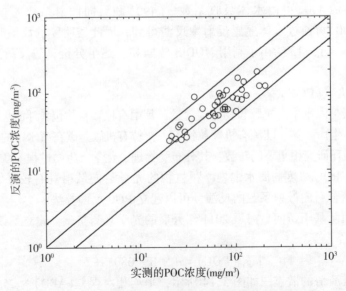

图 5.14　黄河口海域 POC 浓度反演值与实测值的散点图

5.5　卫星水色遥感应用案例

5.5.1　海洋灾害研究

赤潮是海洋中一些微藻、原生动物或细菌在一定的环境条件下爆发性繁殖聚集引起水色改变的一种生态异常现象，如彩图 5.15 所示。赤潮的暴发会对海洋水产养殖业和滨海旅游业造成严重影响，有毒赤潮的危害更大。近年来，我国近海赤潮灾害频发，浙江、福建和河北秦皇岛近海是我国赤潮多发区，主要优势种有东海原甲藻、夜光藻、米氏凯伦藻、中肋骨条藻、抑食金球藻等(《中国海洋灾害公报》，2010—2014 年)。频繁爆发的赤潮给沿岸经济带来了巨大损失，2012 年赤潮导致直接经济损失 20.15 亿元(《中国海洋灾害公报》，2012 年)。

严重的危害使得赤潮灾害成为相关业务管理部门的监测重点，遥感具有快速、同步和大面积监测等优点，是目前赤潮业务化监测的主要手段。赤潮水体的光谱特征是开展赤潮遥感探测的重要依据，如图 5.16 所示，赤潮水体遥感反射率光谱在 700nm 左右有一个反射峰，而非赤潮水体则没有。

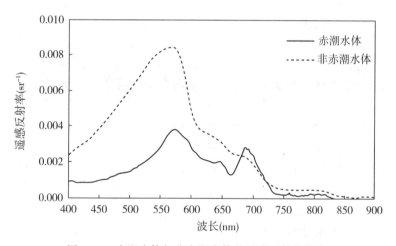

图 5.16　赤潮水体与非赤潮水体的遥感反射率曲线

目前，主要的赤潮遥感监测方法有单波段阈值、双波段比值、多波段差和比，以及荧光特性法和叶绿素浓度异常法等。但是上述方法各有优缺点，需针对研究区选取合适的方法。彩图 5.17 是利用改进的 RI(Red Tide Index)(Lou 和 Hu，2014)方法进行秦皇岛海域微微型赤潮监测的应用示例。RI 计算公式如下：

$$RI = \frac{R_{rs}(555) - R_{rs}(443)}{R_{rs}(488) - R_{rs}(443)} \tag{5.91}$$

根据实测资料，结合 RI 计算结果综合判定，(b)图中红色区域(RI>5)为赤潮发生区，但大连近岸海域存在误识别情形。需要特别指出的是，RI 的阈值需根据赤潮发生海域和赤潮藻种类型进行适当的调整。

5.5.2　海洋初级生产力与全球气候变化研究

海洋浮游植物光合作用是连接生命体与无机物之间碳循环的一个重要纽带，每天约有 1×10^{11} g 的碳被海洋表层的微生物固定为有机物，与此同时，有近乎同等数量的有机碳通过沉积或捕食进入海洋生态系统中。

Behrenfeld 等（2006）利用 SeaWiFS 全球海洋叶绿素浓度数据，分析了 1997—2006 年全球海洋叶绿素和初级生产力 NPP 与全球气候变化的关系。研究发现，在这一时期，全球海洋叶绿素浓度和 NPP 的变化表现出相似的变化特征：1997—1999 年，厄尔尼诺逐渐向拉尼娜现象转变期间，叶绿素总量和 NPP 逐年增长，1999 年以后，叶绿素和 NPP 下降。此外，研究还发现厄尔尼诺指数 MEI（通过综合各种有关厄尔尼诺/拉尼娜和南方涛动的观测资料得出的一种具有普遍性意义的指数）与 NPP 之间存在显著的相关性，MEI 增大会导致 NPP 下降，反之亦然，表明气候变化在改变海洋生产力方面具有重要作用。其机制在于：全球气候变暖，使得海表面温度升高，表层水体与营养盐丰富的下层水体之间密度差增大，逐步增强的海水垂直分层抑制了营养盐的垂向交换，海水表层的浮游植物得不到充足的营养盐，最终导致初级生产力降低。相反，如果海表温度降低，海水的垂直混和将增强，海洋初级生产力随之增加。

5.5.3　海洋动力过程研究

海洋动力过程，如潮汐、混合、上升流等，可直接或间接地影响上层海洋水色要素的时空分布，由水色卫星遥感所捕捉的水色要素动态变化信息可用于更好地认识海洋动力过程。

Shi 等（2011b）利用 2002—2009 年的 MODIS 数据研究了潮汐（潮汐是指海水在日、月引潮力作用下引起的海面周期性的升降、涨落）对于渤海、黄海、东海海洋光学和生物地球化学性质的影响。结果表明，潮汐是驱动海岸带区域大、中尺度海洋光学、生物地球化学性质变化的重要海洋过程；沿岸区域 L_{wn}、$K_d(490)$ 和 TSM 在一个月亮周期（29.53 天）内具有显著的大、小潮变化，开阔海域潮汐对水色数据的影响可忽略；沿岸区域潮汐对卫星水色特性变化的影响幅度与海洋光学性质的季节变化幅度具有相同量级；$K_d(490)$ 最高值和浑浊水体面积最大值出现的日期比满月晚约 2~3 天，$K_d(490)$ 最低值和浑浊水体面积的最小值也比 1/4 或 1/3 满月晚 2~3 天，这是由于海水惯性及其与海底摩擦和底质再悬浮造成的。

5.5.4　海洋生态过程研究

海洋生态动力学模型是模拟和认识复杂海洋生态系统现象、研究全球气候变化与海洋生态系统相互作用的重要手段之一。水色卫星遥感资料包含了众多与海洋生态系统结构及其变化有关的重要信息，能够为海洋生态动力学模拟提供初始场和验证资料。

Ciavatta 等（2011）探讨了复杂海洋生态系统模型中同化水色数据能否提高对陆架海关键生物地球化学变量的后报能力，研究采用了一个局域集合卡曼滤波器将一年的卫星叶绿素周平均产品同化到西英吉利海峡的三维生态模型(由 POLCOMS、ERSEM-2004、ERSEM-II 耦合得到)中。利用实测数据对预测结果进行评估,结果表明同化可降低叶绿素模拟值的均方根误差,增加与被同化的叶绿素空间分布的相关性,更重要的是,那些未被同化变量的后报能力也得到了提高。

第6章 高频地波雷达探测技术

6.1 高频地波雷达技术概述

6.1.1 高频地波雷达简介

高频地波雷达，利用垂直极化高频电磁波（3~30MHz）沿海面绕射传播的特性，能够探测到视距以外的目标，因此又称为高频超视距雷达，其最大探测距离可达 200 海里。

高频地波雷达能够实时跟踪船只和低空飞行目标，提供目标的距离、速度和方位等信息；二维面阵雷达系统或综合双站雷达系统，还可以提供目标的高度信息。此外，高频段的雷达回波中含有丰富的海洋动力环境参数信息，因此高频地波雷达可以反演海面流场（流速、流向）、海面风场（风速、风向）和海浪等信息，从而为海洋环境探测、海洋气象预报和海态遥感等领域提供新手段。

和其他传统的海洋现场监测手段相比，高频地波雷达具有监测面积大、测量精度高以及能够全天时、全天候实时监视监测等优点。由于其能够超视距探测海上目标和海洋动力环境参数信息，因此高频地波雷达在监测海洋专属经济区、维护国家权益、保护海洋环境和海上交通安全等方面具有重要作用。此外，高频地波雷达对探测隐形目标具有潜在的效能（存在使目标隐形失效的频率），而且能有效地对抗反辐射导弹，生存能力较强，因此在军事上也有着重要用途和巨大潜力。

6.1.2 高频地波雷达发展历程

高频（短波）雷达实际上是最先出现的一种雷达。1916 年，英国的马可尼就主张用高频无线电波来探测舰船；1925 年，Breit 和 Tuve 利用高频段雷达来探测电离层高度。

1927 年，英国、德国和美国的学者首次完成了类似高频雷达的实验。1935 年，英国首次进行了 6MHz 的雷达实验，英国广播公司（BBC）利用短波电台发射设备开展实验，成功探测到了一架轰炸机。1937 年，英国在海岸部署了由 50 部高频雷达组成的防空网"本土链（Chain Home）"，在"第二次世界大战"期间，为英国抗击纳粹德国的侵略发挥了重大作用。

1955 年，Crombie 首先发现高频雷达海洋回波谱在两个多普勒频率上有强的尖峰；1968—1972 年，Barrick 定量解释了海面一阶散射和二阶散射的形成机制，为高频雷达探测海洋动力参数（风浪流）建立了坚实的理论基础。

1982 年 2 月，英国伯明翰大学研制了一部高频地波雷达。英国马可尼雷达系统有限公司开始全力开发地波超视距雷达，用来探测导弹和飞机等低空目标以及监视欧洲的北海海面。之后，又推出了舰载型地波雷达 S124，并以其为基础，开发出"监督员"超视距雷达系统，用于对专属经济区的监视。此后，美国、加拿大、俄罗斯、德国等国也陆续开展了高频地波雷达系统的研发、实验和应用。

在国内，哈尔滨工业大学从 20 世纪 80 年代初开始高频地波雷达海上目标探测的研究，并在 80 年代末在威海建成了国内第一个高频地波雷达站，在 1990 年和 1994 年分别完成了探测舰船和探测飞机目标的试验。武汉大学从 20 世纪 80 年代末开始高频地波雷达海态遥感探测研究，在 1993 年完成高频地波雷达 OSMAR 的样机研制，在广西北海进行了海流探测试验。此后，与国内多家公司合作研制出了多种型号的 OSMAR 系列地波雷达产品，实现了产业化应用。

6.1.3　典型地波雷达系统介绍

1. 典型的海态测量地波雷达系统

用于海态监测的地波雷达产品主要有美国 CODAR 公司研制的 SeaSonde、德国汉堡大学研制的 WERA 和国内的 OSMAR 系列。

（1）美国的 SeaSonde 雷达

美国 CODAR 公司生产的 SeaSonde 雷达，采用单极子交叉环接收天线形式，其主要优点是低功率与高灵活性。其发射信号波形为调频中断连续波，发射天线的平均发射功率为 40 W，峰值发射功率为 80 W，其有效波高测量精度为 7%～15%。

表 6.1 给出了 SeaSonde 雷达的部分指标，其流速测量精度为 7 cm/s，系统电源供给功率最低仅为 350 W，这为其低功耗应用奠定了较好的基础。

表 6.1　　　　　　　　　　　　　　　　SeaSonde 雷达系统参数

指标项目	标准型	高分辨率型	大范围型
探测范围	20～60km	15～30km	100～220km
距离分辨率	500m～3km	200～500m	3～12km
角度分辨率	1～5°		
测流精度	7cm/s		
频率范围	11.5～14MHz 或 24～27MHz	24～27MHz 或 40～45MHz	4.3～5.4MHz
发射天线高度	11～14MHz 为 4.8m	与接收天线对应	9m
接收天线	大约 7m 高		
电源供给	120AVC 或 220VAC，50～60Hz，功率为 350～500W		
发射功率	峰值为 80W，平均 40W		

SeaSonde 雷达在美国应用比较广泛，美国西部沿岸已经被 SeaSonde 雷达网络覆盖，在西部海岸形成了密集的沿岸高频雷达网络，可以提供连续、大面积的海流数据。近年

来，我国台湾购进了十多部 SeaSonde 雷达，建成了覆盖台湾岛屿周围海域的雷达网络，此组网系统可以实时提供雷达覆盖海域的海表面流场数据及部分近距离处的浪高数据。

（2）中国的 OSMAR 系列地波雷达系统

国内的 OSMAR 系列雷达，采用线性调频中断连续波，雷达接收天线形式有阵列式和便携式两种。表 6.2 为 OSMAR 小型阵列式雷达测量海态的精度。

表 6.2　　　　　　　　　　　　　**OSMAR081-A8 测量精度**

参数	海表面流场		浪场		海表面风场	
	流向(°)	流速(m/s)	有效波高(m)	海浪谱	风向(°)	风速(m/s)
测量范围	0~360	0~3	1.5~10	0~360° 0~15 s	0~360	5~75
均方测量误差	≤±5	≤±0.05	≤±0.5+ 实测值20%	≤25° ≤1 s	≤25	≤±2+ 实测值20%

OSMAR-S 系列便携式高频地波雷达系统采用单极子交叉环紧凑型天线阵，通过单站雷达即可实现有效探测距离约 10km 内海浪和海面风的单点观测。OSMAR-S100 便携式高频地波雷达可有效观测距雷达 10km 以内有效波高 0.5m 以上的海浪平均状况和平均风速 5m/s 以上的海面风，雷达反演有效波高和有效波周期的均方根误差分别为 0.60m 和 1.60s，反演平均风速和平均风向的均方根误差为 1.83m/s 和 16.7°。

（3）德国 WERA 地波雷达系统

德国汉堡大学研制的 WERA 雷达是典型的阵列式高频地波雷达产品。WERA 发射信号形式为线性调频连续波，主要有两种阵列形式：4 阵元方阵和 16 阵元线性阵。其中，4 阵元方阵只能用来测量海流数据，16 阵元线性阵既可以测量海流也可以测量海浪。

表 6.3 为 WERA 雷达系统的部分参数。由表中数据可知，WERA 工作在较高频率时，其探测范围较近，但使用阵列式接收天线，其角度分辨率很高。而且 WERA 可以用来进行民用船只的探测，目前已开发了用于目标探测的模块。

表 6.3　　　　　　　　　　　　　**WERA 雷达系统参数**

指标项目	雷达配置 1	雷达配置 2	雷达配置 3
工作频率	27.65 MHz	29.85 MHz	16.045 MHz
发射功率	30 W	30 W	30 W
探测范围	50 km	45 km	80 km
Bragg 海浪波长	5.42 m	5.03 m	9.35 m
探测海流的深度	0~0.5 m	0~0.5 m	0~1.0 m
距离分辨率	0.25~2.0 km	0.25~2.0 km	1.0~2.0 km

续表

指标项目	雷达配置 1	雷达配置 2	雷达配置 3
角度分辨率	+/- 2°	+/- 2°	+/- 2°
积累时间	9min	9min	9min
径向分量精度	1~2 cm/s	1~2 cm/s	1~2 cm/s
流场精度	1~5 cm/s	1~5 cm/s	1~5 cm/s

目前世界范围内有超过 500 多部地波雷达系统应用于海洋观测，其中大范围(雷达频率 3~10 MHz)观测雷达探测距离大于 100km，短距离(雷达频率 10~30 MHz)主要用于 100km 范围内的海洋监测。

2. 典型的目标探测地波雷达系统

用于目标探测的地波雷达大多采用大型阵列式接收天线，以期获得更好的目标角度测量精度，典型代表为加拿大 SWR-503 和俄罗斯研制的"向日葵"系统。

(1)加拿大地波雷达系统

加拿大地波雷达系统主要有 HF-GWR 和 SWR 系列雷达。1990 年，加拿大在纽芬兰东海岸 Cape Race 建立了地波雷达系统 HF-GWR，该雷达工作频率为 3~30MHz，峰值发射功率为 1MW，最大探测距离可达 600km，覆盖了带有 9°波束宽度共 110°的扇区。该雷达系统可实时监测大西洋和劳伦斯海湾之间的航行船只，实时探测和跟踪舰船、冰山和飞机，同时还可提供海面流和海浪信息。

2000 年，雷声公司与加拿大国防部联合研制了两部高频地波雷达 SWR-503，除了能够探测和跟踪 EEZ 200 海里内的船只、低空飞机和冰山外，还能完成海洋参数测量任务，为执行海洋法、海上安全和海上环境保护等活动提供支持，对大范围沿海地区进行全天候监视。SWR-503 最大探测距离可达 407km。SWR-610 型号地波雷达，相对于 SWR-503，其工作频率更高，增强了对中程距离范围内的较小尺寸目标的监测与跟踪。

近年来，雷声加拿大公司成功研制出了第三代高频地波雷达，该雷达采用了 MIMO 技术，基于软件雷达设计概念，采用直接数字下变频技术，与传统雷达相比减少了大量的模拟器件，该雷达能以交错脉冲的形式在两个频率连续独立工作。

(2)俄罗斯的"向日葵"系列地波雷达系统

俄罗斯莫斯科远程无线电通信研究所研制了 TELETS 高频地波雷达系统，用于探测海面移动目标。于 1982 年到 1985 年间在远东建立了多功能海岸实验探测系统，用于研究探测和跟踪海面目标的可能性。第一代探测舰船目标的地波超视距雷达已于 20 世纪 90 年代初装备俄罗斯海军，部署在海参崴，方位覆盖扇角 60°，探测距离约为 250km。经改进设计后的第二代地波超视距探测系统可以同时探测舰船和飞机目标，最大探测距离为 300km，工作频段为 5~15MHz，方位覆盖扇角 90°，总发射功率为 60kW，分军用型和民用型两种。民用型代号为"金牛座"，军用型代号为"向日葵"，"向日葵"性能优于"金牛座"20%~40%。

6.2　地波雷达海态遥感及应用

地波雷达海面回波中的一阶和二阶回波谱包含了丰富的海态信息，因此，可以从高频雷达一阶和二阶回波谱中反演风、浪、流等海态信息。高频雷达能够反演海态信息是基于海面回波谱各区域与海态信息的关系，如图 6.1 所示。其中 A 为左右一阶谱峰值比，可以反演风向；B 为一阶谱的偏移量，可以反演海流流速；二阶谱能量 D 与一阶谱能量 C 的比值，可以反演波高和风速；根据二阶谱 E 和 F 可以反演海浪谱。

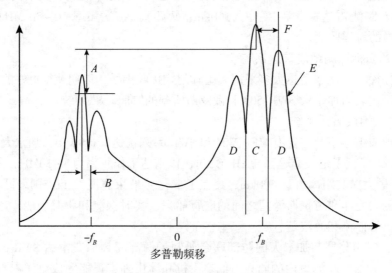

图 6.1　高频地波雷达回波 Doppler 频谱示意图

6.2.1　地波雷达海面回波谱理论

高频地波雷达一阶、二阶海面回波的产生机理是 Bragg 谐振散射。为分析海杂波的产生机理，可以认为海浪是由不同方向和不同波长的理想正弦波叠加而成。高频电磁波与海浪发生相互作用形成电磁波的散射，当入射无线电波波长与海浪波长满足图 6.2 中所示关系时，反射回波将相干叠加引起最强的散射，即 Bragg 谐振散射。因为这种谐振效应是由高频电磁波与海浪发生一次作用引起的，所以将此过程称为高频电磁波与海浪的一阶相互作用，由此产生的海面回波信号即为高频地波雷达的一阶 Bragg 峰。

产生一阶 Bragg 后向散射的条件为：

$$L \cdot \cos\Delta = \frac{\lambda}{2} \tag{6.1}$$

式中，L 为海浪波长，λ 为雷达发射电磁波波长，Δ 为发射电磁波的擦地角。对于单站岸基、水平照射的高频地波雷达来说，无线电波擦地角 $\Delta \to 0$，则 $L = \lambda/2$，即波长等于高频电磁波波长一半的海浪的后向散射回波才满足 Bragg 谐振散射条件。

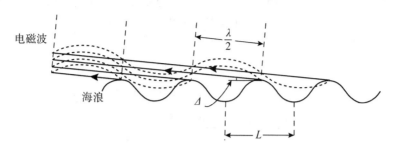

图 6.2　一阶 Bragg 谐振散射机理

在海况充分发展的前提下，由深水行进波色散原理可知，满足一阶 Bragg 散射条件的海浪的速度（相对于雷达的径向速度）为：

$$v_B = \sqrt{\frac{gL}{2\pi}} = \frac{1}{2}\sqrt{\frac{g\lambda}{\pi}} \tag{6.2}$$

式中，g 为重力加速度。具有此特征速度的海浪的后向散射回波的多普勒频率为：

$$f_B = \pm\frac{2v_B}{\lambda} = \pm\sqrt{\frac{g}{\pi\lambda}} \approx \pm 0.102\sqrt{f_0} \tag{6.3}$$

式中，f_0 为雷达工作频率，单位为 MHz，f_B 为 Bragg 频率，单位为 Hz。式（6.3）中，± 号分别代表朝向雷达与背离雷达两个方向的海浪的后向散射回波在回波谱上的多普勒频率。

高频地波雷达的海面回波频谱可以由单位面积内的雷达散射截面积 $\sigma(\omega)$ 来描述，其中 ω 为多普勒角频率，单位为 rad。在深水中且不存在海水表面流的情况下，由 Barrick 推导的单站岸基高频地波雷达一阶散射截面积方程为：

$$\sigma^{(1)}(\omega) = 2^6\pi k_0^4 \sum_{m'=\pm 1} S(m'\mathrm{k})\delta(\omega - m\omega_B) \tag{6.4}$$

式中，k_0 为雷达电磁波数，ω_B 为 Bragg 角频率，m' 为多普勒频率的符号，正负分别代表海浪波列行进方向为朝向雷达或背离雷达。由于海浪受多种因素的影响，使海浪具有明显的随机性，以可确定的函数来描述海浪是很困难的。因此，海浪一般使用海浪方向谱来描述，即 $S(k)$ 为波矢为 k 的海浪波列的海浪方向谱。

海面回波频谱中不仅包含两个幅度占优的一阶 Bragg 峰，在一阶谱周围还存在幅度较低的连续频谱，该连续频谱是由高频雷达电磁波与海浪之间发生高阶作用形成的，其中二阶作用产生的二阶海杂波谱较为明显，且具有较为重要的意义。

在深水中且不存在海水表面流的情况下，单站岸基高频地波雷达二阶后向散射截面积方程为：

$$\sigma^{(2)}(\omega) = 2^6\pi k_0^4 \sum_{m,\,m'=\pm 1} \int_0^\infty \int_{-\pi}^\pi |\Gamma|^2 S(mk_1)S(m'k_2) \cdot \delta(\omega - m\sqrt{gk_1} - m'\sqrt{gk_2})\mathrm{d}p\mathrm{d}q$$

$$\tag{6.5}$$

式中，Γ 为耦合系数，包含电磁耦合系数 Γ_{EM} 与流体力学耦合系数 Γ_H 两部分，即

$$\Gamma = \Gamma_{EM} + \Gamma_H \tag{6.6}$$

Γ_{EM} 和 Γ_H 的计算公式为：

$$\Gamma_{EM} = \frac{1}{2}\left[\frac{(\boldsymbol{k}_1 \cdot \boldsymbol{k}_0)(\boldsymbol{k}_2 \cdot \boldsymbol{k}_0)/k_0^2 - 2\boldsymbol{k}_1 \cdot \boldsymbol{k}_2}{\sqrt{\boldsymbol{k}_1 \cdot \boldsymbol{k}_2} + k_0\Delta}\right] \tag{6.7}$$

$$\Gamma_H = -\frac{j}{2}\left[k_1 + k_2 - \frac{(k_1 k_2 - \boldsymbol{k}_1 \cdot \boldsymbol{k}_2)(\omega^2 + \omega_B^2)}{mm'\sqrt{k_1 k_2}(\omega^2 - \omega_B^2)}\right] \tag{6.8}$$

式中，Δ 为海洋归一化的海表面阻抗，一般取值为 $\Delta = 0.011 - j0.012$，j 为虚数单位；k_0 是雷达电磁波波数；$\boldsymbol{k}_1$ 是第一列正弦海浪波列的波矢，$\boldsymbol{k}_2$ 是第二列正弦海浪波列的波矢，其相应的波数分别为 k_1 和 k_2；p 和 q 分别表示在海浪波列的波矢平面上建立的直角坐标系的横轴和纵轴，且取 p 轴与雷达波矢重合；m，m' 为多普勒频率的符号，m，m' 分别取 ± 1，可表示参与二阶散射作用的两列海浪相互组合的四种情况，而这四种情况实际上对应于岸基高频地波雷达海面回波频谱中二阶海杂波谱的四个区域。

6.2.2　地波雷达海态反演方法

本节将介绍高频雷达测量海流、海浪和风场信息的基本原理和典型方法。这三种信息均为矢量信息，即包括幅度和方向。传统上，采用单站地波雷达测量三种海态在径向方向的幅度，利用双站测量另一径向分量后合成为矢量结果。目前存在一些直接利用单站信息合成矢量结果的方法，下面将分别展开介绍。

1. 海流监测

（1）地波雷达海流反演原理

目前，地波雷达可以反演流速和流向信息，其中，利用单部雷达可以给出覆盖范围内相对于雷达方向的径向流，利用两部雷达从不同方位观测，可以合成矢量流。单部雷达中海流径向速度的计算，需要雷达一阶谱的偏移量。根据雷达一阶散射截面方程，两对称的一阶峰应该位于 Bragg 频率位置。当海洋表面存在海流时，海流运载着海浪，会引起一阶散射回波多普勒谱中的两个布拉格尖峰朝同一方向偏移，正负取决于海流流速分量是朝向还是远离雷达运动。图 6.3 为高频地波雷达海流测量原理示意图。

海流流速在雷达观测方向的径向分量用 V_{cr} 表示，那么 Doppler 频率偏移量可以表示为：

$$\Delta f = \frac{2V_{cr}}{\lambda} \tag{6.9}$$

这样可以求出海流径向速度为：

$$V_{cr} = \frac{2\Delta f}{\lambda} \tag{6.10}$$

（2）基于 MUSIC 算法的高频雷达海流测向原理

地波雷达接收的回波谱数据为雷达照射方向的全向回波数据，需要采用测向方法来确定回波的方向，即确定给定海流值所在的方位。目前在海流方位测量中应用较为广泛的方

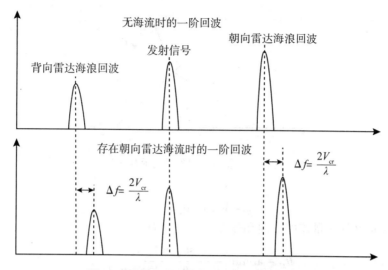

图 6.3　高频地波雷达海流测量原理示意图

法为多重信号分类法(MUSIC)(Schmidt，1986)。该方法是一种空间谱估计技术，率先应用于 CODAR 雷达的海流的方位估计，MUSIC 算法具有测向精度高、分辨率高等优点。

MUSIC 算法的基本思想是将任意阵列输出数据的协方差矩阵进行特征分解，从而得到与信号分量相对应的信号子空间和与信号分量正交的噪声子空间，然后利用这两个子空间的正交性来估计信号源的方位。即信号方位估计问题等效成在阵列流型向量簇 $a(\theta)$(θ 在雷达波束覆盖的角度范围内取值)中寻找与信号子空间距离最近的向量。$a(\theta)$ 到信号子空间的欧几里得距离的平方为：

$$|d|^2 = a^H(\theta)\boldsymbol{E}_N\boldsymbol{E}_N^H a(\theta) \tag{6.11}$$

式中，H 代表共轭转置，$\boldsymbol{E}_N$ 为噪声子空间特征向量构成的矩阵。当噪声不存在时，信号方位上的 $a(\theta)$ 落在信号子空间内，上式为零。实际情况中寻找使上式趋于零的 θ 值，即为信号方位的估计。上式函数的倒数定义为多重信号分类法的方位谱估计，即空间谱函数 $P_{mu}(\theta)$ 表示为：

$$P_{mu}(\theta) = \frac{1}{a^H(\theta)\boldsymbol{E}_N\boldsymbol{E}_N^H a(\theta)} \tag{6.12}$$

连续改变 θ 值($-90° \leq \theta \leq 90°$)进行谱峰搜索，当 θ 等于信号入射角 θ_i 时，谱函数出现峰值，即得到信号的入射方向角。

由 MUSIC 算法可以给出单站径向海流。要获得海流的矢量分布，就必须采用双站或多站多个角度上的海流信息进行合成。如图 6.4 所示，设 P 是某一公共网格单元，V_C 是该单元的矢量流速率，方向为 θ_C(与两雷达连线的夹角)，雷达 A 与探测单元的夹角为 θ_A，探测得到的径向流速为 V_A，雷达 B 与探测单元的夹角为 θ_B，探测得到的径向流速为 V_B，依据下述关系式：

$$V_A = V_C\cos(\theta_C - \theta_A) \tag{6.13}$$

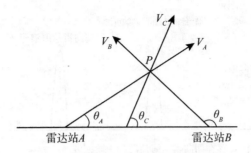

图 6.4　雷达获取矢量流示意图

$$V_B = V_C \cos(\theta_C - \theta_B) \qquad (6.14)$$

可求出单元 P 处矢量流的方向和速度分量分别为：

$$\theta_C = \arctan\left(\frac{V_B \cos\theta_A - V_A \cos\theta_B}{V_A \cos\theta_B - V_B \cos\theta_A}\right) \qquad (6.15)$$

$$V_C = \frac{V_A}{\cos(\theta_C - \theta_A)} \qquad (6.16)$$

依次求得各公共网格单元上的矢量流，得到公共探测区域内的矢量流场图。

2. 海浪监测

根据二阶后向散射原理，雷达电磁波会与不同波长的海浪相互作用，因此二阶回波谱中会包含各种频率海浪的频谱信息（海浪谱），由二阶回波谱的幅度可以得到海面各波长的海浪所占的能量，进而可以给出海表面的有效波高和波向。国际上，从 20 世纪 70 年代开始探索利用高频地波雷达探测波浪的相关工作，海浪的反演至今仍是高频地波雷达应用的前沿课题。

雷达二阶后向散射模型为积分方程的形式，由雷达回波谱反演海浪的过程实际上就是求解积分方程的过程，即根据测量的 $\sigma(\omega)$ 求解 $S(k)$。此类积分求解有多种方式，在此主要介绍三种典型的方法：Howell 海浪谱反演法、海浪谱模型反演法和经验海浪谱反演法。

（1）Howell 海浪谱反演法

Howell 海浪谱反演法为典型的积分方程求解方法，其主要思想为选用不同的基函数对线性化后的积分方程进行求解，得到海浪方向谱。具体为，首先将二阶后向散射表述为如下形式：

$$\sigma_2(\omega_d) = 2^8 \pi^2 k_0^4 \int_0^\pi |\Gamma_s|^2 J_t \left[S(k, \alpha) S(k', \alpha') + S(k, -\alpha) S(k', -\alpha') \right] k^{3/2} \mathrm{d}\theta$$

$$(6.17)$$

其中，

$$J_t = \left| \frac{\omega}{\sqrt{k}} + \frac{ghk^{3/2} \operatorname{sech}^2(kh)}{\omega} + mm'\sqrt{k}(2k_0\cos\theta + k)\left(\frac{\omega'}{k'^2} + \frac{gh \operatorname{sech}^2(k'h)}{\omega'}\right) \right|^{-1}$$

$$(6.18)$$

将二阶谱除以一阶峰所包含的能量，可得：

$$\sigma_{2N}(\omega_d) = 4\int_0^\pi \frac{|\Gamma_s|^2 J_t}{S(2k_0, (1+m')\pi/2)} [S(k, \alpha)S(k', \alpha') + S(k, -\alpha)S(k', -\alpha')]k^{3/2}\mathrm{d}\theta$$

$$(6.19)$$

线性化处理后可得：

$$\sigma_{2N}(\omega_d) = 2^6 k_0^4 \int_0^\pi \frac{|\Gamma_s|^2 J_t}{k'^4} [S(k, \alpha) + S(k, -\alpha)]k^{3/2}\mathrm{d}\theta \qquad (6.20)$$

将其进行离散化可得：

$$\sigma_{2N}(\omega_d) = 2\sum_{j=1}^J \sum_{n=0}^2 {}_j a_n(f) \int_{\theta_{\omega_d, j}} C(\omega_d, \theta) m^n a_n(f)\cos(n\theta)\mathrm{d}\theta \qquad (6.21)$$

进一步表示为：

$$\sigma = Cx \qquad (6.22)$$

对其求广义逆即可得到海浪谱 $x = C^+\sigma$。

（2）海浪谱模型反演方法

Wyatt 提出利用模型匹配的方法来测量长波的海浪谱。通过匹配风浪模型，可以将此方法扩展到更高的频率。雷达测量的方向谱可以表示为：

$$S(k) = a(k)\cos^{s(k)}\frac{[\theta - \theta \cdot (k)]}{2}, \text{ 其中 } k_l < k < k_c \qquad (6.23)$$

$$S(k) = \frac{\alpha}{k^4}\exp[-\beta(k_u/k)^2]\cos^4\frac{[\theta - \theta_w]}{2}, \text{ 其中 } k > k_c \qquad (6.24)$$

其中，β 为常数，θ_w 和 α 由一阶峰确定，k_u 是根据风速 U 得到的波数，$a(k)$，$s(k)$ 和 $\theta^*(k)$ 通过模型匹配得到，k_c 是海浪的阶段频率，k_l 与雷达频率有关。

（3）经验海浪谱反演方法

此方法是通过学习的方式将雷达测量回波谱与浮标测量海浪谱相关联。在一定海域布置浮标和雷达，设定浮标测量海浪谱和雷达测量二阶回波谱之间的比值为未知量，通过实测波高的学习，确定此比值，之后就可以通过雷达测量二阶谱和比值进行海浪测量。此方法需要进行多种情况训练，且变换探测区域后需重新训练。其基本思路简要介绍如下：将海浪方向谱表示为：

$$S(\omega, \varphi) = S(\omega)F(\omega, \varphi) \qquad (6.25)$$

式中，$S(\omega)$ 为海浪频谱，主要表征不同频率的海浪所具有的能量，即单位频率的能谱密度；$F(\omega, \varphi)$ 为方向分布函数，表示组成波的波向分布。而 $F(\omega, \varphi)$ 最简单的形式是组成波的波向与角频率 ω 无关，即 $F(\omega, \varphi) = F(\varphi)$。因此，海浪方向谱一般用式 (6.26) 表示：

$$S(\omega, \varphi) = S(\omega)F(\varphi) \qquad (6.26)$$

经验法反演海浪方向谱主要通过回归系数法，其基本原理是拟合出高频地波雷达回波谱归一化的二阶截面积与浮标测量海浪方向谱之间的回归系数：

$$\alpha_k S_{mk} = H_k F(\varphi_k - \varphi_r)$$
$$\alpha_k S_{pk} = H_k F(\varphi_k - \varphi_r + \pi)$$

$$(6.27)$$

式中，S_{pk}、S_{mk} 分别表示一阶峰所对应的正负二阶边带能量；H_k 为浮标测量的海浪谱数据；$F(\varphi_k - \varphi_r + \pi)$ 和 $F(\varphi_k - \varphi_r)$ 为方向分布函数，分别对应正负一阶峰所对应的二阶边带；α_k 为所要求得的回归系数。

在已知海浪频谱数据、方向分布函数（浮标测量）和雷达二阶截面积的前提下，拟合出 α_k 的具体数值。然后使用此数值来求取未布置浮标区域的海浪方向谱，即 H_k 和 φ_k。

3. 海面风向监测

风向的反演主要是基于多普勒谱正负一阶峰的比值和风向的半经验关系。但是，单站高频雷达在反演风向的时候存在 180° 的风向模糊，为此针对单站高频地波雷达人们发展了一系列的模糊消除方法。主要有以多波束法和多波束思想为基础的一系列方法和最大似然法。这些方法都能够有效地消除单站地波雷达的风向模糊。

风向影响左右一阶海杂波的幅值，因此风向的反演主要是基于正负一阶峰的比值来求解，根据一阶散射截面方程可得：

$$R = \frac{\sigma_1(\omega_B)}{\sigma_1(-\omega_B)} = \frac{g(\pi + \varphi_0 - \varphi_w)}{g(\varphi_0 - \varphi_w)} \tag{6.28}$$

式中，R 为正负一阶峰强度的比值，φ_0 和 φ_w 分别代表波束方向和风向，g 代表海浪能量的方向因子模型，其中应用最广泛的是 Long-Higgins（1963）提出的模型（通常称为心形函数）：

$$g(\varphi) = \frac{4}{3\pi} \cos^{2s}\left(\frac{\varphi - \varphi_w}{2}\right) \tag{6.29}$$

式中，s 为扩散因子，代表海浪能量的分散程度，s 越大代表海浪能量越分散，s 越小代表海浪能量越集中，φ 和 φ_w 分别代表海浪方向和风向。将式（6.29）代入到式（6.28）可得：

$$R = \tan^{2s}\frac{|\theta|}{2} \tag{6.30}$$

式中，$\theta = \varphi_w - \varphi_0$ 表示雷达波束与风向间的夹角，由式（6.30）可得：

$$|\theta| = 2\arctan(R^{1/2s}) \tag{6.31}$$

1985 年，Donelan 等（1985）提出了 sech 模型，即

$$g(\varphi) = 0.5\beta\mathrm{sech}^2(\beta\varphi) \tag{6.32}$$

代入式（6.32）可得：

$$R = \frac{\mathrm{sech}^2[\beta(\pi + \varphi_0 - \varphi_w)]}{\mathrm{sech}^2[\beta(\varphi_0 - \varphi_w)]} \tag{6.33}$$

$$\theta = \frac{1}{2\beta}\ln\left|\frac{R^{1/2}\mathrm{e}^{\beta\pi} - 1}{1 - R^{1/2}\mathrm{e}^{-\beta\pi}}\right| \tag{6.34}$$

式中，β 为扩散因子。风向可表示为：

$$\varphi_w = \varphi_0 \pm \theta \tag{6.35}$$

（1）最小二乘多波束法（LSMB）

在 1986 年，Heron 和 Rose（1986）为了消除风向的不确定性，提出了多波束采样的方法。他们假设雷达观测区域内的海浪方向谱是近似均匀分布的，通过不同方向上海洋回波

Doppler 谱的正负一阶峰比值 R 的不同，来确定一个合理的风向和方向谱扩散因子。结合式(6.31)和式(6.35)，可得到风向角度随扩散因子 s 的变化曲线，如图 6.5(a)所示。当相邻波束具有相同的方向谱扩散因子，即图中有交点，则交点对应的角度即为风向。

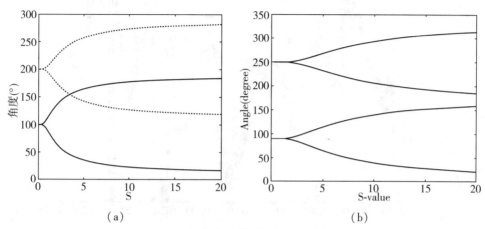

图 6.5 风向与扩展因子的相关示意图

但是由图 6.5(b)可以看出，两列波束有可能没有交点，若利用三列波束，也有可能没有交点或没有共同的交点，根据双站雷达风向反演的方法和多波束的思想采用最小二乘的实现方式(Gurgel 等，2006)，可以有效解决多波束法没有交点的问题。对于单站雷达，假设风向在相邻区域是一致的，采用双曲正割模型传播函数，则

$$\text{LSM}(\varphi_w, \beta) = \sum_{i=1}^{n} \sum_{j=1}^{m} \left[R_{ij} - \frac{\text{sech}^2\beta(\pi + \varphi_i - \varphi_w)}{\text{sech}^2\beta(\varphi_i - \varphi_w)} \right]^2 \tag{6.36}$$

式中，i 和 j 分别代表波束方向和距离元，R_{ij} 代表第 i 个波束方向、第 j 个距离上的正负一阶峰比值，φ_i 为第 i 个波束上的角度，φ_w 为风向。该式括号中第一项为实测的正负一阶峰的比值，第二项是由方向因子模型确定的理论的正负一阶峰值。当传播方向因子 $\beta \in [0.1 \quad 3]$变化，$\varphi_w \in [0 \quad 2\pi]$变化，使上式表达式最小，此时 φ_w 的值即为真实的风向值。

可以看出，如果利用传统的波束法直接求交点，若存在交点，式(6.36)中的最小二乘表达式的值必然为零，两者的反演精度相当。若不存在交点，亦可以求最小二乘表达式的最小值，找到一个合理的风向值。图 6.6 是雷达反演风向与实测数据的比较图。

(2)角度比较多波束法(ACMB)

常规的多波束法会存在多解或无解的情况，Chu(2015)发展了一种新的算法来解决这一问题。为了获得风向，本算法分为两步：一是风向的模糊消除；二是传播因子 β 的确定。

如图 6.7 所示，为了获取黑色阴影单元 B 的实际风向，选择与之相邻的三个单元。当 β 固定时，利用式(6.34)可以计算得到三个夹角 θ_A、θ_B 和 θ_C。因而，"+"或"−"号可以通过比较 θ_A、θ_B 和 θ_C 的大小来确定，具体见表 6.4。

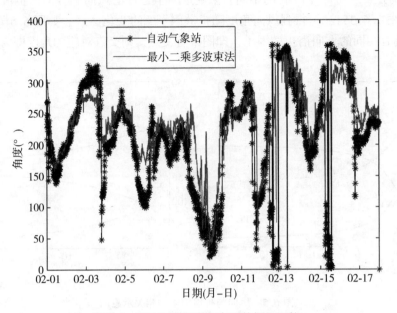

图 6.6　雷达反演风向与实测数据的比较

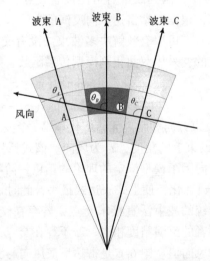

图 6.7　当 $\theta_A \leqslant \theta_B < \theta_C$ 时，风向模糊消除的示意图

表 6.4　　θ_A、θ_B 和 θ_C 的大小与正负号的对应关系

类型	θ_A，θ_B 和 θ_C 的关系	正负号的选择
1	$\theta_A \leqslant \theta_B < \theta_C$	−
2	$\theta_A > \theta_B \geqslant \theta_C$	+
3	$\theta_B \leqslant \theta_A < \theta_C$	−

类型	θ_A，θ_B和θ_C的关系	正负号的选择
4	$\theta_B \leqslant \theta_C < \theta_A$	+
5	$\theta_C \leqslant \theta_A < \theta_B$	+
6	$\theta_A \leqslant \theta_C < \theta_B$	−

为了确定单元 B 的 β 值，需要考虑 B 单元周围相邻的其他 8 个单元的风向与波束的夹角。这里 β 在 $0.1 \sim 3$ 范围内计算，间隔 0.1。获得 9 个单元(包含 B 单元)的风向之后，对于每个固定的 β，可求出 9 个单元格的方差，如下式所示：

$$\Delta = \sum_{i=1}^{N=9} (\varphi_{wi} - \overline{\varphi})^2 / (N-1) \tag{6.37}$$

式中，φ_{wi} 是第 i 个单元格的风向，$\overline{\varphi}$ 是 9 个单元的平均风向。对于每个 β 对应一个 Δ 值，选择最小的方差对应的 β 值作为 B 单元的 β 值，即选择风向均匀性更好的传播因子。那么夹角 θ_B 用选择的 β 求解出来。最终，结合第一步确定的正负号，单元 B 的风向就可以求出，从而消除了风向模糊。图 6.8 为 ACMB 法反演风速与实测风速的比较。

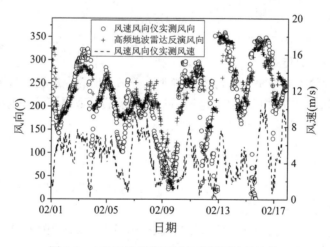

图 6.8　ACMB 法反演风速与实测风速的比较

(3)最小差值法

在多波束的基础上，武汉大学黄为民(Huang，2004)提出了一种新的消除风向模糊的方法。假设在相邻海域内风向相同或是渐变，那么雷达在该海域相邻的几个雷达元上测得的风向差值之和理应为零或接近零。这里假设该海域有三个雷达面元 A，B，C，得到的风向值分别为 θ_{A1}，θ_{A2}，θ_{B1}，θ_{B2}，θ_{C1}，θ_{C2}，它们之间的差值为：

$$\Delta\theta_{ijk} = |\theta_{A1} - \theta_{Bj}| + |\theta_{Bi} - \theta_{Ck}| \tag{6.38}$$

式中，$i=1$，2；$j=1$，2；$k=1$，2。当式(6.38)表达式最小所对应的 θ_{Bj} 即为雷达元 B 真实的风向值，由此推出整个雷达区域的风向值。

但是该算法的前提必须是先假定风向扩散因子为常数，一般取值为 4。实际情况中，风向扩散因子随着风速变化较大。

（4）最大似然法（ML）

1997 年，Wyatt 提出了最大似然法来求取风向，最大似然法的核心思想是根据样本值来选取参数，使得样本发生的概率最大。经计算可以得到正负一阶峰比值的概率密度函数。

$$\text{pdf}(R' \mid \varphi_w) = \sum_{i=1}^{N} \frac{\Gamma(v)}{\left[\Gamma = \left(\dfrac{v}{2}\right)\right]^2} (R'_i)^{(v/2)-1} \left[\frac{R_i}{(R_i + R'_2)^2}\right]^{v/2} \tag{6.39}$$

式中，R' 为测量值，R 为真实值（实际操作中用理论值代替），对于某个单元格，可通过求式（6.39）的最大值来确定风向。

4. 风速监测

目前，高频雷达风速反演依然处于研究开发阶段，风速反演方法概括起来主要有根据 Barrick 经验式反演的波高与风速之间的关系来进行风速反演的经验模型法和神经网络法。

（1）经验模型法反演风速

1982 年，Dexter（1982）根据波高和海浪方向谱谱峰频率这两个参数与风速之间的关系（SMB 关系式）来进行风速反演，即

$$\frac{gH_s}{V_{10}^2} = 0.26\tanh\left[\left(\frac{1}{f_p V_{10}}\right)^{3/2} \cdot \frac{(3.5g)^{3/2}}{10^2}\right] \tag{6.40}$$

式中，g 是重力加速度，H_s 是有效波高，V_{10} 是海面上方 10m 处风速，f_p 是峰值频率。上式不宜直接求解，只能采用迭代等方法。利用式（6.40）来反演风速，需要先反演出浪高和峰值频率，而峰值频率是需要通过反演海浪谱来求出的，过程相对繁琐。在国内，文必洋（2001）利用这种方法进行了高频地波雷达风速反演，取得了较好的结果。

李伦等基于 SMB 关系式建立了海面风速 V 与有效波高 H_s 的经验模型，风速可表示为：

$$V = aH_s^b \tag{6.41}$$

式中，a 和 b 是待定系数。通过经验模型反演出有效波高，但是利用此模型进行风速反演很大程度上依赖于海面有效波高的反演。

根据 Barrick（1977）提出的有效波高的经验模型及 Maresca（1980）利用二阶谱能量与一阶谱能量的无权重比值 R 的推广模型，结合式（6.41）可以得到高频地波雷达海面回波二阶谱能量与一阶谱能量之比和风速关系的双参数模型，即

$$V = aR^b \tag{6.42}$$

式（6.42）中，参数 a 包含了雷达波数 k_0，a 和 b 仍然为待定系数。由此可见，对于在风作用下充分成长的海面来说，可以不用通过求解 H_s，而直接建立比值 R 与风速的关系，从而对风速进行反演求解。对式（6.42）进行改进，加入第三个参数 c 以加强拟合曲线的上、下偏移的调节，形成三参数模型，即

$$V = aR^b + c \tag{6.43}$$

利用式（6.43），通过实测数据确定三个参数，从而求解出风速（楚晓亮等，2015）。图 6.9 为三参数模型反演风速结果与浮标的比较。

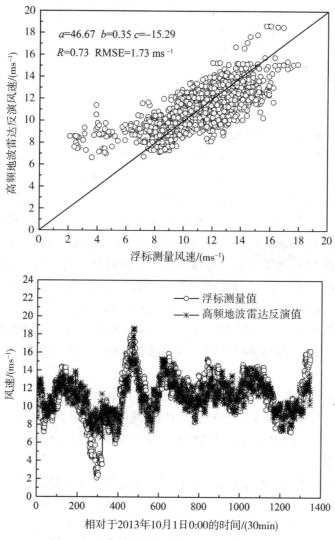

图 6.9　三参数模型反演风速结果与浮标比较

（2）神经网络法反演风速

神经网络算法是数学统计方法上的一种应用，通过大量的训练数据，神经网络可以建立输入量与输出量之间的数学模型。Shen 等（2012）利用神经网络方法，借助于风向传播函数 sech 模型，开展风速反演。如前所述，sech 模型可表示为：

$$g(\varphi) = 0.5\beta\mathrm{sech}^2(\beta\varphi) \tag{6.44}$$

方向因子 β 是海浪频率 f 与峰值频率 f_p 比值的函数，即

$$\beta = \begin{cases} 2.28(f/f_p)^{-0.65} & 0.97 < f/f_p \leqslant 2.56 \\ 10^{-0.4+0.8393\exp[-0.567]\ln(f/f_p)]} & f/f_p > 2.56 \end{cases} \tag{6.45}$$

若波浪谱为 JONSWAP 谱，则

$$f_{\mathrm{p}} = \frac{11.0}{\pi}\big[\,g^2(U_{10}F)\,\big]^{1/3} \qquad (6.46)$$

式中，F 为风区，U_{10} 为海面 10m 高处的风速。将方向因子 β 与平均波向 θ_{B} 作为神经网络的输入量进行训练可以获得风速。

6.2.3　地波雷达海态遥感应用

1. 海啸预警

海啸是由水下地震、火山爆发或水下塌陷和滑坡等大地活动造成的海面大浪，并伴随巨响的现象。海底 50km 以下出现垂直断层，里氏震级大于 6.5 级的条件下，最易引发破坏性海啸。由地震引起的波动与海面上的海浪不同，一般海浪只在一定深度的水层波动，而地震所引起的水体波动是从海面到海底整个水层的起伏，其中所含的能量惊人。海啸的波长比海洋的最大深度还要大，在海底附近传播不受阻滞，不管海洋深度如何，波都可以传播过去。海啸的传播速度与它移行的水深成正比。在深水区，海啸的传播速度一般为每小时两三百千米到 1000 多千米。当海啸波进入到大陆架，特别是 200m 或更浅区域时，由于深度急剧变浅，海啸波会显著放慢速度，波长变得很短，波高骤增，可达 20~30m，这种巨浪可带来毁灭性灾害。这个过程会导致在水柱中海流速度达到 1.5m/s。

海啸预警一直是灾害预防的一个难题，近年来，地波雷达在海啸预测方面的研究也逐渐涌现，发展的地波雷达海啸探测算法，为海啸预测提供了技术支持。海啸引起的海流在一阶和二阶雷达回波中增加了一个额外的多普勒频移，相当于引起海流信号的异常变化。地波雷达通过测量当海啸进入浅水区时引入的海流信号的异常变化，发现海啸信号。对于大陆架边缘位于离海岸约 100km 的海啸，预警时间可达 40 分钟。由于地波雷达可显著延长海啸的预警时间，因此地波雷达海啸检测具有很高的实际应用价值。

2. 溢油漂移预测

如今，使用高频雷达进行溢油监测的应用越来越多。溢油漂移预测模型是预测溢油轨迹的有用工具。由于大气和海洋模型都会存在误差，这会影响溢油预测的精度。使用高频地波雷达提供的精确的海表面流可以解决这一问题。高频雷达实时提供高分辨率的表面流数据，Galicia 区域气象局也实时地提供区域的海流和风数据。由高频雷达表面流数据和数值风数据驱动 TESEO 模型来实时仿真漂流浮标的轨迹。

6.3　地波雷达海上目标探测

6.3.1　目标探测基本原理

海上目标能够被高频地波雷达探测到需满足两个条件：一是目标具有较大的散射截面，能够在雷达回波中具有较高的散射强度；二是目标相对于雷达有一定的运动速度，能够产生多普勒频移，使其较强的雷达回波从零多普勒处分离出来。

高频地波雷达能够实现海上移动目标的大范围连续跟踪，测定其距离、径向速度和方位信息。地波雷达获取不同阵列的多通道数据，通过距离处理、多普勒处理，给出地波雷达的距离-多普勒（R-D）谱，然后通过杂波抑制、CFAR检测、目标参数估计、航迹跟踪等过程，给出目标航迹信息。图6.10给出了典型的地波雷达距离-多普勒谱。

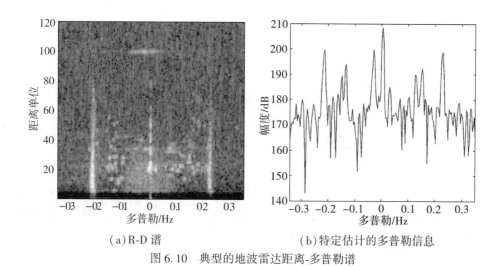

(a) R-D谱　　　　　　　　　(b) 特定估计的多普勒信息

图6.10　典型的地波雷达距离-多普勒谱

基于R-D谱信息，可以得到目标的距离和速度信息。距离的计算公式为：

$$R = c\Delta t/2 \tag{6.47}$$

式中，R为目标距离，Δt为雷达发射信号到接收信号的延时，c为光速。

通过长时间的相干积累，获取高精度的多普勒分辨率，进而计算目标的速度，目标速度公式为：

$$v = f\lambda/2 \tag{6.48}$$

式中，f为相干积累后得到的目标多普勒频率，λ为雷达发射信号的波长。

单个通道的雷达数据可以得到目标距离和径向速度，而测量目标方向则要利用多个雷达阵元获取的多通道信息。

由于船只目标在绝大多数情况下都离雷达很远，所以可以近似地把接收到的信号看作平面波，如图6.11所示。

从图6.11可以看出，若以原点的第一个阵元作为参考点，则平面波到达阵元2比到达阵元1的时间超前 $\tau = \dfrac{d\sin\theta}{c}$，由此可以求出平面波到达阵元2至$N$的超前时间，由于发送和接收的电磁波都是正弦信号，时间的超前主要体现在各个阵元接收信号的相位不同上，如式（6.49）所示，在窄带条件下，阵列信号可表示为：

$$X(t) = \begin{bmatrix} x_1(t) \\ x_2(t) \\ \vdots \\ x_N(t) \end{bmatrix} = \begin{bmatrix} s(t)e^{jw_0 t} \\ s(t)e^{jw_0(t+\tau)} \\ \vdots \\ s(t)e^{jw_0(t+(N-1)\tau)} \end{bmatrix} = s(t)e^{jw_0 t} \begin{bmatrix} 1 \\ e^{jw_0\tau} \\ \vdots \\ e^{j(N-1)w_0\tau} \end{bmatrix} \tag{6.49}$$

215

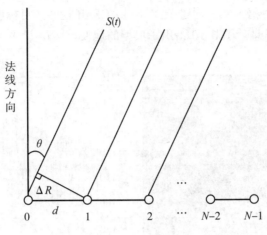

图 6.11　均匀线性阵列图

式中，$w_0\tau = 2\pi f_0\tau = 2\pi f_0\tau = 2\pi f_0\dfrac{d\sin\theta}{\lambda}$，其中 λ 为波长。将 e^{jw_0t} 归并到 $s(t)$ 中，可以将阵列信号写为：

$$X(t) = s(t)\begin{bmatrix} 1 & e^{\frac{2\pi d\sin\theta}{\lambda}} & \cdots & e^{j(N-1)\frac{2\pi d\sin\theta}{\lambda}} \end{bmatrix}^{\mathrm{T}} \tag{6.50}$$

式中，

$$a(\theta) = \begin{bmatrix} 1 & e^{\frac{2\pi d\sin\theta}{\lambda}} & \cdots & e^{j(N-1)\frac{2\pi d\sin\theta}{\lambda}} \end{bmatrix}^{\mathrm{T}} \tag{6.51}$$

我们称此矢量为导向矢量或方向矢量，目标方向信息完全包含在此矢量中。它在信号处理中占据着非常重要的地位。用数字波束合成法（DBF）或比幅测向法等方法对导向矢量进行处理可以求得目标方向。

定义复增益函数 $W^H a(\theta)$ 为天线方向图，用 $P(\theta) = |W^H a(\theta)|^2$ 表示。其中权矢量 $W = a(\alpha)$，α 在一定范围内选取，当 α 恰好等于 θ 时，方向图最大。所以可以令 α 以一定精度遍历雷达扫描范围，当方向图最大时，权矢量的角度 α 就是目标方向，此为波束合成的基本原理。

比幅测向法是一种应用比较广泛的传统测向方法。它的基本原理是对两通道或两通道以上所接收到的同一信号幅度进行相位编码。如果对同一雷达信号来说，总有一对相邻的波束分别输出最强和次强波束增益。如图 6.12 所示，当来波方向为 $-10°$ 时，在中心指向为 $-13°$ 和 $0°$ 的波束上输出了最强和次强增益。

$$\frac{|W(\alpha_1)^H a(\theta)|^2}{|W(\alpha_2)^H a(\theta)|^2} = p \tag{6.52}$$

式中，α_1 和 α_2 分别为相邻的最强波束和次强波束的角度，p 为幅值比。

由式（6.52），根据相邻的最强波束和次强波束的角度，与接收信号的功率之比，可以求解来波方向 θ。

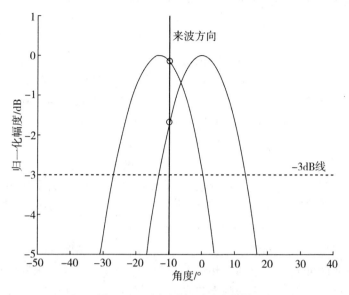

图 6.12　比幅测向原理示意图

6.3.2　杂波/干扰抑制方法

1. 海杂波抑制

地波雷达一阶回波谱在海态反演中作为海面回波，用于提取海流、风向等海态信息。而在目标探测中，一阶海杂波将在较大的频谱范围内抬高检测基底，导致杂波被误检为船只目标，而部分船只无法被测出，造成了虚警与漏警现象，因此被当做杂波要进行抑制处理。其影响的持续性强，空间跨度大，作为一种严重制约高频雷达海面目标探测能力的主要影响因素，海杂波的有效抑制成为高频雷达领域的重要问题。

海杂波抑制方法有循环对消、时频分析以及奇异值分解等方法。现将常规的基于循环对消及时频分析的抑制方法做简要介绍，并给出相应的数据处理结果。

（1）循环对消法

海浪可被看作是波长和方向各异的正弦波的叠加，地波雷达海杂波则是与雷达发射波长相近的海浪产生的。因此，循环对消法采取的是一种在时域对海杂波建模并对消的方法。杂波频率和幅度估计直接由傅里叶谱中的峰值得到，相位估计通过数值搜索的方式进行。

与雷达发射波长满足谐振关系的海浪产生 Bragg 散射，其中朝向雷达运动的浪产生正多普勒频移，背离雷达运动的海浪产生负多普勒频移。因此，地波雷达一阶海杂波的复正弦信号表示形式为：

$$C(t) = \sum_{l=1}^{L} A_p(l) e^{j2\pi f_p(l)t} + A_n(l) e^{j2\pi f_n(l)t} \qquad (6.53)$$

式中，f_p、f_n 分别为海杂波正负多普勒频率，A_p、A_n 为相应的幅度，l 为分量数。

地波雷达接收信号可表示为雷达分辨单元内海浪与船只目标回波的叠加，即

$$r(t) = \left(C(t) + \sum_{k=0}^{K} A_t(k) e^{j2\pi f_t(k)t} \right) e^{j\varphi_0} \tag{6.54}$$

式中，A_t、f_t、K 分别为船只目标的幅度、频率和数量，φ_0 为初始相位。

信号模型参数包括频率、幅度以及初始相位。首先需要对式 (6.60) 进行 N 点 FFT 变换处理，得到离散频谱。令参数 A_{max}、φ_{max} 分别为频谱的极大幅值和相位，那么在相应频率下的时域信号模型正弦分量信号的幅度 A 和初始相位 φ_0 为：

$$A = A_{max} \sin[\pi(fT - k_0)/N]/\sin[\pi(fT - k_0)] \tag{6.55}$$

$$\varphi_0 = \varphi_{max} - (1 - 1/N)(fT - k_0)\pi \tag{6.56}$$

式中，k_0、f 分别为频谱中幅度最大值对应的谱线值与频率值；T 为离散采样时间。由于在实际应用中，采样引起的栅栏效应导致公式 (6.56) 中的真实频率位于两谱线之间，会引入估计误差，故需参考 FFT 相位分析法进行校正：

① 首先，将时域数据分成前、后各 $N/2$ 点分别作 FFT 变换；

② 其次，针对两部分采样点间的相位差 $\varphi_2 - \varphi_1$ 所引入的 2π 整周期模糊问题，通过限定频率偏差解决。该偏差设定为频率分辨率的二分之一，表示为：

$$\Delta f = \pi T / (\varphi_2 - \varphi_1) = \frac{\pi T}{\pi fT - 2\pi k_{01}}, \quad \in [-0.5f_{res}, \ 0.5f_{res}] \tag{6.57}$$

式中，k_{01} 为 $N/2$ 点采样数据在频谱中的最大谱线值；f_{res} 为频率分辨率。

最终，得到精确的频率估计：

$$f = \frac{k_0}{T} + \Delta f \tag{6.58}$$

将式 (6.58) 代入式 (6.55) 和式 (6.56)，从频谱中获取未知量 A_{max} 和 φ_{max}，从而求得信号幅度 A 和初始相位 φ_0。到此，时域信号参数均已获取，即产生用于模拟时域回波分量的模型已建立。后续的海杂波抑制效果，将与能否制定有效的对消约束条件，保证对各分量的正确处理密切相关。海杂波对消谱如图 6.13 所示。

（2）时频分析法

时频分析法可以有效地对缓慢变化的瞬时频率进行跟踪，并对海杂波进行抑制，是一种很有效的杂波抑制方法。利用海杂波在时频域分析中表现出的特征，结合信号各分量的瞬时频率估计算法，从矩阵构造与时频域联合的角度进行海杂波的抑制。由于采用了时频联合的方式，需要考虑多普勒分辨率的损失。首先采用矩阵分解的方法，如 SVD（Sigular Value Decomposition），通过对特定奇异值置零，移除相对应的特征向量。将高频雷达回波信号分段构造成长方阵，对 N 点时域采样数据 $y(n)$，以 Hankel 矩阵的形式表示，即

$$H = \begin{bmatrix} y(1) & y(2) & \cdots & y(L) \\ y(2) & y(3) & \cdots & y(L+1) \\ \vdots & \vdots & \ddots & \vdots \\ y(N-L+1) & y(N-L+2) & \cdots & y(N) \end{bmatrix} \tag{6.59}$$

式中，$L \geqslant 3r$，r 为数据所含的慢时变信号分量个数，即海杂波与船只回波的数量。

（3）奇异值分解法

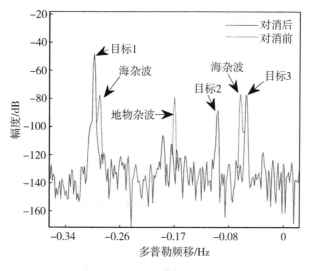

图 6.13　海杂波对消谱

对于任何复数矩阵 $\boldsymbol{H} \in R^{m \times n}$，必定存在正交矩阵 $\boldsymbol{U} \in R^{m \times m}$、$\boldsymbol{V} \in R^{n \times n}$ 和奇异值矩阵 $\boldsymbol{S}$，满足 $\boldsymbol{H} = \boldsymbol{U} \boldsymbol{S} \boldsymbol{V}^{\mathrm{T}}$。当时变信号的频率变化缓慢时，Hankel 矩阵（6.59）的秩可以近似为 r。因此，在对矩阵进行 SVD 分解后，舍弃不重要的特征向量，取 r 个奇异值对应的特征向量组成降维后的空间，构建近似矩阵实现 Hankel 降秩。降秩后矩阵为 $\boldsymbol{H}_1 = \boldsymbol{U}_1 \boldsymbol{S}_1 \boldsymbol{V}_1^{\mathrm{T}}$，其中 $\boldsymbol{S}_1 = \mathrm{diag}[\sigma_1, \sigma_2, \cdots, \sigma_r]$，奇异值 $\sigma_1 \geqslant \sigma_2 \geqslant \cdots \geqslant \sigma_r$，左右酉矩阵为 $\boldsymbol{U}_1$ 与 $\boldsymbol{V}_1$。令观察矩阵 $\tilde{\boldsymbol{\theta}} = \boldsymbol{U}_1 \sqrt{\boldsymbol{S}_1}$，将该观察矩阵分成小矩阵，即 $\tilde{\boldsymbol{\theta}}_k = \tilde{\boldsymbol{\theta}}(k: k+d, 1)$，则

$$\tilde{\boldsymbol{\theta}}_k F(d + k) = \tilde{\boldsymbol{\theta}}_{k+1} \tag{6.60}$$

式中，d 为 L 的中值，$F(d + k)$ 为状态反馈矩阵，写作：

$$F(d + k) = \mathrm{diag}[\, \mathrm{e}^{jw_1(d+k+1)}, \ \mathrm{e}^{jw_2(d+k+1)}, \ \cdots, \ \mathrm{e}^{jw_r(d+k+1)} \,] \tag{6.61}$$

状态反馈矩阵可由方程（6.60）用最小二乘法获解，信号分量的瞬时频率可根据矩阵特征值的相位角估计获得。

短时傅里叶变换（STFT）作为一种经典的时频分析方法，可通过窗函数的选择，获取不同的时间分辨率和频率分辨率。数字信号 $x(n)$ 的 STFT 表达式为：

$$\mathrm{STFT}_x(m, w_k) = \sum_n x(n) g^*(n - mN) \mathrm{e}^{-j\frac{2\pi}{M} nk} \tag{6.62}$$

式中，$k = 0, 1, \cdots, M - 1$，M 为傅里叶点数，N 为窗函数 g 的步长。

海杂波信号波形变化较为平缓，即低频信息较多，分析窗口可适当延长，获取较长的时间采样，提高频率分辨率。将变换值求平方，得到采样数据的功率谱。图 6.14 为矩阵 SVD 估计的 4 个奇异值所对应的瞬时频率，频率按相应的奇异值依次表示为 w_1，w_2，w_3 及 w_4。其中，w_1 和 w_3 在 $\pm 0.3\mathrm{Hz}$ 附近小幅波动，在时频分析识别的一阶海杂波频谱范围之内，频率 w_1 和 w_3 对应的奇异值即为海杂波奇异值。海杂波抑制前后对比如图 6.15 所示。

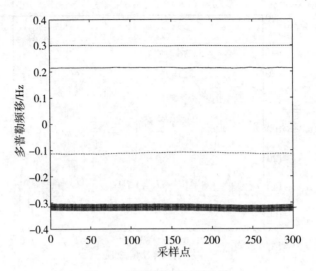

图 6.14　回波信号时频分析

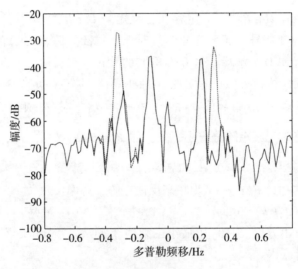

图 6.15　海杂波抑制前后对比

2. 射频干扰抑制

高频地波雷达通常工作在复杂的环境中，雷达接收机收到的回波信号中除了目标信号外，还混合了很多其他杂波及干扰信号。在各种干扰信号中，由于高频地波雷达与射频信号共用 3～30MHz 这一频带，因此射频干扰（RFI）成为高频雷达回波信号中一种主要的干扰源。

对于雷达接收系统而言，射频干扰的影响主要表现在两方面：一方面，容易造成接收机饱和而无法正常工作，损失目标回波的有效动态范围，给接收机硬件设计带来困难；另一方面，RFI 的存在降低了高频雷达回波谱的质量，减小了有效探测距离，使得海态信息的有效提取及目标信息的检测与识别任务更为艰巨。因此，研究如何抑制射频干扰便成为雷达信号处理技术中的重要一环。

在距离-多普勒谱(RD 谱)上，射频干扰通常呈现为两种形式：一种是平行于距离向的竖条纹状，另一种是斜条纹状。为了减少射频干扰对雷达系统的影响，通常可以采用自适应选频、基于射频干扰特性的抑制算法以及增加水平辅助天线等方法。其中，自适应选频技术是通过频监系统对本地干扰电台的工作时间和频率进行监测，期望通过实时选频技术使雷达工作在相对干净的频段以避开干扰。但在整个高频频段，通常难以找到带宽为几十千赫兹完全干净的连续频段。因此仅仅通过频监系统选出相对寂静的频段来避开射频干扰不能完全解决问题。

国内外学者对射频干扰的抑制算法开展了广泛的研究，在目前常用的射频干扰抑制算法中，通常根据射频干扰与目标在时域、频域、空域以及联合域特性的不同，采用相应的算法来对射频干扰进行抑制。

时域下射频干扰的抑制方法有子空间投影法、压缩感知法、短时对消法和斜投影极化滤波等。子空间投影法一般适合处理窄带平稳射频干扰信号，而压缩感知法适用于大口径接收阵列，无法用于小型接收天线阵；短时对消法虽然可以处理某些非平稳射频干扰信号，但其需要根据射频干扰距离向相关性合理地选取时间窗的大小；在频域下，通常采用子空间投影法和斜投影极化滤波等；而在时频联合域下，可以通过短时傅里叶变换、小波变换等时频方法将射频干扰与目标信号分离，然后将被污染的数据置零，最后可以通过AR 模型等方法对剔除的数据进行重构。但时频联合域使用过程中，短时傅里叶方法很难找到合适的窗函数使信号在假定时间宽度内满足平稳性的假设，小波变换的分析结果受到小波基选取的影响，因此小波基的合理选取也是个难题，同时 AR 模型耗时较多，不适合实时处理系统。

在空域下可以通过自适应波束合成方法将波束零陷对准射频来波方向实现射频干扰抑制，然而射频干扰通常在积累周期内呈现非平稳特性，这种情况下，基于时不变阵列权重向量的标准自适应波束合成方法很难改善信噪干扰比；自适应设置权重约束条件的空域方法有效解决了这个问题，但主波束的干扰仍然无法通过空域滤波的方法进行抑制。如果在空-时域下采用空时自适应方法来解决这个问题的话，需要很大的计算量，这在实时系统的应用中受到了限制。空-时域下在时域抑制主波束干扰，在空域处理剩余的数据取得了相对较好的效果。

下面具体介绍三种常用的射频干扰抑制方法：

(1)子空间投影法

在雷达系统的实际工作应用中，为了能更好地探测目标或提取海态信息，在抑制射频干扰的时候要尽量减少对目标信号和海杂波的削弱。子空间投影法是根据探测距离的增加，海杂波一阶峰和地杂波的能量逐渐衰减，而射频干扰的能量基本上没有变化的特性，利用射频干扰在所有单元格具有距离向强相关性的特点对其进行抑制。其处理流程为首先选取相邻的 N 个距离单元，然后构造协方差矩阵 $\boldsymbol{R}$，然后对协方差矩阵进行特征值分解，将特征值按大小排列为 $\lambda_1 > \lambda_2 > \cdots > \lambda_N$，比较特征值的大小，其中 λ 值明显大的 p 个特征值对应的特征向量张成噪声子空间，以 S_1，S_2，$\cdots$，S_p 表示，余下的 $N-p$ 个特征值对应的特征向量张成信号子空间,将回波信号中的噪声子空间分量剔除,即可对射频干扰进行抑制。

图 6.16 是某雷达站接收机回波数据中射频干扰抑制前后的 RD 谱。其中射频干扰强度很大,严重影响了后续对目标信息的探测和海态信息的提取。图中对数据做了归一化处理,图中圆圈标出的两个目标在频偏为-0.156 和 0.1925 的位置处。经过上述方法对射频干扰进行抑制后,目标与海洋回波一阶峰能量损失不大,但射频干扰得到了很好的抑制,从而验证了算法的有效性。

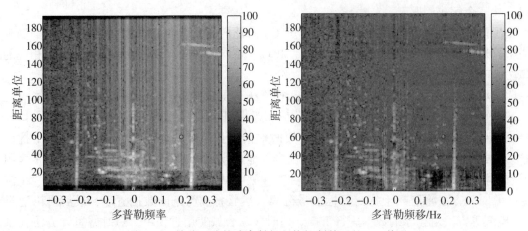

图 6.16 接收回波某波束射频干扰抑制前后的 RD 谱图

该方法假设射频干扰为窄带信号,将其看作是平稳的单频信号,利用射频干扰沿距离向强相关的特性对其进行剔除,然而当射频干扰带宽较宽时,干扰沿距离向的相关性会减弱,该方法则不再适用。

(2)短时距离域对消法

对于非平稳的射频干扰,其频率是时变的,导致它的频谱在 RD 谱上有所展宽。武汉大学对这类非平稳射频干扰的特性进行了分析,并提出采用短时距离域对消方法来抑制这类非平稳射频干扰。这类非平稳射频干扰,其频率具有时变特性,它在距离向的相关性随带宽的增加而减弱,因此不适合再采用全局对消方法对其进行抑制,经过分析发现该类射频干扰在慢时间维的短时间窗内距离向相关性较强,因此提出基于短时距离域对消方法,即在较短的时间窗内采用距离域对消方法。实验数据表明,短时距离域对消方法对这类非平稳射频干扰的抑制效果好于全域对消方法。

(3)基于斜投影极化滤波的高频雷达电台干扰抑制

在实际高频雷达系统中,由于目标信号的极化矢量并不总是与干扰信号的极化矢量相正交,即目标信号的极化矢量并不总是与极化滤波矢量相匹配,在滤除干扰信号的同时必然使目标信号产生极化损失。除此以外,传统的极化滤波还会引入相位失真,造成滤波后目标无法进行相参积累,影响后续的处理。

斜投影算子作为正交投影算子的一种推广形式,在信号分离、干扰抑制等信号处理领域得到了广泛的应用。斜投影极化滤波器是在斜投影算子的基础上，利用极化状态的差异构造不同的极化子空间，进而实现不同极化状态信号的分离和滤波。混合回波经过斜投影算子作用后，目标信号全部保留下来，而干扰信号被滤除。

在极化滤波的基础上，根据极化参数和极化变化的时频不变特性，通过在时域和频域建立信号和干扰极化参数子空间，分别构造基于斜投影算子的时域和频域斜投影极化滤波器，解决了雷达回波数据中电台干扰的抑制问题。该滤波器算法简单有效，适合实时处理。仿真结果也表明了该算法的有效性。

3. 电离层杂波抑制

(1)电离层杂波特性

电离层杂波主要由发射电波经过电离层的反射和散射作用产生，其能量远强于海杂波和目标回波，在多普勒谱上有明显的扩展，在距离上也存在严重的展布。镜面反射产生的干扰，在距离上会出现在 100~150km(对应电离层 E 层和 Es 层)和 180~400km(对应电离层 F 层)范围内若干离散的距离单元上；而散射产生的干扰，在距离上会出现在 300~400km 范围内若干连续的距离单元上。

当电离层杂波很强时，在距离域和多普勒谱域都存在严重扩展，此时对目标的检测有很大的影响。如彩图 6.17 所示，受电离层杂波的影响，接收信号 SNR 较低，目标被杂波掩盖。当目标被电离层杂波掩盖时，很难被地波雷达探测到，造成目标的丢失和航迹断裂。在地波雷达的杂波中，电离层杂波相对于海杂波和射频干扰更严重。电离层杂波在距离和多普勒向的严重扩展以及非平稳特性，使得电离层杂波的抑制存在困难。

(2)典型的电离层杂波抑制方法

针对电离层杂波抑制的研究，目前比较经典的方法有基于斜投影极化滤波和基于方向判别的方法等。

1)基于斜投影极化滤波的电离层杂波抑制方法

斜投影极化滤波是高频地波雷达抑制干扰的有效方法。多普勒处理后的电离层杂波较处理之前具有更高的干噪比，在距离-多普勒域处理可获得更佳的估计精度和干扰抑制效果。

假设信号 $E(t)$ 是极化角和极化角相差为 γ 和 η 的完全极化平面波，则有

$$E(t) = \begin{bmatrix} \cos\gamma \\ \sin\gamma e^{i\eta} \end{bmatrix} S(t) \tag{6.63}$$

式中，$S(t)$ 为信号，$S(t)\cos\gamma$ 和 $S(t)\sin\gamma e^{i\eta}$ 分别为水平和垂直极化通道的信号分量。定义信号的极化矢量：

$$\alpha = \begin{bmatrix} \cos\gamma \\ \sin\gamma e^{i\eta} \end{bmatrix} \tag{6.64}$$

假设目标和干扰的极化矢量分别为 α_t 和 α_i，且 $\alpha_t \neq \alpha_i$，构造斜投影极化滤波算子：

$$H = \alpha_t (\alpha_t^H P_{\alpha_i}^\perp \alpha_t)^{-1} \alpha_t^H P_{\alpha_i}^\perp \tag{6.65}$$

式中，$P_{\alpha_i}^\perp$ 为干扰极化矢量 α_i 的补空间。定义斜投影极化滤波权矢量为：

$$w_{\text{oppf}} = (A^\dagger H)^H \tag{6.66}$$

式中，$A^\dagger = (\alpha_t^H \alpha_t)^{-1} \alpha_t^H$。同时考虑噪声和干扰，则接收信号为目标信号 $E_t(t) = \alpha_t S_t(t)$、干扰信号 $E_i(t) = \alpha_i S_i(t)$ 和噪声的线性叠加。滤波结果为：

$$\hat{S}(t) = S(t) + w_{oppf}^H n(t) \tag{6.67}$$

当对目标和干扰极化状态估计准确时，斜投影极化权矢量能够抑制干扰，同时恢复出目标信号。基于斜投影极化滤波的电离层杂波抑制流程如图 6.18 所示。

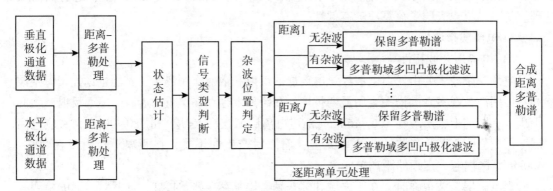

图 6.18　基于斜投影极化滤波的电离层杂波抑制处理流程

2) 基于方向判别的电离层杂波自适应抑制方法

由于电离层的复杂多变性，单一的方法不能有效地抑制电离层杂波，自适应旁瓣对消和特征值分解方法都具有一定的局限性，自适应旁瓣对消方法对于方向性不明显的电离层杂波效果不理想；特征值分解方法对方向性明显、扩展较大，但电离层杂波信号强度不是很一致时，只能抑制较强的电离层杂波，而不能很好地抑制具有方向性的电离层杂波。而大部分的高频地波雷达数据中电离层杂波都具有一定的方向特性，因此根据电离层方向特性结合自适应旁瓣对消和特征值分解方法联合处理电离层杂波，其处理流程如图 6.19 所示。

6.3.3　目标检测与跟踪方法

1. CFAR 检测

地波雷达的 CFAR 检测处理通常在距离向和多普勒向分别进行，完成两个维度的 CFAR 检测后，再综合距离向、多普勒向检测结果，结合峰值检测的结果，输出最终检测结果。地波雷达 CFAR 检测处理流程如图 6.20 所示。

常用的地波雷达 CFAR 检测方法有均值类恒虚警检测器（CA-CFAR）、排序统计类恒虚警检测器（OS-CFAR）和自适应回归 CFAR 检测器。其中，CA-CFAR 检测方法适合均匀背景噪声的区域，但受地杂波、一阶海杂波以及电离层干扰的影响较大，容易导致噪声估计过高，造成检测性能下降。OS-CFAR 检测方法对弱杂波具有一定的抑制能力，在强杂波区检测性能下降。自适应回归 CFAR 检测方法对电离层干扰、低速区杂波干扰具有一定的抑制效果，但在均匀检测背景区，检测性能不如 CA-CFAR 和 OS-CFAR。通常情况下，为得到更好的检测结果，在实际检测过程中，可以先对 RD 谱进行分割，识别出不同杂波

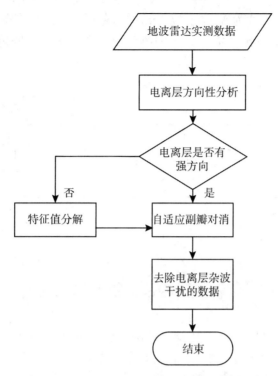

图 6.19 基于方向特性分析的电离层杂波抑制方法流程

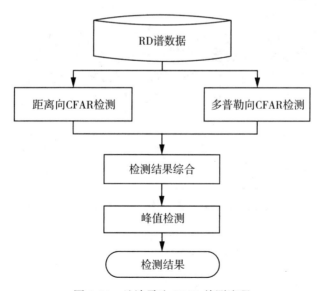

图 6.20 地波雷达 CFAR 检测流程

区，然后基于不同杂波类型选择适合的 CFAR 检测方法，整体提高检测性能。

(1)CA-CFAR 方法

CA-CFAR 检测器利用参考窗内的雷达回波均值估计噪声水平，其结构如图 6.21 所

示。输入信号 x_i 被送到长度为 N（$N = 2L + 1$）的寄存器组中，对被检测单元周围 N 个参考单元求均值，其结果便为噪声估计 μ，检测门限 $U_0 = K\mu$，门限因子 K 则用于虚警率控制。

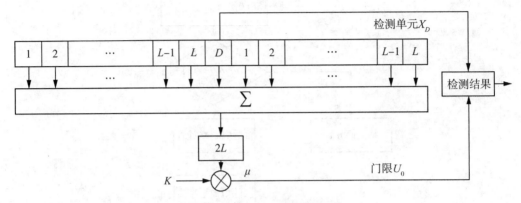

图 6.21　CA-CFAR 检测器原理

CA-CFAR 是最基本的一种 CFAR 检测算法，在均匀杂波背景下，当参考窗长度趋近于无穷时，可达到理想检测器的性能。但是在杂波边缘和多目标环境下，噪声的估计值将会偏高，导致目标漏检，缺乏鲁棒性。一般来说，滑窗范围越大，CFAR 损失越小，但可能无法形成有效的局部估计。

（2）OS-CFAR 检测方法

OS-CFAR 检测器中，输入信号 x_i 被串行输入到长度为 $2L + 1$ 的寄存器组中，x_D 是待检测单元，其两侧各有长度为 L 的参考单元。将参考单元中 N（$N = 2L$）个信号的值排序，取出其中第 k 个最小值 x_k，x_k 即为噪声估计值 μ。则检测门限为 $U_0 = K\mu$，其中门限因子 K 用于控制虚警率的大小。OS-CFAR 检测器原理如图 6.22 所示。

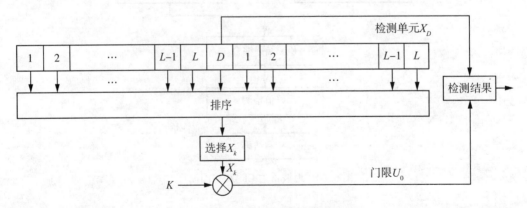

图 6.22　OS-CFAR 检测器原理

OS-CFAR 检测方法由于存在排序过程，可以有效避免异常值对噪声估计的影响，对杂波环境的适应性较强。

（3）自适应回归 CFAR 检测方法

自适应回归检测器采用曲线回归方法拟合功率谱，获得噪声整体估计。雷达回波信号输入自适应回归检测器形成功率谱，通过曲线回归分析对功率谱进行曲线拟合，拟合出的结果即为噪声估计，将噪声估计值乘以门限因子 K 获得检测门限，通过 K 控制虚警率的大小。自适应回归 CFAR 检测器原理如图 6.23 所示。

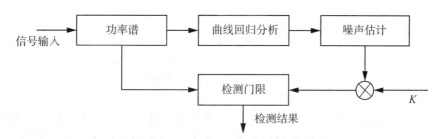

图 6.23　自适应回归 CFAR 检测器原理

自适应回归 CFAR 检测器对功率谱的整体进行曲线拟合而获得噪声估计，对杂波环境的适应性更强。图 6.24 给出了雷达 RD 谱的 CFAR 检测结果。

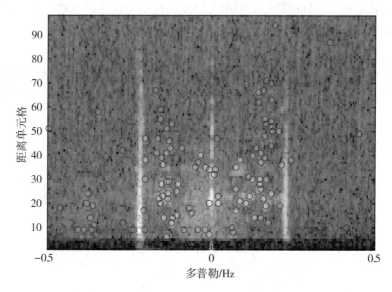

图 6.24　雷达 RD 谱的 CFAR 检测结果

2. 目标跟踪

目标跟踪作为地波雷达目标检测跟踪系统中的最后也是最复杂的一环，担负着降低虚警与形成航迹的任务，是目标探测跟踪效果的直接体现。

目标航迹跟踪利用雷达探测得到的多时刻的目标点迹推演出目标的真实航行轨迹，由多目标跟踪算法实现，主要涉及航迹起始、航迹维持与航迹终结三个阶段，其中，最重要的是航迹维持，它由状态预测、数据关联与状态滤波三个主要环节构成，是一个由关联和估计构成的循环过程。跟踪算法的流程如图 6.25 所示。

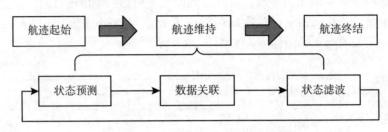

图 6.25　高频地波雷达航迹跟踪流程

地波雷达目标跟踪算法以目标运动模型及测量模型的建立为基础，在该模型下，进行航迹起始、维持与终结三个航迹管理过程，下面分别对上述模型及航迹管理过程进行介绍。

（1）目标的运动模型与测量模型

1）状态方程

目标跟踪以目标运动的状态方程和量测方程为核心，跟踪开始前，首先需要确定目标的运动模型与测量模型。目标的运动模型反映了目标下一时刻的运动状态与当前状态的关系，通常在笛卡儿坐标系中定义：

$$\boldsymbol{x}_k = \boldsymbol{f}_k(\boldsymbol{x}_{k-1}, \ \boldsymbol{w}_k) \tag{6.68}$$

式中，$\boldsymbol{f}_k(\cdot)$ 表示 k 时刻的非线性函数，$\boldsymbol{x}_k$ 为目标的运动状态矢量，$\boldsymbol{\omega}_k$ 为过程噪声。对于海上大型的舰船目标，一般采用匀速（Constant Velocity，CV）模型进行状态预测，预测模型如下：

$$\boldsymbol{x}_k = \boldsymbol{F}_k\boldsymbol{x}_{k-1} + \boldsymbol{\Gamma}_k\boldsymbol{v}_k \tag{6.69}$$

式（6.69）中，$\boldsymbol{x}_k = [x_k, \ \dot{x}_k, \ y_k, \ \dot{y}_k]^{\mathrm{T}}$，其中，$x_k$、$y_k$ 分别表示目标沿 x、y 方向的坐标位置分量，$\dot{x}_k$、$\dot{y}_k$ 分别表示两个方向上相应的速度分量。

$$\boldsymbol{F}_k = \begin{bmatrix} 1 & T_k & 0 & 0 \\ 0 & 1 & 0 & 0 \\ 0 & 0 & 1 & T_k \\ 0 & 0 & 0 & 1 \end{bmatrix}, \ \boldsymbol{\Gamma}_k = \begin{bmatrix} T_k{}^2/2 & 0 \\ T_k & 0 \\ 0 & T_k{}^2/2 \\ 0 & T_k \end{bmatrix},$$

T_k 为当前的采样时间，$\boldsymbol{v}_k$ 考虑到了目标的加速度以及未被建模的运动特性，一般认为其服从均值为零、协方差矩阵 $\boldsymbol{Q}_k = \sigma_v{}^2\boldsymbol{I}$ 的高斯分布。

除了匀速模型外，对于大型的海上舰船目标，常用的模型还有匀加速（Constant Acceleration，CA）模型、目标存在机动时采用的 Singer 模型、"当前"统计模型等。由于目标运动的复杂性，仅利用单个模型往往很难准确地描述其运动状态，目标的运动模式可在多种模型间切换，由此提出了交互多模型 IMM（Interacting Multiple Model）的方法，它利用多个模型的相互作用得到目标的状态估计；而预测模型体现在状态方程中相邻时刻目标状态的转移矩阵上。

2）量测方程

量测方程反映了目标的测量状态与其真实状态之间的关系。假设雷达位于球坐标系的原点，则目标的测量方程可以表示为：

$$z_k = \boldsymbol{h}(\boldsymbol{x}_k) + \boldsymbol{n}_k \tag{6.70}$$

地波雷达采用目标的距离、方位角及径向速度来描述目标的状态，因而公式（6.70）可以具体表达为：

$$z_k = [z_k^r, \ z_k^b, \ z_k^{\dot{r}}]^{\mathrm{T}}, \ \boldsymbol{n}_k = [n_k^r, \ n_k^b, \ n_k^{\dot{r}}]^{\mathrm{T}},$$

$$\boldsymbol{h}(\boldsymbol{x}_k) = [h_r(\boldsymbol{x}_k), \ h_b(\boldsymbol{x}_k), \ h_{\dot{r}}(\boldsymbol{x}_k)],$$

$$h_r(\boldsymbol{x}_k) = \sqrt{{x_k}^2 + {y_k}^2}, \ h_b(\boldsymbol{x}_k) = \arctan\left(\frac{y_k}{x_k}\right), \ h_{\dot{r}}(\boldsymbol{x}_k) = \frac{x_k \dot{x}_k + y_k \dot{y}_k}{\sqrt{{x_k}^2 + {y_k}^2}} \tag{6.71}$$

式（6.71）中，z_k^r、z_k^b、$z_k^{\dot{r}}$ 分别表示目标的距离、方位角及径向速度的测量值；一般将量测噪声向量 $\boldsymbol{n}_k$ 建模为均值是零、协方差矩阵 $\boldsymbol{R}_k = \begin{bmatrix} {\sigma_r}^2 & 0 & \rho\sigma_r\sigma_{\dot{r}} \\ 0 & {\sigma_b}^2 & 0 \\ \rho\sigma_r\sigma_{\dot{r}} & 0 & {\sigma_{\dot{r}}}^2 \end{bmatrix}$ 的高斯随机变量。

一般地，噪声分量 n_k^r、n_k^b、$n_k^{\dot{r}}$ 之间通常被认为是统计独立的变量，除了 n_k^r 与 $n_k^{\dot{r}}$ 之间具有相关系数为 ρ 的相关性。但是，对高频地波雷达而言，无法直接获取 ρ 的信息，因此，假设其值为零。

（2）航迹管理

航迹管理包括：航迹的形成与终结，关联波门的确定与数据关联，状态预测、更新与滤波等过程。分别介绍如下：

航迹形成一般采用 M/N 逻辑法进行航迹起始，在满足 M/N 逻辑的条件下，量测序列被确认为一条合法的航迹。在航迹形成的过程中，对地波雷达目标位置量测作如下考虑：

①每一个未关联的量测都作为新的航迹头起始航迹，也即形成一条假定航迹（tentative track）。

②当有新的量测数据到来时，对于每一个航迹头建立关联波门，波门的设置需要考虑以下两点：a. 考虑到目标运动参数的最大值/最小值；b. 量测噪声的强度，即如果一个航迹头是一个真实的目标点，那么在下一帧数据中，应使得该目标的点迹量测以很高的概率落入该波门中。如果有量测点落入波门，则该航迹变为初始航迹；否则，该航迹被撤销。

③由于初始航迹中包含两个点迹，这两个点可以用来初始化无味卡尔曼滤波器（Unscented Kalman Filter, UKF），接下来的关联波门就可以借助 UKF 来进行设置。

④从第三次扫描开始，采用 M/N 逻辑进行航迹判别。

⑤如果在第 $N+2$ 帧，M/N 逻辑条件满足，则该航迹变为确认航迹；否则，该航迹将被撤销。

而当下列条件满足时，一条确认航迹被终结：

①在最近的 N^* 帧数据中，有 M^* 帧数据找不到与当前航迹的关联点迹；

②目标航迹的不确定性超过了一定的阈值，其中，航迹的不确定性由状态协方差矩阵来度量；

③目标的运动速度达到了一个不可能的值 v_{max}。

数据关联的作用是从包含杂波及多个目标的点迹量测中找到属于当前航迹的量测，数据关联过程首先需要确定关联波门。假定在目标量测的预测值 $z^j_{k|k-1}$ 周围，由目标产生的量测服从高斯分布，则椭圆确认波门由式(6.72)给出：

$$G(k, \gamma) = \{z: (z - z^j_{k|k-1})(S^j_k)^{-1}(z - z^j_{k|k-1}) < \gamma\} \tag{6.72}$$

波门概率由阈值 λ 确定。确认波门在球坐标系中是椭圆形，当投影到笛卡儿坐标平面时，呈现出类似"香蕉"的形状。

数据关联一般采用基于贝叶斯理论的联合概率数据关联方法(Joint Probability Data Association, JPDA)，它通过概率加权的方式关联当前目标的所有确认量测，包括以下步骤：

①首先建立确认矩阵，该矩阵中包含了每一个量测所有可能的来源；确认矩阵依据确认波门来设置，将这些目标分别编号为 $j = 1, \cdots, J$；

②基于确认矩阵，JPDA 依据如下两条规则建立所有可能的联合关联事件：a. 一个量测要么来自一个目标，要么就是虚警；b. 一个目标最多只能产生一个量测，假定检测概率为 P_d；

③联合事件的概率根据以下假设进行计算：a. 在某个目标量测的预测位置周围，由目标产生的量测数据服从高斯分布；b. 监测范围内的虚警服从参数为 λ 的泊松分布，λ 表示杂波密度；

④在确认波门内，假设杂波服从非均匀分布；

⑤边缘关联概率(即量测与目标的关联概率)由联合关联概率获得；

⑥目标的状态参数采用边缘概率对 UKF 的更新状态进行加权平均得到。

数据关联完成后，需要进行目标状态的预测与更新，可借助 JPDA-UKF 方法来完成。在第 k 次扫描时，第 j 个目标的状态更新值 $x^j_{k|k}$ 由式(6.73)计算：

$$x^j_{k|k} = \beta_{0j}x^j_{k|k-1} + \sum_{i=1}^{m_j(k)} \beta_{ij}x^j_{k|k}(i) \tag{6.73}$$

式中，$m_j(k)$ 表示 k 时刻第 j 个目标的确认波门内的量测数目；$x^j_{k|k-1}$ 表示 k 时刻目标状态的预测值；$x^j_{k|k}(i)$ 表示利用第 i 个确认量测得到的 UKF 更新值；β_{ij} 表示关联概率：

$$\beta_{0j} = P\{没有量测来自第 j 个目标\},$$
$$\beta_{ij} = P\{第 i 个量测来自第 j 个目标\}。$$

状态更新的协方差矩阵由下式计算：

$$P^j_{k|k} = \beta_{0j}P^j_{k|k-1} + \sum_{i=1}^{m_j(k)} [P^j_{k|k}(i) + (x^j_{k|k}(i) - x^j_{k|k})(x^j_{k|k}(i) - x^j_{k|k})^{\mathrm{T}}]\beta_{ij} \tag{6.74}$$

式中，状态预测值 $x^j_{k|k-1}$ 及其协方差矩阵 $P^j_{k|k-1}$，目标量测预测值 $z^j_{k|k-1}$ 及其协方差矩阵 S^j_k 由 UKF 的预测步骤提供。

UKF 即无味卡尔曼滤波器，它将经典卡尔曼滤波器的预测-更新循环与无味变换相结合来序贯估计目标的状态参量。与经典卡尔曼滤波方法类似，它也包括预测与更新两个步骤。下面以第 j 个目标的滤波为例进行描述，假设第 i 个量测 $z_{i,k}$ 来自目标。

3）UKF 预测

UKF 预测时，首先计算 sigma 点矩阵：

$$\boldsymbol{\mathcal{X}}^j_{k-1|k-1} = [\boldsymbol{\mathcal{X}}^j_{k-1|k-1}(0),\ \cdots,\ \boldsymbol{\mathcal{X}}^j_{k-1|k-1}(2n_x)]$$

具体地，由式(6.75)给出：

$$\boldsymbol{\mathcal{X}}^j_{k-1|k-1} = [x^j_{k-1|k-1},\ \cdots,\ \boldsymbol{X}^j_{k-1|k-1} + \widetilde{\boldsymbol{P}}^j_{k-1|k-1},\ \boldsymbol{X}^j_{k-1|k-1} - \widetilde{\boldsymbol{P}}^j_{k-1|k-1}]$$
$$\widetilde{\boldsymbol{P}}^j_{k-1|k-1} = \sqrt{(n_x + \zeta)\boldsymbol{P}^j_{k-1|k-1}} \tag{6.75}$$

式中，ζ 为尺度参数，$\widetilde{\boldsymbol{P}}^j_{k-1|k-1}$ 表示尺度化状态协方差矩阵的 Cholesky 分解，$\boldsymbol{X}^j_{k-1|k-1}$ 为列向量等于 $x^j_{k-1|k-1}$ 大小为 $n_x \times n_x$ 的矩阵。

通过状态转移方程：

$$\widetilde{\boldsymbol{\chi}}^j_{k|k-1} = [\boldsymbol{f}(\mathcal{X}^j_{k-1|k-1}(0)),\ \cdots\boldsymbol{f}(\mathcal{X}^j_{k-1|k-1}(2n_x))]$$

传递 sigma 点，然后通过无味权值 ω_n 来预测状态向量：

$$x^j_{k|k-1} = \sum_{n=0}^{2n_x} \omega_n \widetilde{\boldsymbol{\chi}}^j_{k|k-1}(n) \tag{6.76}$$

通过引入状态噪声的协方差矩阵来计算预测状态协方差矩阵：

$$\boldsymbol{P}^j_{k|k-1} = \boldsymbol{Q}_k + \sum_{n=0}^{2n_x} \omega_n(\widetilde{\boldsymbol{\chi}}^j_{k|k-1}(n) - x^j_{k|k-1})(\widetilde{\boldsymbol{\chi}}^j_{k|k-1}(n) - x^j_{k|k-1})^{\mathrm{T}} \tag{6.77}$$

式中，$\boldsymbol{Q}_k$ 表示状态噪声协方差矩阵。考虑到状态噪声的影响，利用传递状态及状态协方差估计对 sigma 点重新估计：

$$\boldsymbol{\mathcal{X}}^j_{k|k-1} = [x^j_{k|k-1},\ \boldsymbol{X}^j_{k|k-1} + \widetilde{\boldsymbol{P}}^j_{k|k-1},\ \boldsymbol{X}^j_{k|k-1} - \widetilde{\boldsymbol{P}}^j_{k|k-1}]$$
$$\widetilde{\boldsymbol{P}}^j_{k|k-1} = \sqrt{(n_x + \zeta)\boldsymbol{P}^j_{k|k-1}} \tag{6.78}$$

然后，通过观测方程：

$$\boldsymbol{\gamma}^j_{k|k-1} = [\boldsymbol{h}(\boldsymbol{\mathcal{X}}^j_{k|k-1}(0)),\ \cdots,\ \boldsymbol{h}(\boldsymbol{\mathcal{X}}^j_{k|k-1}(2n_x))]$$

进行传递，对观测向量及其协方差矩阵进行预测：

$$z^j_{k|k-1} = \sum_{n=0}^{2n_x} \omega_n \boldsymbol{\gamma}^j_{k|k-1}(n) \tag{6.79}$$

$$\boldsymbol{S}^j_k = \boldsymbol{R}_k + \sum_{n=0}^{2n_x} \omega_n(\boldsymbol{\gamma}^j_{k|k-1}(n) - z^j_{k|k-1})(\boldsymbol{\gamma}^j_{k|k-1}(n) - z^j_{k|k-1})^{\mathrm{T}} \tag{6.80}$$

4）UKF 更新

一旦接收到第 i 个量测 $z_k(i)$，即可计算 $z_k(i) - z^j_{k|k-1}$；然后，利用经典卡尔曼滤波

的更新过程对状态向量与状态协方差矩阵进行更新：

$$x_{k|k}^{j}(i) = x_{k|k-1}^{j}(i) + \boldsymbol{W}_{k}^{j}(z_{k}(i) - z_{k|k-1}^{j}) \tag{6.81}$$

$$\boldsymbol{P}_{k|k}^{j} = \boldsymbol{P}_{k|k-1}^{j} - \boldsymbol{W}_{k}^{j}\boldsymbol{S}_{k}^{j}(\boldsymbol{W}_{k}^{j})^{\mathrm{T}} \tag{6.82}$$

其中，卡尔曼滤波增益由下式计算得到：

$$\boldsymbol{W}_{k}^{j} = \sum_{n=0}^{2n_{x}} \omega_{n}(\boldsymbol{\chi}_{k|k-1}^{j}(n) - x_{k|k-1}^{j}) \cdot (\gamma_{k|k-1}^{j}(n) - z_{k|k-1}^{j})^{\mathrm{T}}(\boldsymbol{S}_{k}^{j})^{-1} \tag{6.83}$$

参 考 文 献

[1]Abraham D, Lyons A. Reliablemethods for estimating the K-distribution shape parameter[J]. IEEE Journal of Oceanic Engineering, 2010, 35(2): 288-302.

[2]Allard Y, Germain M, Bonneau O. Ship detection and characterization using polarimetric SAR data[M]. Ndto Security Science, 2009: 243-250.

[3]Alpers W, Hasselmann K. The two-frequency microwave technique for measuring ocean-wave spectra from an airplane or satellite [J]. Boundary-Layer Meteorology, 1978, 13(1-4): 215-230.

[4]Alpers W, Ivanov A, Horstmann J. Observations of bora events over the Adriatic Sea and Black Sea by spaceborne synthetic aperture radar[J]. Monthly Weather Review, 2009, 137(3): 1150-1161.

[5]Alpers W, Ivanov A Y, Dagestad K F. Encounter of foehn wind with an atmospheric eddy over the Black Sea as observed by the synthetic aperture radar onboard Envisat[J]. Monthly Weather Review, 2011, 139(12): 3992-4000.

[6]An W, Xie C, Yuan X. An improved iterative censoring scheme for CFAR ship detection with SAR imagery[J]. IEEE Transactions on Geoscience & Remote Sensing, 2014, 52(8): 4585-4595.

[7]Antoine D, Andre J, Morel A. Oceanic primary production: 2. Estimation at global scale from satellite (Coastal Zone Color Scanner) chlorophyll[J]. Global Biogeochemical Cycles, 1996, 10(1): 57-69.

[8]Askari F, Zerr B. Anautomatic approach to ship detection in Spaceborne Synthetic Aperture Radar imagery: an assessment of ship detection capability using RADARSAT[J]. Saclant Undersea Research Centre Report 2000.

[9]Barboy B, Lomes A, Perkalski E. Cell-averaging CFAR for multiple-target situations[J]. IEE Proceedings, 1986, 133(2): 176-186.

[10]Barni M, Betti M, Mecocci A. A fuzzy approach to oil spill detection on SAR images[C]// Geoscience and Remote Sensing Symposium. IGARSS'95. Quantitative Remote Sensing for Science and Applications, International. IEEE, 1995: 157-159.

[11]Barrick D E, Weber B L. On the nonlinear theory for gravity waves on the ocean's surface. Part II: interpretation and applications[J]. Journal of Physical Oceanography, 1977, 7(1): 11-21.

[12]Barrick D E. First-order theory and analysis of MF/HF/VHF scatter from the sea[J]. IEEE

Transactions on Antennas & Propagation, 1972, AP-20(1): 2-10.

[13] Barrick D. Remote sensing of sea state by radar [C]//Engineering in the Ocean Environment, Ocean 72 - IEEE International Conference on. IEEE Xplore, 1972: 186-192.

[14] Barrick D E, Lipa B J. Radar angle determination with MUSIC direction finding[P]. United States Patent: 5990834, 1999-11-23.

[15] Behenfeld M J, Falkowski P G. Photosynthetic rates derived from satellite-based chlorophyll concentration[J]. Limnology and Oceanography, 1997, 42(1): 1-20.

[16] Behrenfeld M J, O'Malley R T, Siegel D A, et al. Climate-driven trends in contemporary ocean productivity[J]. Nature, 2006, 444(7120): 752-755.

[17] Benjamin, Brooke T. Internal waves of permanent form in fluids of great depth[J]. Journal of Fluid Mechanics, 1967, 29(29): 559-592.

[18] Braca P, Grasso R, Vespe M, et al. Application of the JPDA-UKF to HFSW radars for maritime situational awareness[C]//International Conference on Information Fusion. IEEE, 2012: 2585-2592.

[19] Brekke C, Solberg A. Oilspill detection by satellite remote sensing[J]. Remote Sensing of Environment, 2005, 95(1): 1-13.

[20] BrescianiM, Adamo M, De Carolis G, et al. Monitoring blooms and surface accumulation of cyanobacteria in the Curonian Lagoon by combining MERIS and ASAR data[J]. Remote Sensing of Environment, 2014, 146(5): 124-135.

[21] Bruck M, Lehner S. Sea state measurements using TerraSAR-X data[C]//SPIE Remote Sensing. International Society for Optics and Photonics, 2012: 7609-7612.

[22] Camps A, Font J, Vall-llosseraM, et al. The WISE 2000 and 2001 field experiments in support of the SMOS mission: sea surface L-band brightness temperaure observations and their application to sea surface salinity retrieval[J]. IEEE Transactions on Geoscience and Remote Sensing, 2004, 42(4): 804-823.

[23] Carsey F D. Microwave remote sensing of sea ice [M]. Washington, DC, America: American Geophysical Union, 1992, 462.

[24] Chelton D B, Freilich M H. Scatterometer-based assessment of 10-m wind analyses from the operational ECMWF and NCEP numerical weather prediction models[J]. Monthly Weather Review, 2005, 134(2): 673-696.

[25] Chelton D B, Schlax M G, Samelson R M. Global observations of nonlinear mesoscale eddies[J]. Progress in Oceanography, 2011, 91(2): 167-216.

[26] Chen W, Ji K, Xing X. Ship recognition in high resolution SAR imagery based on feature selection[C]//International Conference on Computer Vision In Remote Sensing. 2012: 301-305.

[27] Cheng Y H, Huang S J, Liu A K, et al. Observation of typhoon eyes on the sea surface using multi-sensors[J]. Remote Sensing of Environment, 2012, 123: 434-442.

[28] Chi C Y, Li F K. A comparative study of several wind estimation algorithms for spaceborne

scatterometers[J]. IEEE Transactions on Geoscience and Remote Sensing, 1988, 26(2): 115-121.

[29] Cho C M, Barkat M. Moving ordered statistics CFAR detection for nonhomogeneous backgrounds[J]. Radar & Signal Processing Iee Proceedings F, 1993, 140(5): 284-290.

[30] Chu X, Zhang J, Wang S, et al. Algorithm to eliminate the wind direction ambiguity from the monostatic high-frequency radar backscatter spectra[J]. IET Radar Sonar Navigation, 2015, 9(7): 758-762.

[31] Church J A, White N J. A 20th century acceleration in global sea-level rise[J]. Geophysical Research Letters, 2006, 33(1): 313-324.

[32] Ciavatta S, Torres R, Saux-Picart S, et al. Can ocean color assimilation improve biogeochemical hindcasts in shelf seas? [J]. Journal of Geophysical Research: Oceans, 2011, 116: C12043, doi: 10. 1029/2011JC007219.

[33] Cloude S R, Pottier E. A review of target decomposition theorems in radar polarimetry[J]. IEEE Transactions on Geoscience & Remote Sensing, 1996, 34(2): 498-518.

[34] Colombo S. Les transformations de Mellin et de Hankel: Applications à la physique mathématique[J]. Centre National De La Recherche Scientifique Paris, 1959.

[35] Cooper D C, Longstaff I D. Errors caused by clutter in amplitude-comparison direction finding systems[J]. IET Journals & Magazines, 1972, 119(3): 305-311.

[36] Crisp D. The state-of-the-art in ship detection in Synthetic Aperture Radar imagery[J]. Organic Letters, 2004, 35(42): 2165-2168.

[37] Cui Y, Zhou G, Yang J. On the Iterative Censoring for Target Detection in SAR Images[J]. Geoscience & Remote Sensing Letters IEEE, 2011, 8(4): 641-645.

[38] Donelan M A, Hamilton J, Hui W H. Directional spectra of wind generated waves[J]. Philosophical Transactions of the Royal Society B Biological Sciences, 1985, 315(1534): 509-562.

[39] Duda R O, Hart P E, Stork D G. Pattern Classification [M]. New York: Wiley-Interscience, 2001.

[40] Dykstra R, Gadke A. Magnetic resonance measurements of polar sea ice [C]//IEEE Instrumentation and Measurement Technology Conference. 2011: 1-4.

[41] Dzvonkovskaya A, Figueroa D, Gurgel K., et al. HF radar observation of a tsunami near Chile after the recent great earthquake in Japan [C]//Radar Symposium (IRS), 2011 Proceedings International. IEEE, 2011: 125-130.

[42] Dzvonkovskaya A L, Gurgel K W, Rohling H. HF radar WERA application for ship detection and tracking[J]. European Journal of Navigation, 2009, 7(3): 18-25.

[43] Dzvonkovskaya A L, Hermann R. Ship detection with adaptive power regression thresholding for HF radar[J]. Radar Science & Technology, 2007.

[44] Elfouhaily T M. Modéle couple vent/vagues et son application á la télédétection par micro-onde de la surface de la mer [D]. 1996.

[45] Ellison W, Balana A, Delbos G, et al. New permittivity measurements of seawater[J]. Radio Science, 1998, 33(3): 639-648.

[46] Engen G, Johnsen H. SAR-ocean wave inversion using image cross spectra[J]. IEEE Transactions on Geoscience and Remote Sensing, 1995, 33(4): 1047-1056.

[47] Essen H H, Gurgel K W, Schlick T. Measurement of ocean wave height and direction by means of HF radar: An empirical approach[J]. Ocean Dynamics, 1999, 51(4): 369-383.

[48] Figa J, Stoffelen A. On the assimilation of Ku-band scatterometer winds for weather analysis and forecasting[J]. IEEE Transactions on Geoscience and Remote Sensing, 2000, 38(4): 1893-1902.

[49] Finn H, Johnson R. Adaptive detection mode with threshold control as a function of spatially sampled clutter-level estimates[C]// RCA Review, 1968: 414-464.

[50] Frate F, Petrocchi A, Lichtenegger J. Neural networks for oil spill detection using ERS-SAR data[J]. Geoscience & Remote Sensing IEEE Transactions on, 2000, 38(5): 2282-2287.

[51] Frery A, Muller H, Yanasse C. A model for extremely heterogeneous clutter[J]. IEEE Transactions on Geoscience & Remote Sensing, 1997, 35(3): 648-659.

[52] Fung A. Microwave scattering and emission models and their applications[M]. Norwood. MA: Artech House, 1994, 573.

[53] Gagnon L, Klepko R. Hierarchical classifier design for airborne SAR images of ships[C]// Aerospace/Defense Sensing and Controls. International Society for Optics and Photonics, 1998: 38-49.

[54] Gao G, Liu L, Zhao L. Anadaptive and fast CFAR algorithm based on automatic censoring for target detection in high-resolution SAR images[J]. IEEE Transactions on Geoscience & Remote Sensing, 2009, 47(6): 1685-1697.

[55] Garver S A, Siegel D A. Inherent optical property inversion of ocean color spectra and its biogeochemical interpretation: 1. Time series from the Sargasso Sea [J]. Journal of Geophysical Research, 1997, 102(C8): 18607-18625.

[56] Gasull A, Fabregas X, Jimenez J, et al. Oil spills detection in SAR images using mathematical morphology[C]//the 11th European Signal Processing Conference, Toulouse, 2002, 1: 25-28.

[57] Gille S. Diurnal variability of upper ocean temperatures from microwave satellite measurements and Argo profile[J]. Journal of Geophysical Research, 2012, 17(C11027): 1-16.

[58] Golden K, Borup D, Cheney M. Forward electromagnetic scattering models for sea ice[J]. IEEE Transactions on Geoscience & Remote Sensing, 1998, 36(5): 1675-1704.

[59] Gordon H R, Brown O B, Evans R H, et al. A semianalytic radiance model of ocean color[J]. Journal of Geophysical Research: Atmospheres, 1988, 93(D9): 10909-10924.

[60] Green D, Gill E, Huang W. An inversion method for extraction of wind speed from high-frequency ground-wave radar oceanic backscatter[J]. IEEE Transactions on Geoscience and

Remote Sensing, 2009, 47(10): 3338-3346.

[61] Grodsky S A, Reul N, Lagerloef G. Haline hurricane wake in the Amazon/Orinoco plume: AQUARIUS/SACD and SMOS observations[J]. Geophysical Research Letters, 2012, 39 (L20603): 1-8.

[62] Guo C, Vlasenko V, Alpers W, et al. Evidence of short internal waves trailing strong internal solitary waves in the northern South China Sea from synthetic aperture radar observations[J]. Remote Sensing of Environment, 2012, 124: 542-550.

[63] Guo C, Chen X, Vlasenko V, et al. Numerical investigation of internal solitary waves from the Luzon Strait: Generation process, mechanism and three-dimensional effects[J]. Ocean Modeling, 2011, 38(3): 203-216.

[64] Gurgel K W, Essen H H, Schlick T. An empirical method to derive ocean waves from second-order bragg scattering: prospects and limitations [J]. IEEE Journal of Oceanic Engineering, 2006, 31(4): 804-811.

[65] Haas C, Gerland S, Eicken H. Comparison of sea-ice thickness measurements under summer and winter conditions in the Arctic using a small electromagnetic induction device[J]. Geophysics, 1997, 62(3): 749-757.

[66] Hannevik T. Multi-channel and multi-polarisation ship detection [C]//Geoscience and Remote Sensing Symposium. IEEE, 2012: 5149-5152.

[67] Hasselmann K, Hasselmann S. On the nonlinear mapping of an ocean wave spectrum into a synthetic aperture radar image spectrum and its inversion [J]. Journal of Geophysical Research: Oceans (1978-2012), 1991, 96(C6): 10713-10729.

[68] Hasselmann S, Brüning C, Hasselmann K, et al. An improved algorithm for the retrieval of ocean wave spectra from synthetic aperture radar image spectra [J]. Journal of Geophysical Research: Oceans (1978-2012), 1996, 101(C7): 16615-16629.

[69] Heron S, Heron M. A comparison of algorithms for extracting significant wave height from HF radar ocean backscatter spectra[J]. Journal of Atmospheric and Oceanic Technology, 1998, 15(5): 1157-1163.

[70] Heron M L, Rose R J. On the application of HF ocean radar to the observation of temporal and spatial changes in wind direction[J]. IEEE Journal of Oceanic Engineering, 1986, 11 (2): 210-218.

[71] Hersbach H, Stoffelen A, De Haan S. The Improved C-Band Geophysical Model Function CMOD5[J]. Journal of Geophysical Research, 2005, 572(572).

[72] Hersbach H, Stoffelen A, De Haan S. An improved C-band scatterometer ocean geophysical model function: CMOD5[J]. Journal of Geophysical Research: Oceans, 2007, 112(C3): 225-237.

[73] Hinata H, Fujii S, Furukawa K, et al. Propagating tsunami wave and subsequent resonant response signals detected by HF radar in the Kii Channel, Japan[J]. Estuarine Coastal & Shelf Science, 2011, 95(1): 268-273.

[74] Ho C R, Su F C, Kuo N J, et al. Internal wave observations in the northern South China Sea from satellite ocean color imagery[C]//OCEANS 2009-EUROPE. IEEE, 2009: 1-5.

[75] Hooft C. Global derivation of marine gravity anomalies from Seasat, Geosat, ERS-1 and TOPEX/Poseidon altimeter data[J]. Geophysical Journal International, 1998, 134(2): 449-459.

[76] Hosoda K, Kawamura H, Lan K W, et al. Temporal scale of sea surface temperature fronts revealed by microwave observations[J]. IEEE Geoscience and Remote Sensing Letters, 2012, 9(1): 3-7.

[77] Howell R, Walsh J. Measurement of ocean wave spectra using narrow beam HF radar[J]. IEEE Journal of Oceanic Engineering, 1993, 18: 296-305.

[78] Huang B, Li H, Huang X. A level set method for oil slick segmentation in SAR images[J]. International Journal of Remote Sensing, 2005, 26(6): 1145-1156.

[79] Huang W, Gill E, Wu S, et al. Measuring surface wind direction by monostatic HF ground-wave radar at the Eastern China Sea[J]. IEEE Journal of Oceanic Engineering, 2004, 29(4): 1032-1037.

[80] Hwang C, Hsu H Y, Jang R J. Global mean sea surface and marine gravity anomaly from multi-satellite altimetry: applications of deflection-geoid and inverse Vening Meinesz formulae[J]. Journal of Geodesy, 2002, 76(8): 407-418.

[81] Hwang P A, Zhang B, Toporkov J V, et al. Comparison of composite Bragg theory and quad-polarization radar backscatter from RADARSAT-2: With applications to wave breaking and high wind retrieval[J]. Journal of Geophysical Research: Oceans, 2010, 115(C8).

[82] Isaksen L, Stoffelen A. ERS scatterometer wind data impact on ECMWF's tropical cyclone forecasts[J]. IEEE Transactions on Geoscience and Remote Sensing, 2000, 38(4): 1885-1892.

[83] Jackson C. Internal wave detection using the Moderate Resolution Imaging Spectroradiometer (MODIS)[J]. Journal of Geophysical Research: Oceans, 2007, 112(C11): C11012.

[84] Jackson C R, Apel J R. Synthetic aperture radar marine user's manual [M]. US Department of Commerce, National Oceanic and Atmospheric Administration, National Environmental Satellite, Data, and Information Serve, Office of Research and Applications. ResearchGate, 2004.

[85] Jakeman E, Pusey P. A model for non-rayleigh sea echo[J]. Antennas & Propagation IEEE Transactions on, 1976, AP-24(6): 806-814.

[86] Japan Aerospace Exploration Agency Earth Obsrrvation Research Center[J]. Descriptions of GCOM-W1 AMSR2 level 1R and level 2 algorithms, 2013.

[87] Japan Aerospace Exploration Agency. GCOM-W1 "SHIZUKU" data users handbook, 2013.

[88] Jarlan L, Mazzega P, Mougin E, et al. Mapping of Sahelian vegetation parameters from ERS scatterometer data with an evolution strategies algorithm [J]. Remote Sensing of Environment, 2003, 87(1): 72-84.

［89］Jeffrey D P, Kyung C K, Michael S C, et al. Calibration and validation of direction-finding high-frequency radar ocean surface current observation［J］. IEEE Journal of Oceanic Engineering, 2006, 31(4): 862-875.

［90］Ji Y G, Zhang J, Wang Y M, et al. Vessel target detection based on fusion range-Doppler image for dual-frequency high-frequency surface wave radar［J］. IET Radar Sonar Navigation, 2015, 10(2): 333-340.

［91］Ji Yonggang, Xu Leda, Wang Yiming, et al. Ship detection in strong clutter environment based on adaptive regression thresholding for HFSWR［J］. 2014 International Conference on Computer Science and Electronic Technology, Atlantis Press, 352-355.

［92］JI Yonggang, Zhang Jie, Meng Junmin, et al. Point association analysis of vessel target detection with SAR, HFSWR and AIS［J］. Acta Oceanologica Sinica, 2014, 33(9): 73-81.

［93］Jiang S, Wang C, Zhang H. Civilian ship classification based on structure features in high resolution SAR images［J］. SPIE Asia-Pacific Remote Sensing, 2012, 8525(1): 144-148.

［94］Kanaa T F N, Tonye E, Mercier G, et al. Detection of oil slick signatures in SAR images by fusion of hysteresis thresholding responses［C］//Geoscience and Remote Sensing Symposium. IGARSS '03 Proceedings. IEEE International, 2003, 4: 2750-2752.

［95］Katsaros K B, Forde E B, Chang P, et al. QuikSCAT's sea winds facilitates early identification of tropical depressions in 1999 hurricane season［J］. Geophysical Research Letters, 2001, 28(6): 1043-1046.

［96］Kenneth E L, Daniel M F, Jeffrey D P. Simulation-based evaluations of HF radar ocean current algorithms［J］. IEEE Journal of Oceanic Engineering, 2000, 25(4): 481-491.

［97］Keramitsoglou I, Cartalis C, Kiranoudis C. Automatic identification of oil spills on satellite images［J］. Environmental Modelling & Software, 2006, 21(5): 640-652.

［98］Khalid E, Peter M, Desmond P. Target detection in synthetic aperture radar imagery: a state-of-the-art survey［J］. Journal of Applied Remote Sensing, 2013, 7(1): 071598-071598.

［99］Khan R. Ocean-clutter model for high frequency radar［J］. IEEE Journal of Oceanic Engineering, 1991, 16(2): 181-188.

［100］Kieffer H H. Photometric stability of the lunar surface［J］. Icarus, 1997, 130(2): 323-327.

［101］Kim J, Kim D, Hwang B. Characterization of arctic sea ice thickness using high-resolution spaceborne polarimetric SAR data［J］. IEEE Transactions on Geoscience & Remote Sensing, 2012, 50(1): 13-22.

［102］Klein L, C. Swift. An Imporved model for the dielectric constant of sea water at microwave frequencies［J］. Antennas & Propagation IEEE Transactions on, 1977, 25(1): 104-111.

［103］Knapskog A. Classification of ships in TerraSAR-X images based on 3D models and silhouette matching (EUSAR)［C］//European Conference on Synthetic Aperture Radar, 2010: 1-4.

[104] Krylov V, Moser G, Serpico S. Enhanced dictionary-based SAR amplitude distribution estimation and its validation with very high-resolution data[J]. IEEE Geoscience & Remote Sensing Letters, 2011, 8(1): 148-152.

[105] Kubota T, Ko D R S, Dobbs L D. Propagation of weakly nonlinear internal waves in a stratified fluid of finite depth. [J]. Journal of Hydronautics, 1978, 12: 157-165.

[106] Kuruoğlu E, Zerubia J. Modeling SAR images with a generalization of the Rayleigh distribution[J]. IEEE Transactions on Image Processing: A Publication of the IEEE Signal Processing Society, 2004, 13(4): 527-533.

[107] Lang H, Zhang J, Zhang T. Hierarchical ship detection and recognition with high-resolution polarimetric synthetic aperture radar imagery[J]. Journal of Applied Remote Sensing, 2014, 8(1): 083623-083623.

[108] Lang H, Zhang J, Wang Y. A synthetic aperture radar sea surface distribution estimation by n-order Bézier curve and its application in ship detection[J]. Acta Oceanologica Sinica, 2016a, 35(9): 117-125.

[109] Lang H, Zhang J, Xi Y. Fast SAR sea surface distribution modeling by adaptive composite cubic bézier curve[J]. IEEE Geoscience & Remote Sensing Letters, 2016b, 13(4): 505-509.

[110] Lang H, Zhang J, Zhang X. Ship classification in SAR image by joint feature and classifier selection[J]. IEEE Geoscience & Remote Sensing Letters, 2016c, 13(2): 212-216.

[111] Larose D. K-nearest neighbor algorithm[M]. Discovering knowledge in data: an introduction to data mining. New Jersey: Wiley-Interscience, 2005: 90-106.

[112] Lee-Lueng Fu, Anny Cazenave. Satellite altimetry and earth sciences[M]. New York: Academic Press, 2001.

[113] Lee Z P, Carder K L, Arnone R. Deriving inherent optical properties from water color: a multi-band quasi-analytical algorithm for optically deep waters[J]. Applied Optics, 2002, 41(27): 5755-5772.

[114] Lee Z P, Carder K L, Mobley C D, et al. Hyperspectral remote sensing for shallow waters: 1. A semianalytical model[J]. Applied Optics, 1998, 37(27): 6329-6338.

[115] Lee Z P, Carder K L, Mobley C D, et al. Hyperspectral remote sensing for shallow waters: 2. Deriving bottom depths and water properties by optimization[J]. Applied Optics, 1999, 38(18): 3831-3843.

[116] Lee Z P, Du K P, Arnone R. A model for the diffuse attenuation coefficient of down welling irradiance[J]. Journal of Geophysical Research: Oceans, 2005, 110: C02016, doi: 10. 1029/ 2004JC002275.

[117] Lee Z, Hu C, Shang S, et al. Penetration of UV-Visible solar light in the global oceans: Insights from ocean color remote sensing[J]. Journal of Geophysical Research: Oceans, 2013, 118(9): 4241-4255.

[118] Li D, Chen X, Liu A. On the generation and evolution of internal solitary waves in the

northwestern South China Sea [J]. Ocean Modeling, 2011, 40(2): 105-119.

[119] Li H, Hong W, Wu Y. An efficient and flexible statistical model based on generalized gamma distribution for amplitude SAR images[J]. IEEE Transactions on Geoscience & Remote Sensing, 2010, 48(6): 2711-2722.

[120] Li H, Hong W, Wu Y. On the empirical-statistical modeling of SAR images with generalized gamma distribution[J]. Selected Topics In Signal Processing IEEE Journal of, 2011, 5(3): 386-397.

[121] Li X M, Lehner S. Sea surface wind field retrieval from TerraSAR-X and its applications to coastal areas[C]//2012 IEEE International Geoscience and Remote Sensing Symposium. IEEE, 2012: 2059-2062.

[122] Lipa B, Nyden B, Ullman D S, et al. SeaSonde radial velocities: derivation and internal consistency[J]. IEEE Journal of Oceanic Engineering, 2006, 31(4): 850-861.

[123] Lipa B J, Barrick D E. Analysis methods for narrow-beam high frequency radar sea echo[R]. NOAA technical report ERL 420-WPL, 1982, 56.

[124] Lipa B J, Barrick D E. Extraction of sea state from HF radar sea echo: Mathematical theory and modeling[J]. Radio Science, 1986, 21(1): 81-100.

[125] Liu M, Dai Y, Zhang J. PCA-based sea-ice image fusion of optical data by HIS transform and SAR data by wavelet transform[J]. Acta Oceanologica Sinica, 2015, 34(3): 59-67.

[126] Liu P, Li X, Qu J. Oil spill detection with fully polarimetric UAVSAR data[J]. Marine Pollution Bulletin, 2011, 62(12): 2611-2618.

[127] Liu P, Zhao C, Li X. Identification of ocean oil spills in SAR imagery based on fuzzy logic algorithm[J]. International Journal of Remote Sensing, 2010, 31(17-18): 4819-4833.

[128] Longhurst A, Sathyendranath S, Platt T, et al. An estimate of global primary production in the ocean from satellite radiometer data[J]. Journal of Plankton Research, 1995, 17(6): 1245-1271.

[129] Longuet-Higgins M S, Carwright D E, Smith N D. Observation of the directional spectrum of sea waves using method of a floating buoy [M]//Ocean Wave Spectrum. 1963: 111-136.

[130] Long M W, Llamas R A. CA-CFAR performance with linear, square-law, and fourth-power detectors[J]. Radar Conference (RADAR), 2011, 8029(1): 350-355.

[131] Lorenzen C J. Surface chlorophyll as an index of the depth, chlorophyll content and primary productivity of the euphotic layer[J]. Limnology and Oceanography, 1970, 15 (3): 479-480.

[132] Lou X, Hu C. Diurnal changes of a harmful algal bloom in the East China Sea: Observations from GOCI[J]. Remote Sensing of Environment, 2014, 140: 562-572.

[133] Manore M. Vachon P. Bjerkelund C. Operational use of RADARSAT SAR in the coastal zone: The Canadian experience[C]//27th International Symposium on Remote Sensing of the Environment, Tromsø, Norway, 1998: 115-118.

[134]Mantero P, Moser G, Serpico S. Partially supervised classification of remote sensing images using SVM-based probability density estimation [C]//IEEE Workshop on Advances in Techniques for Analysis of Remotely Sensed Data, 2005: 327-336.

[135] Maresca J W, Georges T M. Measuring rms wave height and the scalar ocean wave spectrum with HF skywave radar [J]. Journal Geophysical Research, 1980, 85(C5): 2759-2772.

[136]Margarit G, Mallorqui J, Fortuny-Guasch J. Exploitation of ship scattering in polarimetric SAR for an improved classification under high clutter conditions[J]. IEEE Transactions on Geoscience & Remote Sensing, 2009, 47(4): 1224-1235.

[137] Margarit G, Tabasco A. Ship classification in single-pol SAR images based on fuzzy logic [J]. IEEE Transactions on Geoscience & Remote Sensing, 2011, 49 (8): 3129-3138.

[138] Margarit G, Mallorqui J, Fabregas X. Single-pass polarimetric SAR interferometry for vessel classification[J]. Geoscience & Remote Sensing IEEE Transactions on, 2007, 45 (11): 3494-3502.

[139]Marino A. Anotch filter for ship detection with polarimetric SAR data[J]. IEEE Journal of Selected Topics in Applied Earth Observations & Remote Sensing, 2013a, 6 (3): 1219-1232.

[140]Marino A, Sugimoto M, Nunziata F. Comparison of ship detectors using polarimetric alos data: Tokyo Bay [J]. IEEE International Geoscience and Remote Sensing Symposium, 2013b: 2345-2348.

[141]Marino A, Sugimoto M, Ouchi K. Validating a notch filter for detection of targets at sea with ALOS-PALSAR data: Tokyo Bay[J]. IEEE Journal of Selected Topics in Applied Earth Observations & Remote Sensing, 2014, 7(12): 4907-4918.

[142] Martin S. An Introduction to Ocean Remote Sensing [M]. Cambridge: Cambridge University Press, 2004.

[143]Maritorena S, Siegel D A, Peterson A R. Optimization of a semianalytical ocean color model for global-scale applications[J]. Applied Optics, 2002, 41(15): 2705-2714.

[144]Mastenbroek C, Valk C F D. A semiparametric algorithm to retrieve ocean wave spectra from synthetic aperture radar[J]. Journal of Geophysical Research: Oceans, 2000, 105 (C2): 3497-3516.

[145]McCulloch M, Spurgeon P, Chuprin A. Have mid-latitude ocean rain-lenses been seen by the SMOS satellite[J]. Ocean Modelling, 2012, 43(1): 108-111.

[146]Menendez J A, Pardo L, Cpardo M. The Jensen-shannon divergence[J]. Journal of the Franklin Institute, 1997, 334B(2): 307-318.

[147]Mercier G, Girard-Ardhuin F. Partially supervised oil-slick detection by SAR imagery using kernel expansion[J]. IEEE Transactions on Geoscience and Remote Sensing, 2006, 44 (10): 2839-2846.

[148] Migliaccio M, Nunziata F, Gambardella A. On the co-polarized phase difference for oil spill observation[J]. International Journal of Remote Sensing, 2009, 30(6): 1587-1602.

[149] Migliaccio M, Tranfaglia M. A study on the capability of SAR polarimetry to observe oil spills[C]//ESA-ESRIN, Frascati, Italy, Special Publication, 2005: 25.

[150] Moser G, Zerubia J, Serpico S. Dictionary-based stochastic expectation-maximization for SAR amplitude probability density function estimation [J]. IEEE Transactions on Geoscience and Remote Sensing, 2006, 44(1): 188-200.

[151] Mobley C D, Sundman L K. HydroLight 5. 2 User's Guide[R]. Sequoia Scientific Inc., Bellevue, Washington, 2013.

[152] Moser G, Zerubia J, Serpico S. SAR amplitude probability density function estimation based on a generalized Gaussian model[J]. IEEE Transactions on Image Processing A Publication of the IEEE Signal Processing Society, 2006, 15(6): 1429-1442.

[153] Mouche A A, Hauser D, Daloze J F, et al. Dual-polarization measurements at C-band over the ocean: Results from airborne radar observations and comparison with ENVISAT ASAR data[J]. IEEE Transactions on Geoscience and Remote Sensing, 2005, 43(4): 753-769.

[154] Mouw, C B, Greb S, Aurin D, et al. Aquatic color radiometry remote sensing of coastal and inland waters: Challenges and recommendations for future satellite missions [J]. Remote Sensing of Environment, 2015, 160: 15-30.

[155] Nechad B, Ruddick K G, Park Y. Calibration and validation of a generic multisensor algorithm for mapping of total suspendedmatter in turbid waters[J]. Remote Sensing of Environment, 2010, 114(4): 854-866.

[156] Nicolas J M. Introduction aux statistiques de deuxi`eme esp`ece: applications des logs-moments et des logs-cumulants `a l'analyse deslois d'images radar[J]. French. Traitement du Signal, 2002, 19(3): 139-167.

[157] Novak L, Hesse S. On the performance of order-statistics CFAR detectors[C]//Signals, Systems and Computers. Conference Record of the Twenty-Fifth Asilomar Conference on IEEE, 1991, 2: 835-840.

[158] Nunziata F, Gambardella A, Migliaccio M. On the degree of polarization for SAR sea oil slick observation[J]. Isprs Journal of Photogrammetry & Remote Sensing, 2013, 78(4): 41-49.

[159] Olgiati A, Balmino G, Sarrailh M, et al. Gravity anomalies from satellite altimetry: comparison between computation via geoid heights and via deflections of the vertical[J]. Journal of Geodesy, 1995, 69(4): 252-260.

[160] Oliver C, Quegan S. Understanding Synthetic Aperture Radar Images[M]. Norwood, MA: Artech House, 1998.

[161] Oliver C J. Optimum texture estimators for SAR clutter[J]. Journal of Physics D Applied Physics, 1993, 26(11): 1824-1835.

[162] Osman H, Li P, Steven D. Classification of ships in airborne SAR imagery using

backpropagation neural networks [C]//International Society for Optics and Photonics, 1997: 126-136.

[163]Oza S R, Panigrahy S, Parihar J S. Concurrent use of active and passive microwave remote sensing data for monitoring of rice crop [J]. International Journal of Applied Earth Observation and Geoinformation, 2008, 10(3): 296-304.

[164]Palenichka R, Hirose T, Lakhssassi A. Sea ice segmentation of SAR imagery using multi-temporal and multi-scale feature extraction [C]//International Conference on Space Information Technology, 2011: 1-4.

[165]Pascual A, Pujol M I, Larnicol G, et al. Mesoscale mapping capabilities of multisatellite altimeter missions: First results with real data in the Mediterranean Sea [J]. Journal of Marine Systems, 2007, 65(1-4): 190-211.

[166]Polovina J J, Howell E A, Abecassis M. Ocean's least productive waters are expanding [J]. Geophysical Research Letters, 2008, 35, L03618, doi: 10. 1029/2007GL031745.

[167]Poon M W Y, Khan R H, Le-Ngoc S. A singular value decomposition (SVD) based method for suppressing ocean clutter in high frequency radar [J]. Signal Processing IEEE Transactions on, 1993, 41(3): 1421-1425.

[168]Pope R M, Fry E S. Absorption spectrum (380-700nm) of pure water. II. Integrating cavity measurements [J]. Applied Optics, 1997, 36(33): 8710-8723.

[169]Portabella M. Wind field retrieval from satellite radar systems [J]. Tdx, 2002, 453(1): 70-95.

[170]Qiu C, Kawamura H. Study on SST front disappearance in the subtropical North Pacific using microwave SSTs [J]. Journal of Oceanography, 2012, 68: 417-426.

[171]Quilfen Y, Chapron B, Elfouhaily T, et al. Observation of tropical cyclones by high - resolution scatterometry [J]. Journal of Geophysical Research: Oceans (1978-2012), 1998, 103(C4): 7767-7786.

[172] Ralph O S. Multiple emitter location and signal parameter estimation [J]. IEEE Transactions on Antennas and Propagation, 1986, 34(3): 276-280.

[173]Remund Q P, Long D G, Drinkwater M R. An iterative approach to multisensor sea ice classification [J]. IEEE Transactions on Geoscience and Remote Sensing, 2000, 38(4): 1843-1856.

[174]Ren Y, Lehner S, Brusch S, et al. An algorithm for the retrieval of sea surface wind fields using X-band TerraSAR-X data [J]. International Journal of Remote Sensing, 2012, 33 (23): 7310-7336.

[175]Reul N, Tenerelli J, Chapron B et al. SMOS satellite L-band radiometer: A new capability for ocean surface remote sensing in hurricanes [J]. Journal of Geophysical Research, 2012, 117(C2): 1-24.

[176] Ringrose R, Harris N. Ship detection using polarimetric SAR data [J]. ESA-SP, 2000: 450.

[177] Sandwell D T. Antarctic marine gravity field from high-density satellite altimetry [J]. Geophysical Journal International, 1992, 109(2): 437-448.

[178] Sandwell D, Garcia E, Soofi K, et al. Toward 1-mGal accuracy in global marine gravity from CryoSat-2, Envisat, and Jason-1[J]. Leading Edge, 2013, 32(8): 892-899.

[179] Schmitz W J. On the world ocean circulation. Volume 2: the Pacific and Indian cceans / a global update [J]. Woods Hole Oceanographic Institution, 1996.

[180] Schuler D L, Lee J S, Kasilingam D, et al. Measurement of ocean surface slopes and wave spectra using polarimetric SAR image data[J]. Remote Sensing of Environment, 2004, 91(2): 198-211.

[181] Schulz-Stellenfleth J, König T, Lehner S. An empirical approach for the retrieval of integral ocean wave parameters from synthetic aperture radar data [J]. Journal of Geophysical Research: Oceans, 2007, 112(C3).

[182] Schulz-Stellenfleth J, Lehner S, Hoja D. A parametric scheme for the retrieval of two-dimensional ocean wave spectra from synthetic aperture radar look cross spectra [J]. Journal of Geophysical Research: Oceans, 2005, 110(C5).

[183] Scozzafava R. Maritime surveillance using multiple high-frequency surface-wave radars[J]. IEEE Transactions on Geoscience & Remote Sensing, 2013, 52(8): 5056-5071.

[184] See C M S, Poh B K. Parametric sensor array calibration using measurement steering vectors of uncertain location[J]. IEEE Transactions on Signal Processing, 1999, 47(4): 1133-1137.

[185] Sevgi L, Ponsford A M. An HF radar based integrated maritime surveillance system[C]. The 3rd International Conference on Circuits, Systems Communication and Computers. 1999: 4-8.

[186] Shen W, Gurgel K, Voulgaris G. Wind-speed inversion from HF radar first-order backscatter signal[J]. Ocean Dynamics, 2012, 62: 105-121.

[187] Silva J C B D, New A L, Srokosz M A, et al. On the observability of internal tidal waves in remotely-sensed ocean colour data[J]. Geophysical Research Letters, 2002, 29(12): 10-1-10-4.

[188] Similä M, Karvonen J, Hallikainen M, et al. On SAR-based statistical ice thickness estimation in the Baltic Sea[C]//Proceedings of the 2005 International on Geoscience and Remote Sensing Symposium, IGARSS'05, IEEE, 2005, 6: 4030-4032.

[189] Skrunes S, Brekke C, Eltoft T. Characterization of Marine Surface Slicks by Radarsat-2 Multipolarization Features [J]. IEEE Transactions on Geoscience & Remote Sensing, 2014, 52(9): 5302-5319.

[190] Smith M, Varshney P. VI-CFAR: A Novel CFAR Algorithm Based on Data Variability[C]// Proceedings IEEE National Radar Conference, 1997: 263-268.

[191] Solberg A H S, Brekke C, Husoy P O. Oil spill detection in Radarsat and Envisat SAR Images[J]. IEEE Transactions on Geoscience & Remote Sensing, 2007, 45(3): 746-755.

[192]Solberg A H S, Storvik G, Solberg R, et al. Automatic detection of oil spills in ERS SAR images[J]. IEEE Transactions on Geoscience & Remote Sensing, 1999, 37 (4): 1916-1924.

[193]Stoffelen A, Anderson D. Scatterometer data interpretation: Estimation and validation of the transfer function CMOD4[J]. Journal of Geophysical Research: Oceans (1978-2012), 1997, 102(C3): 5767-5780.

[194]Stogryn A. The emissivity of sea foam at microwave frequencies[J]. Journal of Geophysical Research, 1971, 77(9): 169-171.

[195]Stuart A, Keith J. Kendall's Advanced Theory of Statistics [M]. 6th ed. New York: Wiley, 2008.

[196]Sugimoto M, Ouchi K, Nakamura Y. On the novel use of model-based decomposition in SAR polarimetry for target detection on the sea[J]. Remote Sensing Letters, 2013, 4(9): 843-852.

[197] Sun Y, Wang C, Zhang H, et al. A new PolSAR ship detector on RADARSAT-2 data [C]// Processing SPIE 8525, Remote Sensing of the Marine Environment II, 852504, 2012.

[198]Sun Y, Wang C, Zhang H, et al. Polarimetric ship detection based on principle component analysis and sparsity [J]. 2012 2nd International Conference on Remote Sensing, Environment and Transportation Engineering, Nanjing, 2012: 1-4.

[199] U. S. DEPARTMENT of commerce National Oceanic and Atmospheric Administration, Synthetic Aperture Radar Marine User's Manual, 2004.

[200] Tanaka K. An Introduction to Fuzzy Logic for Practical Applications [M]. Springer, Berlin, 1997.

[201] Tao D, Anfinsen S, Brekke C. Robust CFAR detector based on truncated statistics in multiple-target situations[J]. IEEE Transactions on Geoscience & Remote Sensing, 2016, 54(1): 117-134.

[202] Teutsch M, Saur G. Segmentation and classification of man-made maritime objects in TerraSAR-X images[J]. IEEE International Geoscience and Remote Sensing Symposium, 2011, 24(8): 2657-2660.

[203]Thanu E M, Makarand C D. Inverse estimation of wind from the waves measured by high-frequency radar[J]. International Journal of Remote Sensing, 2011, 33(10): 1-19.

[204] Thome K, Markham B, Barker J, et al. Radiometric calibration of Landsat [J]. Photogrammetric Engineering & Remote Sensing, 1997, 63(7): 853-858.

[205]Thompson D R, Elfouhaily T M, Chapron B. Polarization ratio for microwave backscattering from the ocean surface at low to moderate incidence angles[C]//Geoscience and Remote Sensing Symposium Proceedings, 1998. IGARSS'98. 1998 IEEE International. IEEE, 1998, 3: 1671-1673.

[206]Tison C, Nicolas J, Tupin F. A new statistical model for Markovian classification of urban

areas in high-resolution SAR images[J]. IEEE Transactions on Geoscience & Remote Sensing, 2004, 42(10): 2046-2057.

[207] Touzi R. On the use of polarimetric SAR data for ship detection[C]//IEEE International Geoscience and Remote Sensing Symposium, 1999, 2: 812-814.

[208] Touzi R, Charbonneau F. The SSCM for ship characterization using polarimetric SAR [C]// IEEE International Geoscience and Remote Sensing Symposium, 2003, 1: 194-196.

[209] Touzi R, Hurley J, Vachon P. Ship detection using polarimetric Radarsat-2[C]// Asia-Pacific Conference on Synthetic Aperture Radar, 2013: 104-107.

[210] Touzi R, Raney R, Charbonneau F. On the use of permanent symmetric scatterers for ship characterization[J]. IEEE Transactions on Geoscience & Remote Sensing, 2004, 42 (10): 2039-2045.

[211] Tuttle A. Fuzzy classification algorithms applied to SAR images of ships[J]. Defense Research Establishment Ottawa: Ottawa, 1995.

[212] Ulaby F T, Moore R K, Fung A K. Microwave remote sensing: active and passive, Vol. II: Radar remote sensing and surface scattering and emission theory[M]. Dedham, Massachusetts, America: Addison Wesley, 1982: 922-991.

[213] Ulaby F T, Moore R K, Fung A K. Microwave remote sensing: active and passive, Vol. III: From theory to applications[M]. Dedham, Massachusetts, America: Addison Wesley, 1986, 1100.

[214] Vachon P W, Wolfe J. C-band cross-polarization wind speed retrieval[J]. IEEE Geoscience and Remote Sensing Letters, 2011, 8(3): 456-459.

[215] Valenzuela G R. Theories for the interaction of electromagnetic and oceanic waves—A review[J]. Boundary-Layer Meteorology, 1978, 13(1-4): 61-85.

[216] Velotto D, Soccorsi M, Lehner S. Azimuth ambiguities removal for ship detection using full polarimetric X-Band SAR data[J]. IEEE Transactions on Geoscience & Remote Sensing, 2014, 52(1): 76-88.

[217] Verhoef A, Portabella M, Stoffelen A, et al. CMOD5. n-the CMOD5 GMF for neutral winds[J]. KNMI, De Bilt, The Netherlands, Ocean Sea Ice SAF Tech. Note SAF/OSI/CDOP/KNMI/TEC/TN/3, 2008, 165.

[218] Vermote E, Kaufman Y J. Absolute calibration of AVHRR visible and near-infrared channels using ocean and cloud view[J]. International Journal of Remote Sensing, 1995, 16(13): 2317-2340.

[219] Vesecky J F, Drake J, Laws K, et al. Using multifrequency HF radar to estimate ocean wind fields[C]//IEEE International Geoscience and Remote Sensing Symposium. IEEE, 2005: 4769-4772.

[220] Vivone G, Braca P, Horstmann J. Konwledge-based multi-target ship tracking for HF surface wave radar systems[J]. IEEE Transactions on Geoscience and Remote Sensing,

2015, 53(7): 3931-3949.

[221] Wang C, Zhang H, Wu F. Ship features and classification in hi-resolution SAR images with object backscattering part and surf array [C]//International Asia-Pacific Conference On Synthetic Aperture Radar, 2011.

[222] Wang C, Zhang H, Wu F. Anovel hierarchical ship classifier for COSMO-SkyMed SAR data[J]. IEEE Geoscience & Remote Sensing Letters, 2014, 11(2): 484-488.

[223] Wang C, Wang Y, Liao M. Removal of azimuth ambiguities and detection of a ship: using polarimetric airborne C-band SAR images[J]. International Journal of Remote Sensing, 2012, 33(10): 3197-3210.

[224] Wang H, Zhu J, Yang J, et al. A semiempirical algorithm for SAR wave height retrieval and its validation using Envisat ASAR wave mode data[J]. Acta Oceanologica Sinica, 2012, 31(3): 59-66.

[225] Wang J, Huang W, Yang J. Polarization scattering characteristics of some ships using polarimetric SAR images[J]. SPIE Remote Sensing, 2011, 8179(4): 81790W-7.

[226] Wang J, Xu Y, Zhang X. The active appearance model with applications to SAR target recognition[C]//Proceedings of the International Symposium on Information Processing, 2009: 144-146.

[227] Wang J, Zhang J, Fan C, et al. A new algorithm for sea-surface wind-speed retrieval based on the L-band radiometer onboard Aquarius[J]. Chinese Journal of Oceanology and Limnology, 2015, 33(5): 1115-1123.

[228] Wang N, Shi G, Liu L. Polarimetric SAR target detection using the reflection symmetry[J]. IEEE Geoscience & Remote Sensing Letters, 2012, 9(6): 1104-1108.

[229] Wei J, Li P, Yang J. A new automatic ship detection method using L-Band polarimetric SAR imagery [J]. IEEE Journal of Selected Topics in Applied Earth Observations & Remote Sensing, 2014, 7(4): 1383-1393.

[230] Wentz F J. A well-calibrated ocean algorithm for special sensor microwave/imager[J]. Journal of Geophysical Research, 1997, 102(C4): 8703-8718.

[231] Wentz F J, Meissner T. AMSR ocean algorithm, algorithm theoretical basis document[J]. Remote Sensing System, 2000.

[232] Whitham, G. B. Linear and Nonlinear Waves [M]. New York: Wiley-Interscience Publication, 1974.

[233] Wolfgang D, Jørgen D. Sea-ice deformation state from Synthetic Aperture Radar imagery-Part I: Comparison of C- and L-Band and different polarization[J]. IEEE Transactions on Geoscience & Remote Sensing, 2007, 45(11): 3610-3622.

[234] Wu B, Zhang B, Zhang H. Ship detection based on improved S-NMF method for fully polarimetric Radarsat-2 data [C]//IEEE International Geoscience and Remote Sensing Symposium, 2012: 1789-1792.

[235] Wu X, Kumar V, Quinlan J R, et al. Top 10 algorithms in data mining[J]. Knowledge

and Information Systems, 2008, 14(1): 1-37.

[236] Wyatt L R. An evaluation of wave parameters measured using a single HF radar system[J]. Canadian Journal of Remote Sensing Journal Canadien De Télédétection, 2002, 28(2): 205-218.

[237] Wyatt L R. HF radar measurements of the ocean wave directional spectrum[J]. IEEE Journal of Oceanic Engineering, 1991, 16: 163-169.

[238] Wyatt L R, Ledgard L J, Anderson C W. Maximum likelihood estimation of the directional distribution of 0.53-Hz Ocean Waves [J]. Journal of Atmospheric and Oceanic Technology, 1997, 14(1): 591-603.

[239] Xi Y Y, Zhang X, Lai Q, et al. A new polsar ship detection metric fused by polarimetric similarity and the third eigenvalue of the coherency matrix[C]//Geoscience and Remote Sensing Symposium (IGARSS), 2016: 112-115.

[240] Xing X, Ji K, Zou H. Feature selection and weighted SVM classifier-based ship detection in PolSAR imagery [J]. International Journal of Remote Sensing, 2013, 34(22): 7925-7944.

[241] Xing X, Ji K, Zou H. Ship classification in TerraSAR-X images with feature space based sparse representation[J]. IEEE Geoscience & Remote Sensing Letters, 2013, 10(6): 1562-1566.

[242] Xing X, Ji K, Chen W. Superstructure scattering distribution based ship recognition in TerraSAR-X imagery[C]// IOP Conf. Ser.: Earth Environ, 2014: 682-691.

[243] Xu L, Li J, Brenning A. A comparative study of different classification techniques for marine oil spill identification using RADARSAT-1 imagery [J]. Remote Sensing of Environment, 2014, 141(141): 14-23.

[244] Yang J, Zhang H, Yamaguchi Y. GOPCE-Based approach to ship detection[J]. IEEE Geoscience & Remote Sensing Letters, 2012, 9(6): 1089-1093.

[245] Yang J, Gao W. New method for ship detection[J]. IEEE International Geoscience and Remote Sensing Symposium, 2012, 22(8): 115-118.

[246] Yin X, Boutin J, Spurgeon P. First assessment of SMOS data over open ocean: Part I—Pacific Ocean[J]. IEEE Transactions on Geoscience and Remote Sensing, 2012, 50(5): 1648-1661.

[247] Yueh S H, Wilson W J, Dinardo S J, et al. Polarimetric microwave wind radiometer model function and retrieval testing for WindSat [J]. IEEE Transactions on Geoscience and Remote Sensing, 2006, 44(3): 584-596.

[248] Zhang B, Perrie W, Li X, et al. Mapping sea surface oil slicks using RADARSAT - 2 quad - polarization SAR image [J]. Geophysical Research Letters, 2011, 38(10): 415-421.

[249] Zhang B, Perrie W, Zhang J A, et al. High-resolution hurricane vector winds from C-band dual-polarization SAR observations[J]. Journal of Atmospheric and Oceanic Technology,

2014, 31（2）：272-286.

［250］Zhang H, Tian X, Wang C. Merchant Vessel Classification Based on Scattering Component Analysis for COSMO-SkyMed SAR Images［J］. IEEE Geoscience & Remote Sensing Letters, 2013, 10（6）：1275-1279.

［251］Zhang X. Capillary-gravity and capillary waves generated in a wind wave tank：Observations and theories［J］. Journal of Fluid Mechanics, 1995, 289（2）：51-82.

［252］Zhang Z, Wang W, Qiu B. Oceanic mass transport by mesoscale eddies［J］. Science, 2014, 345（6194）：322-324.

［253］Zhao D, Lang H, Zhang X. Sea Clutter Modeling by Statistical Majority Consistency for Ship Detection In SAR Imagery［C］//IEEE International Geoscience and Remote Sensing Symposium, 2015：3695-3698.

［254］Zhao Y, Liu A K, Long D G. Validation of sea ice motion from QuikSCAT with those from SSM/I and buoy［J］. IEEE Transactions on Geoscience and Remote Sensing, 2002, 40（6）：1241-1246.

［255］Zhao Y, Zhu J, Lin M, et al. Assessment of the initial sea surface temperature product of the scanning microwave radiometer aboard on HY-2 satellite［J］. Acta Oceanologica Sinica, 2014, 33（1）：109-113.

［256］Zribi M, Andre C, Decharme B. A Method for Soil Moisture Estimation in Western Africa Based on the ERS Scatterometer［J］. IEEE Transactions on Geoscience & Remote Sensing, 2008, 46（2）：438-448.

［257］海滨观测规范（GB/T 14914-2006）［S］. 北京：中国标准出版社, 2006（代替 GB/T 14914-1994）.

［258］褚坤. Geosat 高度计数据处理与南海重力异常反演精度评价［D］. 青岛：中国石油大学（华东）, 2010.

［259］楚晓亮, 张杰, 王曙曜, 等. 高频地波雷达风速直接反演的经验模型［J］. 电子与信息学报, 2015, 37（4）：1013-1016.

［260］崔伟. 多源卫星高度计海面高度异常数据融合研究［D］. 青岛：国家海洋局第一海洋研究所, 2016.

［261］方国洪, 郑文振, 陈宗镛, 等. 潮汐和潮流的分析和预报［M］. 北京：海洋出版社, 1986.

［262］方国清. 三参数 Weibull 分布的参数估计［J］. 海洋科学, 1999, 20（6）：1-8.

［263］冯倩. 多传感器卫星海面风场遥感研究［D］. 青岛：中国海洋大学, 2004.

［264］顾行发, 田国良, 余涛, 等. 航天光学遥感器辐射定标原理与方法［M］. 北京：科学出版社, 2013.

［265］韩吉衢, 孟俊敏, 赵俊生. 海洋溢油合成孔径雷达图像特征提取及其关键度分析［J］. 海洋学报, 2013, 35（1）：85-93.

［266］何宜军. 合成孔径雷达提取海浪方向谱的参数化方法［J］. 科学通报. 1999, 44（4）：428-433.

[267]洪泓，毛兴鹏，果然，等.基于距离-多普勒域的电离层杂波极化抑制方法[J].系统工程与电子技术，2014，36(12)：2400-2405.

[268]黄晓静.多频高频地波雷达目标检测与跟踪技术研究[D].武汉：武汉大学，2010.

[269]纪永刚，张杰，孟俊敏，等.海上船只目标多手段探测系统与实验分析[J].信息融合学报，2016，3(2)：163-168.

[270]纪永刚，张杰，王祎鸣，等.双频地波雷达船只目标点迹关联与融合处理[J].系统工程与电子技术，2014，36(2)：266-271.

[271]纪永刚，张杰，杨永增.TOPEX卫星高度计有效波高数据分析与极值统计预报[J].黄渤海海洋，2002，20(1)：1-10.

[272]焦智灏，杨健，叶春茂，等.基于杂波区分度参数的舰船检测方法[J].系统工程与电子技术，2014，36(8)：1488-1493.

[273]康健.光学遥感影像中耀斑区内孤立波信息提取模型[D].青岛：中国海洋大学，2009.

[274]郎姝燕.星载微波散射计系统仿真、性能评估及优化[D].北京：中国科学院研究生院，2008.

[275]李建成，金涛勇.卫星测高技术及应用若干进展[J].测绘地理信息，2013，38(4)：1-8.

[276]李建成，宁津生，陈俊勇，等.联合 TOPEX/Poseidon，ERS-2 和 Geosat 卫星测高资料确定中国近海重力异常[J].测绘学报，2001，30(3)：197-202.

[277]李建成，宁津生，陈俊勇，等.中国海域大地水准面和重力异常的确定[J].测绘学报，2003，32(2)：114-119.

[278]李伦，吴雄斌，徐兴安，等.高频地波雷达风速反演经验模型[J].武汉大学学报(信息科学版)，2012，37(9)：1096-1098.

[279]李熙泰，张钟哲，王喜风.马里亚纳海沟东西两侧海域中尺度涡的海面高度计观测研究[J].大连海洋学报，2013，28(1)：104-109.

[280]李晓明.ENVISAT 卫星 ASAR 波模式数据海浪反演算法研究[D].青岛：中国海洋大学，2010.

[281]李忠平，崔廷伟，孙凌.海洋生物地球化学性质的水色遥感反演与应用：方法和挑战[J].激光生物学报，2014，23(6)：482-501.

[282]梁小祎，张杰，孟俊敏，等.溢油 SAR 图像分类中的纹理特征选择[J].海洋科学进展，2007，25(3)：346-354.

[283]林明森，张毅，宋清涛，等.HY-2 卫星微波散射计在西北太平洋台风监测中的应用研究[J].中国工程科学，2014，(6)：46-53.

[284]林明森，邹巨洪，解学通，等.HY-2A 微波散射计风场反演算法[J].中国工程科学，2013，15(7)：68-74.

[285]刘眉洁，戴永寿，张杰，等.拉布拉多海一年平整冰厚度 SAR 反演算法[J].中国石油大学学报(自然科学版)，2014，38(3)：186-192.

[286]刘宇迪，亓晨.散射计海面风场的二维变分模糊去除方法[J].热带气象学报，2010，

26(5)：620-625.

[287]刘玉光. 卫星海洋学[M]. 北京：高等教育出版社，2009.

[288]马银玲，毛秀丽. 基于 DBF 的比幅测向方法研究[J]. 舰船电子对抗，2014，37(2)：91-93.

[289]毛嫒，郭立新，丁慧芬，等. 基于高频雷达多普勒谱预测风向的一种新方法[J]. 物理学报，2012，61(4)：44201-44206.

[290]欧素英，陈子乐. 小波变换在相对海平面变化研究中的应用[J]. 地理科学，2004，24(3)：358-364.

[291]乔新，陈戈. 基于 11 年高度计数据的中国海海平面变化初步研究[J]. 海洋科学，2008，32(4)：60-64.

[292]秦曾灏，李永平. 上海海平面变化规律及其长期预测方法的初探[J]. 海洋学报，1997，19(1)：1-7.

[293]苏腾飞. 面向对象的 SAR 溢油检测算法与系统构建[D]. 青岛：国家海洋局第一海洋研究所，2013.

[294]孙根云，郭敏，汪晓龙，等. 边缘检测在中国东部海域海表温度锋中的应用研究[J]. 遥感信息，2012，27(5)：61-66.

[295]孙建. SAR 影像的海浪信息反演[D]. 青岛：中国海洋大学，2005.

[296]孙楠楠. 东海黑潮海表温度变化及其与厄尔尼诺和全球变暖的关系[D]. 青岛：中国海洋大学，2009.

[297]孙伟峰，纪永刚，张晓莹，等. 基于自适应 α-β 滤波的 HFSWR 海上目标航迹跟踪[J]. 海洋科学进展，2015，33(3)：394-402.

[298]孙文，王庆宾，朱志大. 联合多代卫星测高数据构建中国近海及邻域海平面异常序列[J]. 测绘学报，2013，42(4)：493-500.

[299]王莉娟. 多源卫星高度计中国近海及其邻域重力异常反演与精度检验[D]. 青岛：中国石油大学(华东)，2012.

[300]王龙. 基于 19 年卫星测高数据的中国海海平面变化及其影响因素研究[D]. 青岛：中国海洋大学，2013.

[301]王曙曙，楚晓亮，王剑，等. OS081H 高频地波雷达系统海面风向反演实验研究[J]. 电子与信息学报，2014，6(2)：1400-1405.

[302]王祎鸣，张杰，纪永刚，等. 高频地波雷达海杂波抑制的时频-矩阵联合法[J]. 中国海洋大学学报，2015，45(3)：122-127.

[303]王振占，鲍靖华，李芸，等. 海洋二号卫星扫描辐射计海洋参数反演算法研究[J]. 中国工程科学，2014，16(6)：70-82.

[304]文必洋，黄为民，王小华. OSMAR2000 探测海面风浪场原理与实现[J]. 武汉大学学报(理学版)，2001，47(5)：642-644.

[305]吴锐，文必洋，钟志峰，等. 高频地波雷达天线阵列的自校正[J]. 武汉大学学报(理学版)，2006，52(3)：371-374.

[306]吴雄斌,杨绍麟,程丰,等.高频地波雷达东海海洋表面矢量流探测试验[J].地球物理学报,2003,46(3):340-346.

[307]夏华永,李树华.带周期项的海平面变化灰色分析模型及广西海平面变化分析[J].海洋学报,1999,21(2):9-17.

[308]熊新农,柯亨玉,万显荣.基于特征分解的高频地波电离层杂波抑制[J].电波科学学报,2007,22(6):937-940.

[309]杨国金.海冰工程学[M].北京:石油工业出版社,2000.

[310]杨劲松.合成孔径雷达海面风场、海浪和内波遥感技术[D].青岛:中国海洋大学,2001.

[311]杨绍麟,柯亨玉,侯杰昌,等.OSMAR2000超分辨率海流算法中空间信号源数的确定[J].武汉大学学报(理学版),2001,47(5):609-613.

[312]尹宝树,吴淑萍,范顺庭,等.海浪波群的谱特征分析[J].海洋科学集刊,2004:001.

[313]殷雄,王超,张红.基于结构特征的高分辨率 TerraSAR-X 图像船舶识别方法研究[J].中国图象图形学报,2012,17(1):109-116.

[314]袁业立.海波高频谱形式及SAR影像分析基础[J].海洋与湖沼,1997,28(增刊):1-5.

[315]岳涛.浅水区SAR海浪信息仿真与反演研究[D].桂林:桂林理工大学,2013.

[316]张晰.极化SAR渤海海冰厚度探测研究[D].青岛:中国海洋大学,2011.

[317]张晰,张杰,纪永刚.基于结构特征的SAR船只类型识别能力分析[J].海洋学报,2010,32(1):146-152.

[318]张毅,蒋兴伟,林明森,等.星载微波散射计的研究现状及发展趋势[J].遥感信息,2009.

[319]张正光.中尺度涡[D].青岛:中国海洋大学,2014.

[320]赵荻,孟俊敏,张晰.基于模型相似度拟合的海杂波统计方法[J].海洋学报,2015,37(5):112-120.

[321]赵巍.基于纹理分析的SAR海浪特征参数反演研究[D].桂林:桂林理工大学,2013.

[322]赵喜喜.中国散射计风、浪算法研究及海面风场、有效波高的时空特征分析[D].北京:中国科学院研究生院,2006.

[323]郑洪磊.基于极化特征的SAR溢油检测研究[D].青岛:中国海洋大学,2015.

[324]仲昌维,杨俊钢.基于T/P和Jason-1高度计数据的渤黄东海潮汐信息提取[J].海洋科学,2013,37(10):78-85.

[325]钟剑,黄思训,张亮.星载微波散射计资料反演海面风场进展研究[J].气象科学,2010,30(1):137-142.

[326]周浩,文必洋,刘海文,等.高频地波雷达海洋表面矢量流合成[J].武汉大学学报(理学版),2001,47(5),634-637.

[327]周文瑜，焦培南.超视距雷达技术[M].北京：电子工业出版社，2008.

[328]周武，林明森，李延民，等.海洋二号扫描微波辐射计冷空定标和地球物理参数反演研究[J].中国工程科学，2013，15(7)：75-80.